MANUEL

DE MATELOTAGE

ET DE MANOEUVRE.

IMPRIMERIE DE BACHELIER,
rue du Jardinet, n° 12.

MANUEL

DE MATELOTAGE

ET DE MANOEUVRE;

A L'USAGE DES ÉLÈVES DU VAISSEAU *L'ORION* ET DES CANDIDATS AUX PLACES
DE CAPITAINE AU LONG COURS ET DE CAPITAINE AU CABOTAGE.

PAR M. P.-J. DUBREUIL,

Lieutenant de vaisseau, commandant la corvette d'instruction des
Élèves de l'École navale, ancien élève de l'école spéciale de marine
établie en 1811 sur le vaisseau *le Tourville*.

DEUXIÈME ÉDITION,

Imprimée avec l'autorisation de M. le Ministre de la Marine, entièrement
conforme à l'édition faite à l'Imprimerie Royale.

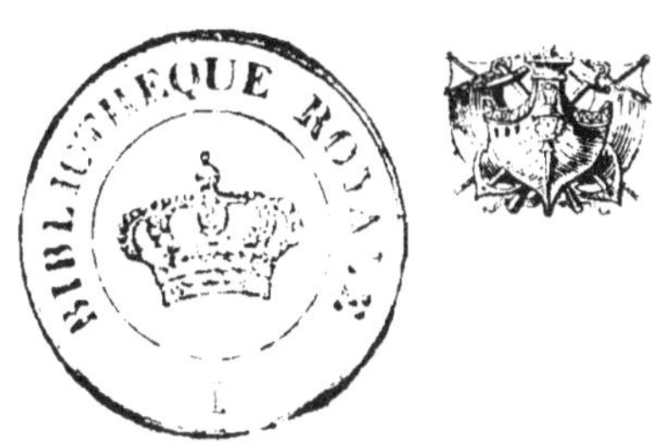

PARIS,

BACHELIER, IMPRIMEUR-LIBRAIRE

POUR LA MARINE, LES MATHÉMATIQUES, etc.

QUAI DES AUGUSTINS, N° 55.

1839

A MONSIEUR LE BARON DUPERRÉ,

AMIRAL ET PAIR DE FRANCE,

MINISTRE ET SECRÉTAIRE D'ÉTAT AYANT LE DÉPARTEMENT DE LA MARINE
ET DES COLONIES.

AMIRAL,

Vous m'avez permis de faire paraître sous vos auspices un ouvrage qui, au jugement du Conseil d'amirauté, a été reconnu bon et utile à l'instruction des élèves de l'école navale; j'ai l'honneur de vous l'adresser et de vous exposer, en peu de mots, le but que je me suis proposé.

Appelé par M. de Hell, capitaine de vaisseau commandant l'école navale, à professer le cours de théorie pratique du matelotage et de la manœuvre des vaisseaux aux élèves confiés à sa direction, j'ai dû réfléchir à l'importance de la tâche dont j'acceptais la responsabilité. Je ne me défiais ni de mon zèle ni de mon expérience acquise à la mer; mais je doutais de ma capacité. Persuadé que l'ordre, la méthode et la clarté sont d'une nécessité absolue pour tout enseignement, j'ai commencé par les différents détails de nomenclature et d'exécution des apparaux variés, quelque minimes qu'ils soient, dont on fait usage pour mettre en place les diverses parties du gréement et de la mâture d'un bâtiment en armement : j'ai supposé ensuite les voiles enverguées, puis serrées, et le bâtiment halé en rade; les exercices des voiles se sont naturellement présentés, puis sont venues les diverses évolutions d'un bâtiment sous voiles et les travaux d'ancres et de changements de mâts, vergues ou voiles.

La nomenclature et la définition des diverses parties du gréement, la confection des nœuds et amarrages, tous les travaux de garniture, sont donnés dans le Manuel du gréement, de M. Costé, capitaine de vaisseau, d'une manière si claire, si précise et si vraie, que les devoirs qui m'étaient imposés à cet égard se sont réduits à faire suivre complétement cet ouvrage. Mais il n'en a pas été de même pour ce qui concerne les apparaux servant à mettre en place toutes les pièces qui constituent le gréement d'un bâtiment : à la vérité, quelques-uns des principaux y sont décrits ; mais j'ai pensé que les autres, qui sont très nombreux, méritaient aussi d'être définis, et tel est l'objet de la première section de cet ouvrage, sous le titre de *Mise en place du gréement*, dans laquelle il ne m'a cependant pas été possible d'omettre quelques apparaux ayant le même but que ceux définis par M. Costé. Les divers moyens d'exécution y sont placés dans l'ordre habituel des armements : on suppose le bâtiment dans le port, n'ayant absolument que ses bas mâts. Dans cette première section, je me suis éclairé des lumières pratiques de maître Franco, homme plein d'expérience, qui a recueilli avec talent l'héritage de ce vieux maître Carrel dont les élèves de l'école spéciale de 1811 n'ont point oublié les leçons. Je n'ai souvent fait que reproduire dans toute leur simplicité les paroles *matelotes* du praticien, dont la coopération m'a été fort utile, j'aime à le reconnaître ici.

La deuxième section admet que le bâtiment est sur rade, et qu'il s'y exerce aux travaux de tout genre qui peuvent se présenter dans le courant d'une campagne, excepté cependant au mâtage et au démâtage avec des bigues, à l'abattage et à l'opération de monter le gouvernail (*).

Enfin la troisième section comprend toutes les évolutions d'un bâtiment sous voiles (mais toujours considéré comme naviguant seul) et les différents modes d'amarrage d'un bâtiment sur une rade.

En acceptant la responsabilité morale de cette tâche, je ne me suis pas dissimulé toutes les difficultés qu'elle présentait. J'ai sacrifié tous mes instants aux rédactions des leçons qui, après avoir été détaillées aux élèves, ont été pratiquées par eux, sous ma direction, à bord de la corvette d'instruction placée sous mes ordres. Toutes les manœuvres ont été décrites en prévoyant, autant qu'il m'a été possible, les incidents qui peuvent les accompagner. Ces incidents, je les ai fait naître à bord de la corvette, afin de résoudre pratiquement les questions qui avaient été précédemment l'objet d'une dissertation.

M'étant imposé l'obligation de rédiger à l'avance et pour moi toutes les séances pratiques que j'ai raisonnées et pratiquées avec les élèves, j'ai pu les réunir et en composer un tout qui, sous le nom de *Manuel de Matelotage et de Manœuvre*, résumât tout le cours pra-

---

(*) Je possède des notes très détaillées sur tous les grands apparaux, sur l'arrimage, sur les coupes des voiles et sur la tactique navale ; je compte les mettre en ordre, afin de compléter le cours que j'ai enseigné aux élèves.

tique de la première année, moins le manuel du gréement de M. Costé, que je considère comme d'une nécessité absolue pour l'école navale.

On chercherait en vain dans le *Manuel de Matelotage et de Manœuvre* des idées neuves, des innovations
récentes ; je n'ai pas cru qu'il m'appartînt d'enseigner
autre chose que ce que l'expérience de longues années
avait fait admettre sans contestation par tous les marins.

Il serait à désirer qu'une plume plus exercée que la
mienne entreprît un ouvrage qui renfermât les matières
que je me suis permis de traiter. On sait avec quel soin
les élèves rédigent leurs leçons de manœuvre : tous
sentent la nécessité de suppléer ainsi aux études qu'ils
seraient obligés de faire dans un grand nombre d'ouvrages, où d'ailleurs ils ne seraient pas certains de rencontrer toujours l'objet de leurs recherches. L'expérience
des années antérieures a démontré d'une manière évi-
dente qu'il existait une lacune à cet égard : c'est au point
que les élèves de deuxième classe qui sont appelés à
faire preuve de connaissances pratiques devant un jury
d'examen pour passer à la première classe, se considè-
rent comme très heureux de pouvoir consulter les notes
trop souvent erronées qu'ils avaient rédigées à la hâte
sous l'impression des leçons qui leur avaient été données à l'école navale. Il arrive même fréquemment qu'ils
sollicitent les cahiers de ceux qui, plus jeunes qu'eux,
sont encore à l'école. Ces faits semblent prouver que les
auteurs qui ont traité cette matière ont laissé passer ina-
perçues bien des opérations de beaucoup d'importance,
qui sans doute ne pouvaient entrer dans le cadre qu'ils
s'étaient tracé. Si je suis assez heureux pour que quel-

ques-unes de celles que j'ai décrites soient de ce nombre,
je me considérerai comme suffisamment dédommagé
de tout ce que m'a offert d'aride une semblable rédaction, et je me féliciterai surtout si ce travail sert à vous
prouver, Amiral, que j'ai rempli mes obligations cons-
ciencieusement et autant qu'il m'était possible.

J'ai l'honneur d'être, avec un profond respect,

AMIRAL,

Votre très humble et très obéissant
serviteur,

DUBREUIL,

*Lieutenant de vaisseau, chargé de l'instruction
des élèves de l'École navale.*

EXTRAIT

Du procès-verbal de la séance du Conseil d'amirauté du 3o juin 1835, présidée par M. le vice-amiral Bergeret.

Le ministre demande l'avis du Conseil d'amirauté relativement à l'impression d'un manuscrit intitulé *Manuel de Matelotage et de Manœuvre,* qui est le résumé des leçons données par M. Dubreuil, lieutenant de vaisseau, aux élèves de l'école navale établie à bord du vaisseau *l'Orion.*

Ce *Manuel,* après avoir été à Brest l'objet de l'examen d'une commission spéciale, qui l'avait jugé susceptible de servir à l'instruction des jeunes marins, a été de nouveau examiné à Paris par une commission spéciale que présidait M. le contre-amiral Hugon, qui en a porté le jugement suivant :

« L'ouvrage de M. Dubreuil est utile à l'en-
» seignement pratique des jeunes gens qui em-
» brassent la carrière maritime, et en particu-
» lier à celui des élèves de l'école navale; il ne
» renferme que des descriptions fort exactes des
» opérations du matelotage et des travaux ou
» manœuvres des bâtiments, soit à la voile,
» soit à l'ancre. Alors même qu'il laisserait

» quelque chose à désirer et ne serait que le
» prélude d'un ouvrage plus complet sur la
» même matière, il remplit néanmoins une
» lacune que laissaient les différents traités de
» gréement et de manœuvre publiés jusqu'à ce
» jour. »

La commission propose en conséquence au ministre de faire imprimer l'ouvrage de M. Dubreuil.

Le Conseil d'amirauté partage pleinement l'avis des deux commissions de Brest et de Paris, tant sur le mérite du *Manuel de Matelotage* que sur l'utilité de sa publication.

Paris, le 3 juin 1835.

Le Secrétaire du Conseil,

Signé BOUCHER.

Vu par le Président :
Signé BERGERET.

Approuvé :

L'Amiral, Pair de France,
Ministre de la Marine,

Signé DUPERRÉ.

RAPPORT

De la commission spéciale appelée, en vertu de l'ordre de M. le vice-amiral préfet maritime, en date du 10 février 1835, à examiner un ouvrage ayant pour titre : Manuel de Matelotage et de Manœuvre.

La commission appelée, en vertu de l'ordre de M. le vice-amiral préfet maritime, à examiner un ouvrage ayant pour titre : *Manuel de Matelotage et de Manœuvre*, est unanime dans les observations suivantes, qui sont l'expression de son opinion sur chacune des trois sections et sur l'ensemble du manuel précité.

La première section traite de la mise en place du greement, du passage des manœuvres courantes, de la manière d'enverguer et de serrer des voiles, et des préparatifs d'un bâtiment qui, étant en armement, se dispose à aller en rade.

La mise à bord des mâts et des vergues, leur greement et leur garniture, l'ordre dans lequel doivent se faire ces opérations, sont décrits avec lucidité. Cette partie de l'ouvrage n'est, il est vrai, qu'un appendice au *Manuel de Gréement* de M. le capitaine de vaisseau Costé, et néanmoins elle est de nature à fixer l'attention des jeunes marins, en ce que les développements qui s'y trouvent ont été rédigés sous l'impression de ce qui se fait journellement à bord de la corvette d'instruction des élèves, et que, par ce motif, ces développements sont frappants de vérité. Dans le passage à affecter aux manœuvres courantes, dans la place à leur assigner sur le pont, le choix n'était pas indifférent : il fallait diminuer ou éviter les inconvénients du frottement. En cela, l'auteur a vaincu les difficultés autant qu'elles peuvent l'être. L'opération d'enverguer et de serrer les voiles, et les travaux qui précèdent le halage en rade d'un bâtiment, sont également détaillés avec exactitude.

La seconde section comprend, en outre de la manœuvre des ancres, des câbles et des chaînes, divers travaux de force d'un usage fréquent, et la manière de se débarrasser des voiles, de beau temps comme de mauvais.

Dans la manœuvre des ancres, dans celle des câbles et des chaînes, l'auteur a prévu les principales circonstances où un bâtiment peut se trouver, et il décrit avec précision les opérations qui s'y rattachent. Dans les travaux de force, le mouvement des mâts et des vergues de perroquet, le changement des mâts et des vergues de hune, et l'embarquement de la chaloupe, sont conformes à ce qui se pratique à bord des bâtiments; il en est de même de la manière d'établir et de se défaire des voiles. Dans certains cas, ces dernières opérations sont d'une exécution délicate pour le manœuvrier qui cherche à éviter les avaries. Il est à remarquer que l'auteur ne s'est pas écarté des principes généralement adoptés sur les manœuvres difficiles.

La troisième section embrasse les appareillages, les virements de bord, la conduite à tenir avant et pendant les grains, l'opération de prendre et de larguer des ris, les précautions en usage pendant un mauvais temps, la cape, les différentes manières d'amarrer un bâtiment, et les mouillages.

Les détails donnés par l'auteur, et les principes sur lesquels ils reposent, n'étant en désaccord ni avec la théorie, ni avec les règles qu'a posées l'expérience, la commission considère cette troisième section comme le complément de celles qui la précèdent, et comme pouvant offrir de l'intérêt à ceux qui commencent dans la carrière maritime, ou qui se proposent de subir un examen sur la partie pratique des évolutions d'un bâtiment naviguant isolément, et sur les diverses manœuvres que peuvent nécessiter les circonstances pendant le cours de la navigation.

En résumé, la commission reconnaît que le *Manuel de Matelotage et de Manœuvre* renferme des développements utiles, et qu'il remplit les lacunes que l'on remarque dans les divers ouvrages qui ont traité jusqu'à ce jour des opérations pratiques de la marine, elle reconnaît également que ce Manuel est susceptible d'être approprié à l'enseignement des jeunes marins et à l'instruction des élèves du vaisseau-école, pour lesquels il paraît avoir été écrit. La commission pense aussi que l'on doit savoir gré à l'auteur des peines qu'il a prises, des recherches qu'il lui a fallu faire, et du temps qu'il a donné à la rédaction d'un travail aussi long.

Brest, le 6 mai 1835.

Les membres de la commission,

Signé LAYRLE, *lieutenant de vaisseau ;* DELALUN, *capitaine de corvette ;* FERREC, *capitaine de frégate.*

Le capitaine de vaisseau, président,
Signé LEMAITRE.

PREMIÈRE SECTION.

MISE EN PLACE DU GRÉEMENT.

PASSER LES MANOEUVRES COURANTES

ENVERGUER LES VOILES.

HALER EN RADE.

MANUEL

DE MATELOTAGE

ET DE MANOEUVRE.

MISE EN PLACE DU GRÉEMENT.

HISSER UN HOMME SUR LES FAUX ÉLONGIS. (Fig. 1ʳᵉ.)

Préparation

1. Prendre un cartahu de tête (*); avec l'un de ses bouts, faire un nœud de chaise dans lequel un homme s'assiéra, et s'y maintiendra en saisissant le cartahu, avec les deux mains, à la hauteur de sa tête.

Ranger des hommes sur le cartahu.

Exécution.

2. Haler le cartahu jusqu'à ce que l'homme que l'on hisse puisse se placer sur les faux élongis; puis faire affaler le cartahu sur le pont.

METTRE LES ÉLONGIS EN PLACE. (Fig. 2.)

Préparation.

3. Placer les élongis au pied du mât et sur l'avant, dans le

(*) Nous donnerons ce nom aux cartahus que par prévision on a dû aiguilleter à la tête de chaque mât avant de mâter les bas mâts.

sens de la quille, la partie *avant* tournée vers l'avant; retirer la clé arrière; puis affaler les deux cartahus; amarrer chacun d'eux sur les parties *avant* des élongis; en élonger les doubles vers les parties *arrière;* les brider au milieu d'abord, puis aux extrémités, et ranger des hommes sur les deux cartahus.

Exécution.

4. Haler sur les deux cartahus en même temps; couper la première bridure, puis la seconde, à mesure qu'elles peuvent être atteintes. Conduire les élongis à bras, de manière à ce qu'ils comprennent le mât entre eux et qu'ils reposent exactement sur les faux élongis; et enfin remettre en place la clé arrière, qui en avait été retirée.

METTRE LES BARRES DE TRAVERS EN PLACE. (Fig. 3.)

Préparation.

5. Prendre un cartahu de tête; frapper l'un de ses bouts, au milieu de la barre, au moyen d'un tour mort et de deux demi-clés; élonger le double le long de la barre, vers l'extrémité qui doit monter la première, c'est-à-dire, vers celle qui, lorsque la barre sera en place, sera du bord opposé à celui par lequel on l'aura hissée; faire une bonne bridure à cette extrémité, en prenant ensemble la barre et le cartahu.

Ranger du monde sur le cartahu, dont la partie de retour est au pied du mât.

Exécution.

6. Haler sur le cartahu jusqu'à ce qu'un homme placé sur les élongis puisse atteindre la bridure; la larguer dès que l'extrémité de la barre est au-dessus des élongis; haler de nouveau sur le cartahu, jusqu'à ce que le milieu de la barre soit au-dessus des élongis; laisser la barre prendre une position horizontale, qu'elle ne manquera pas de prendre, puisqu'elle est suspendue par son milieu; la saisir à la main et la diriger de manière à la présenter au-dessus des encastrements pratiqués dans les élongis.

Faire amener le cartahu, le larguer et l'affaler sur le pont.

EMBARQUER LES HUNES, LES PRÉSENTER AUX PIEDS DES BAS MATS.
(Fig. 4.)

Préparation.

7. Les hunes sont prises à la remorque par des embarcations et conduites ainsi le long du bord, où on les place par le travers de leur mât respectif, touchant le bord par le côté circulaire.

Nous supposerons qu'il s'agit de la grande hune, et qu'elle est placée le long du bord à tribord.

Ce qui sera dit pour celle-ci pourra s'appliquer aux autres hunes :

Remplacer les cartahus de tête par d'autres plus forts (ou prend ordinairement des guinderesses de perroquets). L'aiguilletage des poulies de conduit de ces cartahus devra embrasser leurs crocs très étroitement, afin qu'elles aient le moins de battant possible.

Affaler le cartahu de tribord du grand mât jusqu'à la mer ; l'amarrer sur la hune, en faisant un tour mort et deux demi-clés dans le trou de la suspente ; placer des espars le long du bord, de telle sorte qu'ayant une position verticale, les bouts supérieurs s'arrêtent au bord des grands porte-haubans. Cette disposition a pour but d'éviter que la hune ne s'engage sous les porte-haubans. Disposer un bout de filin sur le gaillard, le passer par l'un des sabords du travers du mât, de dedans en dehors ; le tenir prêt à être frappé comme retenue, sur le bord inférieur de la hune, pour éviter qu'elle ne rentre en dedans avec violence.

Ranger des hommes sur le cartahu de tête.

Exécution.

8. Haler sur le cartahu, jusqu'à ce que le bord inférieur de la hune soit sur le point d'arriver à la hauteur du plat-bord ; frapper alors le bout de la retenue sur la hune ; prendre à retour avec le double, que l'on embraque bien raide à un taquet voisin ; puis haler sur le cartahu, filer la retenue en douceur aussitôt que le bord inférieur est élevé au-dessus du platbord ; laisser ainsi la hune venir à l'appel du cartahu, puis la conduire à bras sur l'arrière du mât, de manière que le bord circulaire ou l'avant de la hune repose sur le mât et soit en haut, tandis que la partie inférieure ou l'arrière repose sur le pont, et qu'enfin sa surface supérieure regarde l'arrière du bâtiment ; lui donner une petite inclinaison vers l'avant, afin qu'elle se maintienne seule dans cette position ; larguer le cartahu de tête frappé dans le trou de la suspente.

OBSERVATIONS.

La hune de misaine serait posée de la même manière sur l'arrière du mât, mais la hune d'artimon serait placée sur l'avant du mât d'artimon, en ayant soin de la poser : l'avant reposant sur le pont, l'arrière reposant sur le mât, et la surface inférieure de la hune regardant l'arrière du bâtiment. Cette même disposition serait prise pour la grande hune, s'il s'agissait de la capeler au moyen des cartahus du mât de misaine.

CAPELER LES HUNES. (Fig. 5.

Préparation.

9. Les hunes se capellent au moyen de quatre cartahus de tête, savoir : les deux du mât dont on capelle la hune, et les deux d'un mât voisin ; les deux derniers servent à l'écarter du mât, puis à la faire basculer. Pour le cas qui nous occupe, nous nous servirons de ceux du grand mât et de ceux du mât d'artimon.

Prendre l'un des cartahus de tête du grand mât, celui de tribord, par exemple ; envoyer l'un des bouts entre les deux parties arrière des élongis, sur l'arrière de la barre de travers arrière ; le faire descendre le long du mât ; le passer à tribord du point de contact de la hune avec le mât ; le faire venir dans le trou-du-chat, de l'avant à l'arrière, pour élonger ensuite la surface supérieure de la hune, en le dirigeant vers le bord extérieur de tribord ; le faire revenir en dessous de la hune, où, avec le double, et, au bord du trou-du-chat, on fera un nœud de bouée, et cela de manière qu'il partage le côté de tribord en deux parties à peu près du même poids, c'est-à-dire qu'il devra être un peu plus près du bord arrière du trou-du-chat que du bord avant; brider le nœud de bouée dans les formes de la hune, pour éviter que, quand le cartahu supportera le poids, le nœud ne se rapproche du bord avant du trou-du-chat.

Opérer d'une manière analogue pour le cartahu de babord; brider ensuite les deux cartahus entre eux et avec la hune, au trou de suspente.

Envoyer le cartahu du mât d'artimon sur l'avant de ce mât; amarrer l'un d'eux sur l'avant de la hune, près de la bridure faite sur les deux cartahus de tête du grand mât.

Amarrer l'autre cartahu de tête du mât d'artimon sur l'arrière de la hune, de la manière suivante : faire un grand nœud de chaise, élonger le milieu de ce nœud le long du bord arrière de la hune; faire une bonne bridure à chaque extrémité, en prenant la hune et le cartahu; on composera ainsi un cartahu en patte d'oie.

Faire monter sur les élongis quelques hommes qui se grouperont le long du ton du mât; envoyer un fort palan sur les élongis, pour servir au besoin.

Ranger du monde sur les quatre cartahus.

Exécution.

10. Haler les quatre cartahus ensemble, haler ceux du grand mât avec des forces à peu près égales, afin que l'un d'eux ne supporte pas seul le poids de la hune; embraquer les deux cartahus du mât d'artimon de manière à écarter la hune du mât; haler ces deux cartahus avec force et ensemble, lorsque le bord avant de la hune sera voisin des élongis; hisser toujours sur les cartahus du grand mât; larguer la bridure qui les lie au bord de la hune, lorsqu'elle sera près des poulies tête du mât. Continuer à haler sur les deux cartahus du grand mât, de manière à élever la hune carrément; l'élever ainsi jusqu'à ce

que le bord avant du trou-du-chat soit un peu plus haut que le tenon du mât ; puis larguer en bande le cartahu du mât d'artimon frappé sur l'avant de la hune, et haler celui qui est frappé en patte-d'oie sur l'arrière, pour la faire basculer ; amener ensuite carrément les deux cartahus du grand mât jusqu'à ce que la hune soit à huit ou dix pouces au-dessus des barres de travers : alors les gabiers travailleront de concert pour la présenter au-dessus des clés, et à leur commandement on amènera ensemble les deux cartahus, et enfin on mettra les chevilles et les clés en place.

Larguer les quatre cartahus de dessus la hune, les dépasser et les envoyer en bas, ainsi que les deux poulies de guinderesses de perroquet aiguilletées au tenon du mât.

OBSERVATIONS.

11. Il arrive quelquefois que les cartahus de tête sont impuissants pour élever la hune au-dessus du tenon du mât ; cela peut provenir, 1° de l'aiguilletage trop lâche des poulies de guinderesses ; 2° de la position du nœud de bouée relativement à sa distance au bord arrière et au bord avant du trou-du-chat : dans ce cas, s'il suffit d'élever la hune de quelques pouces, on frappera la poulie double d'un fort palan, au tenon du mât, et la poulie simple au milieu du bord arrière de la hune, et l'on enverra le garant sur le pont ; à l'aide de ce palan, on parviendra à remplir le but proposé.

FAIRE LES LIURES DE BEAUPRÉ. (Fig. 6 et 7.)

Avertissement.

12. Le but de ces liures est de consolider le beaupré le plus étroitement possible avec la guibre, et aussi pour le plus long-temps possible. Cette opération est de la plus grande importance, puisque la solidité de presque toute la mâture dépend de celle du beaupré ; on doit donc y mettre le plus grand soin.

Les grands bâtiments ont toujours deux liures de beaupré ; elles prennent les dénominations de *liure d'en dedans* et de *liure d'en dehors;* c'est par celle-ci que l'on commence à tenir le beaupré; si l'on commençait par celle d'en dedans, elle pourrait prendre du mou lorsque l'on ferait celle d'en dehors.

Le filin dont on se sert ordinairement pour faire les liures est une guinderesse de mât de hune, qui, bonne encore, n'est plus susceptible de s'allonger beaucoup.

Préparation.

15. Suspendre un poids considérable au bout du beaupré pour l'obliger à se rapprocher autant que possible de la guibre. Ordinairement on se sert, pour cet objet, d'une chaloupe dans laquelle, après l'avoir soulagée, au moyen d'une caliorne, au bout du beaupré, on introduit quelques barriques d'eau, qui en augmentent le poids et remplissent le but qu'on s'était proposé. Quelquefois on suspend une ancre de bossoir sous le beaupré; et enfin, si l'on est dans le port, on se sert d'un ponton.

Établir des échafauds sous la poulaine, qui puissent permettre à quelques hommes de travailler commodément.

Placer un mât de hune ou un fort espars de telle sorte que l'un des bouts repose sur le beaupré et l'autre sur le bossoir; brider le premier sur le beaupré et le second sur le bossoir. Si l'on se servait d'un mât de hune, la caisse reposerait sur le bossoir.

Nous supposerons que le mât de hune ou l'espars est placé à tribord :

Aiguilleter une forte poulie coupée sur l'espars, au-dessus de la mortaise dans laquelle doit passer la liure.

Exécution.

14. Prendre le bout du filin destiné à faire la liure; faire dormant sur le beaupré, au moyen d'un nœud coulant à toucher un fort taquet placé sur le beaupré pour servir d'arrêt à la liure; prendre l'autre bout, le faire passer de babord à tribord, dans la mortaise. Faire qu'en embarquant sur le double du filin, il touche à la partie avant de la mortaise; repasser le bout de filin par-dessus le beaupré, le faire revenir à tribord, en passant entre le dormant et la guibre, puis dans la mortaise, et capeler le double dans la poulie coupée, pour venir le garnir au cabestan. Ce dernier tour, ainsi que ceux qui le suivront, seront tels que, sur le beaupré, chaque tour soit sur l'avant de celui qui le précède, et que, dans la guibre, chaque tour soit sur l'arrière de celui qui le précède.

Virer au cabestan jusqu'à ce que l'on ait obtenu la tension nécessaire, se rendre maître de ce premier tour, au moyen de coins enfoncés entre la guibre et le bout de filin; dégarnir le cabestan, décapeler le double du filin, de la poulie coupée; envoyer le bout sur l'avant, le passer par-dessus le beaupré, puis entre le tour déjà fait et la guibre, et enfin le faire venir à tribord par la mortaise, en ayant soin de le faire toucher le premier tour; capeler le double dans la poulie coupée pour venir le garnir au cabestan; virer au cabestan jusqu'à ce que l'on ait obtenu la même tension qu'au premier tour; se rendre maître de ce second tour, en le genopant de chaque bord de la guibre avec le premier, au moyen d'un bon amarrage plat. Dégarnir le cabestan; décapeler le double du filin de la poulie coupée; envoyer le bout sur l'avant, le dépasser par-dessus le beaupré, puis entre les tours déjà faits, et enfin le faire revenir à tribord en passant dans la mortaise; en capeler le double dans la poulie coupée, et continuer l'opération pour ce tour et pour tous les autres, comme il a été dit pour les deux premiers tours. Faire autant de tours que la mortaise peut en contenir.

Lorsque la guibre sera pleine, faire remonter la partie qui reste du filin et embrasser avec lui toute la liure à l'endroit où tous les tours se croisent, au moyen d'une demi-clé. Capeler le double dans la poulie coupée; virer au cabestan et donner ainsi une tension plus considérable aux tours de liures, en rapprochant ceux de tribord de ceux de babord; brider encore avec le reste du filin au moyen de plusieurs autres demi-clés, et enfin arrêter le bout sur la liure par une genope.

Si le mât doit être tenu par deux liures, on fera celle d'en dedans de la même manière ; puis on les recouvrira toutes deux de basane, pour les garantir du frottement et de l'intempérie. Enfin on rentrera les échafauds et l'espars ; mais on maintiendra le poids suspendu au bout du beaupré jusqu'à ce que les sous-barbes soient faites et raidies.

Les tours de liures une fois faits, sont quelquefois fixés à la guibre et au beaupré, par des clous : on paraît avoir agi ainsi dans la pensée que l'un des tours venant à rompre, les autres seraient maintenus par l'effort des clous ; mais, outre que l'on peut douter de ce résultat, un inconvénient grave se présente, c'est que les clous ne peuvent manquer de s'oxider, ce qui nuit nécessairement à la liure.

GARNITURE DU BEAUPRÉ.

15. Pour mettre cette garniture en place, on dispose un échafaud de la manière suivante :

Placer un espars de chaque bord de la poulaine ; faire reposer les bouts d'en dedans sur les bossoirs, joindre les bouts d'en dehors par un amarrage à la portugaise ; crocher à cette jonction la poulie simple d'un palan dont la poulie double sera crochée sous le chouque du beaupré ; haler sur ce palan jusqu'à ce que la jonction des deux espars soit directement au-dessous du chouque ; puis amarrer solidement les extrémités qui reposent sur les bossoirs, et mettre des planches en travers sur ces espars.

ORDRE DE MISE EN PLACE DE LA GARNITURE DE BEAUPRÉ.

Estrope de la moque de la première sous-barbe.
Estropes des caps-de-moutons ou des cosses des haubans de beaupré.
Estropes des poulies de boulines de misaine.
Estrope de la moque ou de la cosse de l'étai de misaine.

Estrope de la moque ou de la cosse du faux étai de misaine.
Estrope de la moque de la deuxième sous-barbe.
Estrope de la moque de fausse sous-barbe.

SOUS-BARBES.

16. Les sous-barbes tiennent au bâtiment par un point fixe pris sur la guibre, et sont raidies dans les cosses des estropes de sous-barbes placées sous le beaupré; il y a ordinairement deux sous-barbes : celle d'en dedans prend le nom de première sous-barbe, et celle d'en dehors celui de deuxième sous-barbe. On établit souvent des fausses sous-barbes.

METTRE LES SOUS-BARBES EN PLACE.

Exécution.

17. Prendre le bout de filin destiné à servir de sous-barbe, le passer dans le trou de la guibre, jusqu'à son milieu; joindre ensuite les deux bouts entre eux, par une épissure carrée; placer une moque gougée contre cette épissure, l'y fixer par un amarrage plat; faire un autre amarrage au milieu de la sous-barbe, et enfin un troisième au ras de la guibre. Passer une ride de la moque qui est sur le beaupré dans celle qui tient à la sous-barbe.

TENIR LES SOUS-BARBES. (Fig 8.)

Exécution.

18. Suspendre un poids assez considérable au bout du beaupré; l'y maintenir pendant le temps de l'opération; faire venir le bout de la ride le long du beaupré, y crocher la poulie double d'un palan, dont la poulie simple sera crochée à un piton, près des apôtres; genoper entre eux deux garants consécutifs de la ride, dès qu'on lui aura donné la tension nécessaire; puis passer le reste de la ride d'une moque dans l'autre, et genoper le bout avec une commande ou un fil de caret.

CAPELER LES BAS MATS.

19. Les haubans d'un même mât se capellent par paires, en commençant par celles de l'avant, et successivement les autres, jusqu'à la dernière de l'arrière, en observant de capeler alternativement la paire correspondante de chaque bord, d'où il résultera que chaque paire de haubans formera deux haubans contigus du même bord.

L'usage veut que l'on commence par la paire de tribord pour le grand mât et pour le mât d'artimon, et par la paire de babord pour le mât de misaine. En établissant cette règle, on a sans doute voulu créer un mode uniforme pour tous les bâtiments; car rien ne paraît justifier cette préférence.

Lorsque le nombre des haubans est impair, le hauban bâtard est capelé le dernier.

Chaque paire de haubans se capelant de la même manière, nous donnerons seulement le moyen employé pour l'une d'elles, et nous supposerons que nous agissons sur le grand mât.

CAPELER UN HAUBAN. (Fig. 9, *a*.)

Préparation.

20. Ouvrir l'œil du capelage, à force de palans agissant en sens contraire, afin que le mât puisse s'y introduire sans trop de peine; faire dormant avec un bout de filin de six ou huit brasses au tenon du mât; envoyer l'autre bout dans la hune.

Passer un cartahu dans une poulie de retour au pied du mât; le faire passer dans une poulie aguilletée sur les élongis; le faire revenir sur le pont; l'amarrer, au moyen d'un tour-mort et d'une demi-clé, sur le hauban élongé sur le pont, à une distance de l'œil plus grande que la hauteur du ton du mât; élonger le double vers l'œil, y faire trois ou quatre bridures avec le hauban.

Ranger du monde sur le cartahu.

Exécution. (Fig. 9, *b* et *c*.)

21. Haler sur le cartahu; larguer les genopes à mesure

qu'elles arrivent à la poulie aiguilletée aux élongis; placer un homme sur le tenon du mât, lequel y reposera sur le ventre; lui envoyer un bout de filin dont le dormant est fait au tenon, après l'avoir fait passer dans l'œil du capelage; faire qu'il hale sur ce bout de filin, jusqu'à ce qu'il puisse atteindre l'œil du capelage, qu'il fera alors passer entre lui et le tenon; l'abandonner à son propre poids, et dès qu'il sera bien présenté, le conduire à toucher les coussins, si c'est le premier, et à toucher l'œil du précédent, si c'est un autre.

Agir ainsi pour chaque paire, en ayant soin de faire en sorte que l'amarrage de l'œil de la première paire soit précisément par le travers du mât, et que, pour les autres, cet amarrage soit à toucher et recouvre à moitié celui qui le précède.

22. Tous les haubans étant capelés, on conduit chacun d'eux à l'appel du cap-de-mouton qui lui est destiné, et l'on donne ensuite à tous une tension à peu près égale, afin de marquer, pour chacun d'eux, la place que devra occuper chaque cap-de-mouton.

ORDRE DE MISE EN PLACE DES CAPELAGES DES BAS MATS

MAT D'ARTIMON.

Haubans.
Étai.
Suspente de la vergue barrée.

GRAND MAT.

Pantoires (elles ne font pas toujours partie du capelage et sont alors volantes; c'est ainsi que nous les admettrons).
Haubans.
Étai.
Faux-étai.
Estrope de la moque de l'étai de perroquet de fougue.
Estrope de suspente de la grande vergue.

MAT DE MISAINE

Pantoires.
Haubans.

Étai.

Faux-étai.

Estrope de la moque de l'étai du grand mât de hune.

Estrope de suspente de la verge de misaine.

MARQUER LA PLACE DES CAPS-DE-MOUTONS. (Fig. 10, *a* et *b*.)

23. Fouetter un bout de filin quelconque, mais un peu fort, sur le hauban ; le faire passer dans l'un des trous du cap-de-mouton des porte-haubans ; faire une gueule de raie, y crocher la poulie simple d'un palan, dont la poulie double sera fouettée sur le hauban.

Haler sur le garant du plan et donner ainsi une légère tension au hauban.

Après avoir, par ce moyen, donné une tension égale à tous les haubans d'un même bord, amarrer un bout de bitord sur le premier hauban d'en avant, au point que l'on devra faire occuper au cap-de-mouton ; diriger ensuite ce bout de bitord vers l'arrière, en travers des haubans, et parallèlement au bas-tingage ; marquer les points où les haubans seront coupés par lui. On obtiendra par là les points des haubans qui devront être occupés par les caps-de-moutons.

24. Laisser venir les haubans le long du mât ; dresser des échafauds qui permettent aux hommes de faire commodément l'amarrage en étrive (1), et les deux amarrages plats ; puis passer les rides.

AMARRER LES CRÉMAILLÈRES SUR LES HAUBANS. (Fig. 11.)

25. Fixer chaque crémaillère sur la chaîne des porte-haubans qui lui correspond, au moyen d'un boulon ; faire courir la partie mobile le long de la partie dentée au fixe, afin de se conserver un grand nombre d'adents à faire parcourir à la chape de la

---

(1) A l'amarrage en étrive on pourrait substituer avec avantage un tour d'amarrage en portugaise recouvert d'une couche en amarrage plat ; des expériences faites à Brest ont prouvé que le premier mode d'amarrage cédait à une force à laquelle résistait le second.

partie mobile. Passer ensuite chaque hauban de dehors en dedans, dans la boucle placée à l'extrémité de la partie mobile. Comprendre la cosse dans le pli du hauban, et le faire remonter sur lui-même; puis donner à tous les haubans un tension égale au moyen d'un palan dont la poulie simple sera frappée sur le bout du hauban, et la poulie double sur le hauban lui-même, à quelque hauteur.

Les haubans ayant été tendus, on se rendra maître de la tension de chacun d'eux, au moyen d'un trésillon, et près de la cosse on fera un amarrage à la portugaise recouvert d'une couche de tours en amarrage plat; on fera, en outre, deux amarrages plats, dont l'un sera près du bout et l'autre au milieu de la distance de ce dernier à celui qui a été fait près de la cosse.

METTRE LES ÉTAIS EN PLACE. (Fig. 9, d.)

Préparation.

26. Les cartahus qui ont servi à capeler les bas-haubans servent aussi à mettre les étais en place.

Élonger l'étai sur le pont; frapper les deux cartahus à la jonction des branches de l'étai; élonger le double de chacun d'eux vers l'extrémité des branches; brider chaque cartahu à l'extrémité de la branche qui lui correspond, et faire une ou deux genopes entre la jonction des branches et l'extrémité de chacune d'elles.

Ranger des hommes sur ces cartahus.

Exécution.

27. Haler sur les deux cartahus également; larguer les bridures à mesure qu'elles arriveront à la poulie fouettée aux élongis. Conduire les branches, de chaque bord du mât, jusqu'à ce que leurs extrémités se rencontrent sur l'arrière du ton du mât, et les joindre par un aiguilletage. Passer ensuite le bout de l'étai dans la moque qui doit servir à le rider.

APPELER LES MATS SUR L'AVANT, AU MOYEN DES CALIORNES,
POUR RIDER LES ÉTAIS. (Fig. 12, *a*.)

Préparation.

28. Décoincer les mâts.

Élonger les caliornes de bas-mâts sur le pont, l'une à tribord,
l'autre à babord, de manière que les poulies supérieures soient
sur l'arrière, et les poulies inférieures sur l'avant ; aiguilleter les
pantoires aux culs des poulies supérieures. Prendre les deux cartahus qui ont servi à capeler l'étai, les frapper, celui de tribord,
par exemple, sur la cosse de l'estrope de la poulie supérieure
de la caliorne de tribord ; élonger le double vers la pantoire ;
brider le cartahu de distance en distance avec cette pantoire,
en observant de laisser les deux brasses du bout sans genopes.
Frapper le cartahu de babord de la même manière ; donner du
mou dans les caliornes.

Ranger du monde sur les cartahus.

Exécution.

29. Haler sur les deux cartahus ; prendre le bout de la pantoire, dès qu'il se présente aux élongis ; couper la première genope, entourer le mât avec la pantoire ; faire un tour-mort et
deux demi-clés autour du ton du mât, de manière à ce que les
deux poulies supérieures des caliornes soient suspendues à la
même hauteur. Faire joindre les deux pantoires sur l'arrière du
mât, au-dessous de la hune, à la hauteur des trelingages ; les
brider solidement entre elles ; crocher les poulies inférieures
des caliornes le long du bord, l'une à tribord, par le travers
du dernier hauban de misaine, l'autre au point correspondant
de l'autre bord, si c'est au grand mât qu'on travaille. Si c'est
au mât de misaine, crocher ces mêmes poulies dans une erse
baguée sur le beaupré, le plus près possible des apôtres. Crocher des poulies de retour près des poulies inférieures, y faire
passer les garants des caliornes, haler sur ces garants, et haler
ainsi le mât sur l'avant, autant qu'il sera nécessaire

30. Le maître qui dirige cette opération se tient dans les porte-haubans, par le travers du mât. Il fait amarrer et genoper les garants des caliornes, quand il juge que le mât est assez sur l'avant pour se trouver dans la position voulue, lorsque après avoir ridé les étais, les haubans l'auront aussi été suffisamment.

RIDER LES ÉTAIS A RIDES.

Préparation.

31. Prendre une caliorne de chaloupe ou de braguet ; frapper la poulie supérieure sur l'étai, au moyen d'une garcette avec laquelle on fait un tour-mort sur l'étai ; crocher la poulie inférieure sur la ride, au moyen d'une gueule de raie ; faire passer le garant dans une poulie de retour crochée ou aiguilletée sur l'estrope de la moque inférieure de l'étai, si l'on tient l'étai de misaine, et près des apôtres, s'il s'agit de l'étai du grand mât ; suiver la partie des rides qui doit passer dans les moques.

Ranger des hommes sur le garant de la caliorne.

Exécution.

32. Haler sur le garant de la caliorne, jusqu'à ce qu'on ait obtenu la tension nécessaire ; genoper alors la ride, et faire passer le reste, d'une moque dans l'autre, en ayant soin d'embraquer chaque tour, et genoper ensuite le bout.

33. Le maître qui dirige cette opération tient la main sur les caliornes de bas mâts, pendant qu'on hale sur celle frappée sur la ride de l'étai. Il est averti de la tension suffisante de l'étai lorsqu'il s'aperçoit que les caliornes ont perdu de celle qu'on leur avait donnée.

RIDER LES ÉTAIS QUI DOIVENT L'ÊTRE A DEMEURE. (Fig. 12, *b*.)

Préparation.

34. Frapper la poulie supérieure d'une caliorne de braguet où de chaloupe sur l'étai, à la distance de huit ou dix pieds de la moque dans laquelle il passe ; frapper l'autre poulie sur le bout de l'étai déjà passé dans la moque, et le plus près possible de cette moque ; faire passer le garant de la caliorne dans une poulie de retour placée près de la moque ; élonger le garant sur le pont ; suiver la partie de l'étai qui doit passer dans la moque, ponr faciliter le ridage.

Ranger des hommes sur le garant de la caliorne.

Exécution.

35. Haler sur la caliorne jusqu'à ce qu'on ait obtenu la tension nécessaire ; on s'en aperçoit quand les caliornes de bas mâts ont perdu de celle qu'on leur avait donnée. Genoper les garants de la caliorne frappée sur l'étai ; rapprocher les deux parties de l'étai, au moyen d'un fort trésillon, le plus près possible de la moque ; faire un amarrage en portugaise, recouvert d'une couche d'amarrages plats à toucher la moque, et enfin faire deux amarrages plats, dont un au bout et l'autre au milieu de la distance de ces deux premiers.

RIDER LES HAUBANS DE LA QUANTITÉ NÉCESSAIRE POUR FAIRE LES TRELINGAGES. (Fig. 13.)

Préparation.

36. La tension que l'on veut obtenir dans ce cas est peu considérable ; aussi se sert-on, pour tous les haubans, d'un même petit appareil ainsi disposé :

Prendre un bout de filin de cinq ou six brasses pour servir d'itague ; fouetter l'un de ses bouts sur le premier hauban, à peu près à la moitié de la distance du cap-de-mouton à la hune ; passer l'autre bout dans une poulie à croc crochée sur la ride du même hauban ; faire un œil à ce bout, dans lequel on crochera une candelette de bas mât.

Disposer un appareil semblable de l'autre bord.

Ranger des hommes sur les garants des candelettes, dont les poulies de retour seront le long du bord ; retirer les coins provisoires placés dans les étambrais.

37. Haler à poids et également sur les deux candelettes; genoper les rides dès que la tension sera suffisante; décrocher les poulies à crocs de dessus les rides; larguer les bouts des itagues fouettées sur les haubans, les fouetter sur les deux haubans correspondants suivants, et continuer ainsi jusqu'aux derniers. Prendre le soin de rider ensemble les haubans correspondants de chaque bord; passer le bout de chaque ride entre le cap-de-mouton supérieur et son étrive, et entourer la partie des rides la plus près du bord avec l'excédant, puis genoper le bout.

38. Le maître qui dirige cette opération se tient au milieu du bâtiment, sur l'arrière du mât dont on ride les haubans, et cherche à tenir le mât dans un plan vertical passant par la quille. Pour obtenir ce résultat, le maître doit placer le mât à égale distance de l'étambrai, tribord et babord. La position du mât ayant été jugée convenable, on le recoincera provisoirement dans tous ses étambrais.

Si le système de ridage est celui des crémaillères, on se servira du levier pour obtenir la tension nécessaire.

METTRE LES QUENOUILLETTES EN PLACE.

39. Les branches de trelingages et les quenouillettes constituent le trelingage; ce sont les quenouillettes que l'on met d'abord en place. Cette opération ne nécessite aucun appareil préparatoire: les quenouillettes se placent dans le sens de la quille, parallèlement aux bastingages, de manière à couper tous les haubans d'un même bord, excepté le premier sur l'avant; leurs extrémités ne devront pas dépasser les haubans ni en avant ni en arrière. Il y a ordinairement deux quenouillettes de chaque bord, une en filin et l'autre en fer; elles comprennent les haubans entre elles: celle en fer est en dehors, l'autre est en dedans; elles sont liées solidement entre elles et avec les haubans, au moyen d'amarrages en croix, et l'on prend le soin d'espacer les haubans également entre eux.

METTRE LES BRANCHES DE TRELINGAGES EN PLACE. (Fig. 14.)

Préparation.

40. Placer une barre de cabestan de chaque bord, en dehors des haubans, un peu au-dessous des quenouillettes, et parallèlement à ces dernières ; les amarrer avec les haubans ; frapper, avec le moins de battant possible, les poulies doubles de deux palans aux extrémités avant des barres, l'une à tribord, l'autre à babord ; crocher les poulies simples de ces mêmes palans aux extrémités arrière des barres de cabestan, de manière que les deux palans se croisent en sautoir ; faire descendre les garants sur le pont, les passer dans des poulies de retour placées le long du bord, en ayant soin que le garant de tribord vienne à babord, et que celui de babord vienne à tribord.

Ranger des hommes sur ces garants.

Exécution.

41. Haler sur les garants ensemble ; rapprocher les haubans de tribord de ceux de babord, jusqu'à ce que la distance entre eux soit moindre que la longueur des branches de trelingages ; amarrer celles-ci aux quenouillettes, en prenant aussi les haubans correspondants dans les amarrages ; puis larguer les palans et les barres de cabestan.

METTRE LES GAMBES DE REVERS EN PLACE ; LES RAIDIR.
(Fig. 15, *a* et *b*.)

Exécution.

42. Crocher les gambes dans les lattes des caps-de-moutons des hunes ; prendre le bout d'une des gambes, le passer en dessous des quenouillettes, de dehors en dedans ; le faire remonter vers la hune, par le trou-du-chat ; raidir la gambe au moyen d'un palan croché au chouque ; genoper le garant du palan dès

que la gambe sera suffisamment tendue ; la brider au portage
des quenouillettes, au moyen d'un trésillon ; puis faire descendre
le bout le long du hauban correspondant, en passant par-dessus
la quenouillette, et en élongeant ensuite le hauban en dehors ;
fixer la gambe sur le hauban au moyen de quelques petits amarrages plats : agir ainsi pour tous les autres.

OBSERVATIONS.

Si l'on voulait obtenir que les bouts des gambes fussent en dedans
des haubans, l'opération serait la même à l'exception qu'il aurait
fallu passer la gambe de dedans en dehors.

FAUX TRELINGAGE.

43. A la mer, on établit quelquefois un faux trelingage, disposé de la manière suivante :

Dans le prolongement de la direction des gambes, et sur le
mât, on aiguillette une estrope sur laquelle on fixe deux fortes
cosses ou deux caps-de-moutons, un de chaque bord ; un bout
de filin en patte d'oie, dont les extrémités viennent se fixer aux
extrémités des quenouillettes, vient se rider à ce cap-de-mouton
ou dans cette cosse, et soulage ainsi l'effort des gambes sur les
bas haubans.

FAIRE LES ENFLÉCHURES. (Fig. 16, *a*.)

Préparation.

44. Passer un cartahu dans une poulie de retour placée sur
le pont, le faire remonter dans une poulie fouettée ou aiguilletée
au ton du mât, à toucher le capelage ; le faire descendre par le
trou-du-chat, en dehors des quenouillettes ; l'envoyer sur le
pont, y faire un très grand nœud de chaise, en ayant soin de
prendre assez de bout pour laisser un excédant ; amarrer les
deux côtés de ce nœud de chaise aux extrémités de l'espars, au
moyen de deux demi-clés ; puis amarrer l'excédant du bout du
cartahu au milieu de l'espars ; lequel se trouvera par ce moyen
soutenu par ses extrémités et par son milieu. Hisser cet espars à

la hauteur convenable pour faire la première enfléchure à partir des quenouillettes. Donner à chacun des hommes le quarantainier destiné pour cet objet, du fil de caret ou du luzin, et un morceau de bois égal, en longueur, à la distance que les enfléchures doivent avoir entre elles.

Afin d'obtenir que les enfléchures soient bien tendues après leur confection, on bride quelquefois les haubans d'un même bord entre eux.

Exécution.

45. Faire une demi-clé double sur le deuxième hauban d'en avant, avec le double du quarantainier; conserver assez de longueur pour faire des demi-clés semblables sur chaque hauban, en allant vers l'arrière; prendre le soin de raidir la partie du quarantainier comprise entre chaque hauban; fixer le bout du quarantainier sur le dernier hauban de l'arrière, au moyen d'un œil dans lequel on passera alternativement un bout de fil de caret qui entourera aussi le hauban; enfin couper le quarantainier au point où il pourra atteindre le deuxième hauban d'en avant, et faire un œil à ce bout pour l'amarrer sur le hauban.

Faire toutes les enfléchures de la même manière, en ayant soin d'amener l'espars à la demande des hommes qui y sont placés.

AUTRE MOYEN. (Fig. 16, *b*.)

46. Placer plusieurs espars en travers des haubans parallèlement aux bastingages, à quelque distance les uns des autres, puis travailler les enfléchures comme il vient d'être dit plus haut. Si les haubans sont peu tendus, ce dernier moyen est préférable; car les espars étant amarrés aux haubans par leurs extrémités, s'opposent à ce qu'ils se rapprochent : un seul espars suspendu en patte d'oie serait préférable dans le cas contraire, parce que cette disposition préparatoire est plus tôt faite que l'autre.

EMBARQUER LES CHOUQUES DES BAS MATS, LES ENVOYER DANS LES HUNES PRÊTS A CAPELER. (Fig. 17, *a* et *b*.)

Préparation.

47. Les chouques sont ordinairement conduits le long du bord par des embarcations; on a dû prendre le soin de les y placer les pitons en dessous.

Aiguilleter une poulie de guinderesse à quelque distance au-dessous du tenon du bas mât; en crocher une autre au pied du mât et du même bord; passer la guinderesse dans celle-ci, de l'arrière à l'avant; la faire monter par le trou-du-chat pour la faire passer dans celle qui est aiguilletée au ton, et enfin la faire descendre par l'avant de la hune, dans l'embarcation qui contient le chouque; l'amarrer sur le chouque, en passant le bout, du trou rond dans le trou carré, et en faisant deux demi-clés sur le double; puis garnir la guinderesse au cabestan.

Tenir prêt un cartahu venant de la hune de misaine, s'il s'agit du grand chouque, et venant de dessus le beaupré, s'il s'agit du chouque de misaine.

Exécution

48. Virer au cabestan; faire parer le chouque le long du bord, au moyen de barres de cabestan ou d'anspects; tenir bon avant qu'il n'arrive à la hauteur du plat-bord; y amarrer le cartahu venant de l'avant, lequel est destiné à le faire déborder de la hune; y amarrer une retenue passant par l'un des sabords du gaillard, pour l'empêcher de heurter le mât en rentrant en dedans. Virer au cabestan, puis filer la retenue et la larguer dès que le chouque sera à l'appel de la guinderesse. Continuer à l'élever, et haler le cartahu venant de l'avant, lorsqu'il arrivera près de la hune; mollir ce cartahu dès que le chouque sera débordé et qu'il sera un peu plus élevé qu'elle; le conduire alors sur l'avant du ton du mât; et le placer de manière qu'étant dans une direction perpendiculaire à la quille, le trou rond se trouve présenté au-dessus du trou de la cheminée; puis dévirer au cabestan, et larguer la guinderesse et le cartahu de dessus le chouque.

PRENDRE LES MATS DE HUNE A LA MER, LES PRÉSENTER LE LONG DES BAS MATS. (Fig. 18, *a* et *b*.)

L'opération étant la même pour les trois mâts de hunes, nous supposerons qu'il s'agit seulement du grand mât de hune.

Préparation.

49. Passer le bout de la guinderesse que l'on vient de larguer de dessus le chouque par le trou de la cheminée, en évitant de l'introduire dans le trou rond du chouque; conduire le bout jusqu'à la mer, le faire passer dans le clan *arrière* du mât de hune, si les clans sont pratiqués à côté l'un de l'autre, et dans le clan le plus éloigné de la caisse, s'ils sont placés l'un sur l'autre.

Faire deux demi-clés avec le bout de la guinderesse, sur le double, et à toucher le clan; élonger ensuite le double vers le tenon du mât; entourer le mât de hune et la guinderesse par deux bonnes bridures, l'une près de la noix, l'autre près du tenon; puis garnir la guinderesse au cabestan.

Exécution.

50. Virer au cabestan; faire parer le mât le long du bord, à mesure qu'il monte, à force de bras, de barres de cabestan ou d'anspects. Continuer à virer et à avoir soin de faire engager le tenon entre les élongis; puis, larguer la première bridure et virer de nouveau; mettre une retenue sur la caisse avant qu'elle ne passe par-dessus le plat-bord; la filer en douceur jusqu'à ce que le mât de hune vienne le long du bas mât, à l'appel de sa guinderesse. Introduire le tenon dans le trou rond du chouque; puis dévirer au cabestan, jusqu'à ce que la caisse repose sur le pont, si, dans cette position, le mât est assez long pour qu'il reste encore engagé par son tenon entre les élongis; dans le cas contraire, frapper les poulies supérieures de deux forts palans ou caliornes de chaloupe sur les deux premiers haubans d'en avant, et crocher les poulies inférieures dans une erse passée dans le trou de la clé; embraquer ces palans bien raides ou laisser le mât de hune reposer sur le pont, selon le cas.

51. Il pourrait arriver que le mât de hune fût trop long pour que sa caisse pût passer par-dessus le plat-bord au moment où le tenon est engagé entre les élongis; dans ce cas, on agit de la manière suivante :

Larguer la bridure du tenon du mât, un peu avant qu'elle ne soit à la hauteur de la hune; faire effacer la tête du mât sur l'avant de la hune; puis virer au cabestan, jusqu'à ce que la caisse ait pu passer par-dessus le bord; la présenter au-dessus d'un petit panneau pratiqué à cet effet à une petite distance du pied du bas mât. Dévirer au cabestan de la quantité suffisante pour que le tenon puisse passer sous la hune; le présenter entre les élongis, puis virer au cabestan : introduire le tenon dans le trou rond du chouque; élever la caisse de manière à pouvoir la conduire au pied du bas-mât et sur l'avant; puis dévirer au cabestan et laisser la caisse reposer sur le pont.

52. Si les mâts de hunes étaient élongés sur le pont, ils le seraient de telle sorte que, pour le grand mât de hune, la caisse fût sur l'avant, et que, pour le petit mât de hune, la caisse fût sur l'arrière.

L'opération de les présenter s'exécuterait comme il vient d'être dit 50 et 51.

CAPELER LES CHOUQUES. (Fig. 19, *a* et *b*.)

Préparation.

53. Larguer le bout de la guinderesse amarré dans le clan du mât de hune; faire remonter ce bout le long du mât de hune, le passer par le trou de la cheminée, et l'amarrer autour du bas mât, un peu au-dessus du capelage.

Guinder le mât de hune jusqu'à ce que le tenon soit élevé de trois ou quatre pieds au-dessus du trou rond du chouque; puis élinguer le chouque au tenon du mât de hune, de la manière suivante :

Faire deux demi-clés à capeler au milieu d'un bout de filin de quelques brasses de longueur, les capeler au tenon du mât, à toucher le carré d'arrêt du chouque du mât de hune; les bien souquer, s'emparer ensuite de l'une des deux parties du filin, en passer le bout dans l'un des pitons arrière du chouque, faire revenir le double au tenon du mât, et l'y fixer par deux demi-clés à capeler; passer de nouveau le bout dans le piton arrière correspondant de l'autre bord; faire encore, avec le double, deux demi-clés à capeler au tenon du mât; et agir aussi de cette manière avec l'autre partie du filin, en le passant dans les pitons avant du chouque.

Amarrer un cartahu venant du mât d'artimon sur la partie arrière du chouque, s'il s'agit du chouque du grand mât, ou bien se servir d'un cartahu venant du grand mât, s'il s'agit du chouque du mât de misaine.

Exécution.

34. Virer sur la guinderesse jusqu'à ce que la partie inférieure du chouque soit un peu au-dessus du tenon du bas mât; puis embraquer le cartahu du mât d'artimon, pour obliger le chouque à se diriger dans le sens de la quille; faciliter cette opération au moyen d'un trévire frappé sur le mât de hune, si cela est nécessaire; puis aussitôt que le trou carré du chouque sera présenté exactement au-dessus du tenon du bas mât, dévirer au cabestan et forcer le tenon à entrer dans le chouque par des coups de masse, si cela est nécessaire. Larguer le bout de filin qui a servi à élinguer le chouque; puis enfin dévirer jusqu'à ce que la caisse du mât de hune repose, selon le cas, sur le pont ou sur les palans fouettés sur les haubans d'en avant.

CAPELER LES BARRES DE PERROQUETS SUR LES CHOUQUES.
(Fig. 20, *a* et *b*.)

Préparation.

55. Nous supposerons qu'il s'agit des barres du grand perroquet, et que l'on veut les hisser par tribord.

Fouetter deux poulies aux pitons de tribord du chouque du bas mât, y passer deux cartahus venant de deux poulies de retour placées au pied du mât, à tribord ; renvoyer les bouts de ces mêmes cartahus sur le pont, en passant sur l'avant de la hune.

Poser les barres du grand perroquet sur le pont, dans la position qu'elles devront avoir une fois capelées.

Amarrer le cartahu de l'arrière sur l'extrémité de tribord de la barre *arrière*, élonger le double vers l'autre extrémité, et le brider avec les barres aux élongis et à l'extrémité de babord.

Opérer de la même manière pour le cartahu de l'avant, que l'on amarrera sur la barre *avant*, et enfin amarrer sur les barres un cartahu venant de la hune de misaine : ce cartahu servira à les faire parer de dessous la hune.

Ranger du monde sur les deux cartahus.

Exécution.

56. Haler sur les deux cartahus du pied du mât en même temps. Lorsque les barres auront été élevées à la hauteur du bord de la hune, on embraquera le cartahu venant de la hune de misaine, pour écarter les barres, et les gabiers les pousseront à bras dans le même but ; filer et larguer le cartahu du mât de misaine, dès que les barres auront paré le bord de la hune et conduire alors les barres droit par le travers de la hune. Peser sur les cartahus du pied du mât, et larguer les bridures faites aux extrémités de babord, à mesure qu'elles arriveront aux poulies fouettées au chouque ; haler les cartahus de nouveau, jusqu'à ce que les secondes bridures arrivent au chouque ;

amarrer alors deux bouts de filin quelconque venant de babord et de la hune sur les extrémités babord des barres ; larguer les secondes bridures et haler en même temps sur les cartahus et sur les bouts de filin venant de la hune, pour obliger les barres à prendre une position horizontale ; faciliter du reste ce mouvement de bascule, en larguant les deux cartahus du pied du mât à temps, et en plaçant des hommes sur le chouque, qui manieront les barres, pour en faire parer les élongis ; puis les présenter de manière que le trou carré arrière réponde exactement au-dessus du trou rond du chouque, et larguer les cartahus.

ACHEVER DE PASSER LA GUINDERESSE.

Exécution.

57. **Donner** du mou dans la guinderesse ; larguer l'aiguilletage de la poulie aiguilletée au ton du mât, et la crocher à l'un des pitons arrière du chouque et du même bord.

Larguer le dormant provisoire fait au ton du bas mât ; passer ce bout dans une poulie de guinderesse crochée au chouque, et, du bord où se trouvait le dormant, l'envoyer par le trou de la cheminée, passer dans le clan avant de la caisse, ou dans le clan inférieur, selon la position relative des clans ; le faire remonter de l'autre bord par le trou de la cheminée, et faire dormant à un piton avant du chouque.

GUINDER LES MATS DE HUNES PRÊTS A CAPELER.

Exécution.

58. **S'il** s'agit d'un petit bâtiment, on virera sur la guinderesse jusqu'à ce que les barres reposent sur les épaulettes de la noix du mât de hune, et que cette noix soit élevée d'environ un ou deux pieds.

59. **Si** l'on agissait ainsi à l'égard d'un fort bâtiment, la hauteur du tenon du mât de hune rendrait l'opération de capeler assez difficile : pour éviter cet inconvénient, on ne guinde que

de manière à ce que le tenon du mât de hune soit élevé d'environ cinq ou six pieds au-dessus des barres.

CAPELER LES HAUBANS ET GALHAUBANS DES MATS DE HUNES.

Préparation.

60. Aiguilleter une poulie de chaque bord sur les barres arrière de perroquet et près des élongis; y passer un cartahu dont l'un des bouts viendra en bas par le trou-du-chat, et l'autre par l'arrière de la hune; frapper ce dernier à quelques pieds en dessous de l'œil du hauban ou du galhauban à capeler; faire deux bridures, dont l'une au milieu du contour de l'œil, et l'autre à égale distance de celle-ci et du point où le cartahu a été frappé sur le hauban.

Ranger des hommes sur le bout du cartahu qui vient par le trou-du-chat, et qui passe dans une poulie de retour sur le pont.

Exécution.

61. Haler sur le cartahu; faire déborder de la hune, le hauban ou le galhauban que l'on hisse, par les gabiers. Larguer la première et la deuxième bridure à mesure qu'elles arrivent à la poulie aiguilletée sur les barres; s'emparer de l'œil, le conduire jusqu'à ce qu'il puisse se capeler par-dessus le tenon. Larguer le cartahu et faire couler l'œil le long du ton, jusqu'à ce qu'il repose sur celui qui le précède. Agir d'une manière analogue pour toutes les pièces qui doivent composer le capelage du mât sur lequel on opère; puis envoyer les haubans et galhaubans à l'appel de leur cap-de-mouton respectif; et enfin passer les rides.

Capeler le chouque du mât de hune à la main ou avec un espars, au moyen d'un appareil semblable à celui dont il a été question pour capeler les chouques des bas mâts.

62. S'il s'agissait de capeler les mâts de hune d'un bâtiment dont il aurait fallu ne guinder le mât de hune que de quelques pieds, à cause de la hauteur du ton, qui n'eût pas permis de capeler par-dessus le tenon avec facilité, on emploierait le même moyen ; mais il arriverait, pour un moment, que le capelage ne pourrait descendre à sa place, puisque les barres ne reposeraient pas encore sur les épaulettes du mât de hune ; elles n'y reposeront en effet, qu'après qu'on aura guindé, et ce ne sera qu'alors que l'on pourra superposer avec ordre, toutes les pièces qui constituent le capelage ; pour le faire commodément, il faudra suspendre tout le capelage au chouque du mât de hune ; puis guinder le mât de hune et détacher successivement chaque pièce, pour la placer convenablement sur celle qui lui précède.

OBSERVATIONS.

Les haubans et galhaubans peuvent être réunis en galette, c'est-à-dire que deux paires de haubans du même bord composent un système dont l'œil de l'une est compris dans l'œil de l'autre. Il en résulte que le capelage ne s'élève au-dessus des coussins, pour quatre haubans, que du diamètre de l'un d'eux, et que consé-quemment les tons sont plus dégagés. Du reste, le moyen d'exé-cution, pour la mise en place, est le même que celui qui vient d'être indiqué.

CAPELER LES ÉTAIS ET FAUX ÉTAIS DES MATS DE HUNES.

63. Le moyen que l'on emploie ici est absolument semblable à celui qui a été prescrit pour capeler les étais des bas mâts. On observera seulement que les branches du faux étai doivent passer entre les branches de l'étai déjà capelé, et venir s'aiguil-leter, comme les branches de l'étai, sur l'arrière, mais au-des-sus de celui-ci. On fait ensuite passer le bout de l'étai dans la moque dont l'estrope est capelée au mât de misaine, s'il s'agit du grand mât de hune, et dans la moque dont l'estrope fait partie de la garniture du beaupré, s'il s'agit du petit mât de hune.

Dans le premier cas, le bout de l'étai descend le long du mât de misaine et passe dans une forte cosse ou dans une moque , puis se ride à demeure sur lui-même, au pied du mât.

Dans le second cas, le bout de l'étai vient le long du beaupré, et se ride à demeure sur lui-même, après avoir passé dans un fort piton fixé sur la muraille du bâtiment, près du beaupré.

Le bout du faux étai du grand mât de hune vient passer dans une moque estropée au mât de misaine sous la hune, et remonte dans la hune vers le chouque du bas mât, où on le raidit à demeure. Ce faux étai sert de draille pour la grande voile d'étai.

Le faux étai du petit mât de hune est installé absolument de la même manière que l'étai, à l'exception qu'il est placé et raidi du bord opposé à celui où l'étai est établi.

GRÉEMENT DU MINOT.

Deux caps-de-moutons pour haubans.
Deux haubans.
Poulie d'amure de misaine.

La poulie de fausse amure est fixée à la guibre par une estrope.

ORDRE DE MISE EN PLACE DU CAPELAGE DES MATS DE HUNES.

MAT DE PERROQUET DE FOUGUE.

Estrope de poulie d'itague.
Pantoires de candelettes (généralement elles sont volantes).
Haubans.
Galhaubans.
Étai.
Draille.

GRAND MAT DE HUNE

Estropes des poulies d'itagues
Pantoires de candelettes.
Haubans.
Galhaubans.

Étai.

Draille.

PETIT MAT DE HUNE.

Estropes des poulies d'itagues.

Pantoires de candelettes.

Haubans.

Galhaubans.

Étai.

Faux étai.

Draille.

GUINDER LES MATS DE HUNES.

Préparation.

64. Donner du mou dans les galhaubans ; placer des gabiers dans la hune pour alléger les haubans de hune. Envoyer une forte pince et la clé du mât de hune dans la hune, les placer l'une et l'autre près et par les travers du ton du mât.

Passer un braguet de la manière suivante :

Faire dormant avec l'un de ses bouts à un piton de chouque ; mais du bord opposé à celui de la guinderesse. Faire passer l'autre bout par-dessous la hune pour le faire remonter de l'autre bord par le trou-du-chat ; le faire passer dans une forte poulie crochée au chouque, d'où il descendra le long du bas mât, encore par le trou-du-chat ; y frapper la poulie supérieure d'une caliorne de braguet dont la poulie simple sera crochée sur le pont à son aplomb. Donner du mou dans le double du braguet, de manière à pouvoir le capeler sous le mât de hune dans l'engoujure qui lui est destinée.

Ranger du monde sur le garant de la caliorne de braguet et garnir la guinderesse au cabestan.

Exécution.

65. Virer au cabestan, et tenir bon lorsque la caisse du mât de hune sera arrivée à quelques pieds au-dessous de la hune ; capeler alors le braguet dans l'engoujure, puis virer au cabestan et embraquer en même temps la caliorne de braguet.

3

Passer une pince dans le trou de la clé, à l'extrémité de laquelle on aura amarré l'aiguillette de la clé; cette aiguillette devra servir à haler la clé de l'autre bord aussitôt qu'il sera possible : guinder de nouveau et embraquer l'aiguillette; introduire la clé complétement. Donner du mou dans le braguet, le décapeler; puis dévirer la guinderesse, pour laisser le mât reposer sur la clé.

OBSERVATIONS.

66. Si l'on était pourvu de clés à levier, l'une d'elles serait installée sur son point d'appui, tandis que l'autre serait placée au point d'appui provisoire, disposé dans le but de pouvoir la faire agir concurremment avec la guinderesse, au moment où le mât approchera d'être en clé : à cet effet, des encastrements solides sont pratiqués dans le côté de la caisse du mât, et dès que le premier se présente, les gabiers y engagent la clé; l'on hale d'en bas sur le palan frappé à l'extrémité de la clé, et dès que par cet effort, réuni à celui de la guinderesse, le mât s'est élevé de manière à engager la clé dans un second adent, on agit pour celui-ci comme il a été dit pour le premier; enfin l'autre levier s'engage dans le trou même de la clé; c'est alors que l'on retire la première de son point d'appui provisoire, et qu'on la place sur celui qu'elle devra désormais occuper, puis dès qu'elles sont toutes deux engagées, on fait force sur les deux palans à la fois, jusqu'à ce que, ayant rabattu les deux leviers horizontalement, il aura été possible d'introduire la clavette d'arrêt.

TENIR LES MATS DE HUNES. (Fig. 21, a, b, c.)

67. Pendant que l'on ride les étais, le maître se tient dans les porte-haubans, droit par le travers du mât ou au pied même du bas mât, aussi par le travers. Il se place de manière que sa vue, en prolongeant le bas mât et passant par le trou-du-chat, puisse atteindre toute la longueur du mât de hune.

Pendant que l'on tient le mât de hune sur ses galhaubans, le maître se place au milieu du bâtiment, et à quelques mètres sur l'arrière du pied du mât.

Préparation.

68. Donner du mou dans les haubans et galhaubans , fouetter des palans sur ces derniers et crocher la poulie inférieure dans des gueules de raies faites sur les rides.

Disposer les candelettes de hunes afin de s'en servir pour rider les haubans de hunes, et placer des hommes sur les garants des palans des étais et faux étais.

Exécution.

69. Haler sur les palans des étais et faux étais, genoper les palans dès que la tête du mât sera suffisamment halée sur l'avant, pour qu'en ridant les galhaubans le mât de hune soit rappelé sur l'arrière, dans une direction parallèle au bas mât.

Rider ensemble les deux premiers galhaubans d'en avant, et s'efforcer d'obtenir que le mât de hune soit dans un plan vertical passant par la quille ; genoper les rides dès que la tension sera suffisante. Passer aux deux galhaubans suivants en allant vers l'arrière, et successivement aux autres jusqu'aux deux les plus de l'arrière ; ceux-ci étant ridés , le mât de hune devra se trouver dans une direction parallèle au bas mât.

Envoyer sur le pont le garant des candelettes crochées sur les haubans de hune ; rider les haubans en commençant par les deux premiers d'en avant, et successivement les autres jusqu'aux deux derniers sur l'arrière. Avoir soin de donner à tous une égale tension.

FAIRE LES TRELINGAGES ET LES ENFLÉCHURES DES MATS DE HUNES.

Voir ce qui est prescrit aux numéros 39 , 40 , 41 , 44 , 45 et 46.

PRÉSENTER LE BOUT-DEHORS DE BEAUPRÉ, LE CAPELER, LE GUINDER.

Exécution.

70. Nous supposerons que ce mât est placé à tribord , dans le

3..

sens de la longueur du bâtiment , la flèche vers l'avant , et que la noix repose sur le plat-bord , au-dessus des apôtres.

Passer une guinderesse dans une poulie crochée à tribord du chouque, l'introduire dans le clan de la caisse, de tribord à babord , et la faire remonter jusqu'à la hauteur de la noix, où on lui fera faire deux demi-clés autour du mât, en prenant le double entre les tours; puis faire une bridure à l'extrémité de la flèche.

Haler sur la guinderesse (soutenir le mât le long du beaupré avec des bouts de filin en suspensoirs, si le trou du chouque est sur le côté); conduire l'extrémité du mât de manière à l'introduire dans le trou du chouque; capeler alors son gréement, et larguer les demi-clés dont il a été question ; s'emparer du bout de la guinderesse et faire dormant à un piton du chouque; guinder de nouveau, faire courir le capelage à mesure que l'on guinde , et soutenir l'extrémité du mât, au moyen d'un bout de filin quelconque venant de la hune de misaine ; puis enfin assujétir le bout-dehors contre le beaupré, au moyen d'une forte bridure ayant des taquets ou un croissant pour arrêt.

ORDRE DE MISE EN PLACE DU CAPELAGE DU BOUT-DEHORS DE BEAUPRÉ.

Rocambeau.
Marchepied.
Estrope de la poulie en trois.
Haubans du bout-dehors.
Martingales.

Nota. L'ordre de mise en place du capelage du bout-dehors de clin-foc est le même que celui du bout-dehors de beaupré.

PRENDRE LES BASSES VERGUES A LA MER ET LES METTRE SUR LES PLATS-BORDS; LES GARNIR. (Fig. 22, *a*, *b*, *c*, *d*.)

Préparation.

71. Élonger la basse vergue dans l'eau , le long du bord , à babord par exemple, le bout de tribord de la vergue sur l'avant et par le travers du mât.

Amarrer les pantoires des deux caliornes de bas mâts autour du chouque, de manière que les poulies supérieures soient à la hauteur des élongis; affaler celle de babord jusqu'à l'eau, baguer une erse en dedans du carré de la vergue, et à peu près à le toucher; affaler la caliorne de tribord à peu près jusqu'au bastingage; crocher la poulie simple d'un palan le long du bord, à babord et en dedans; tenir la poulie double de ce même palan prête à frapper sur le bout de tribord de la vergue, lorsqu'il en sera temps. Ce palan servira de retenue.

Amarrer le bout d'un filin sur l'extrémité de babord de la vergue, et envoyer l'autre bout sur le pont, par l'un des sabords du gaillard d'avant, s'il s'agit de la grande vergue, ou l'envoyer passer dans une poulie frappée à l'extrémité du mât de beaupré, s'il s'agit de la vergue de misaine : ce bout de filin est destiné à traverser la vergue, c'est-à-dire à lui faire prendre une direction perpendiculaire à la quille.

Exécution.

72. Virer ou haler la caliorne de babord; par ce moyen, élever et faire reposer le bout de la vergue sur le bastingage ou le plat-bord, et en même temps haler sur le bout de filin destiné à la traverser; puis frapper le palan de retenue sur le bout de la vergue et crocher la caliorne de tribord dans une erse baguée à tribord à quelques pieds du milieu de la vergue; haler sur cette caliorne et en même temps sur la première; puis décrocher celle-ci et la frapper à babord à une distance du milieu égale à celle à laquelle on avait placé celle de tribord; haler alors ensemble sur les deux caliornes et filer à retour sur le palan de retenue, et la vergue prendra une position perpendiculaire au mât; puis on l'amènera pour la faire reposer sur les plat-bords, afin de la garnir de tout son gréement.

ORDRE DE MISE EN PLACE DE LA GARNITURE DES BASSES VERGUES.

VERGUE BARRÉE.

Estrope de suspente de sus-vergue.
Drosse.
Estrope de poulie de bas-cul.
Marchepied.
Estrope de poulie de bras.
Estrope de poulie d'écoute.
Balancine.

GRANDE VERGUE.

Estrope de suspente de sus-vergue.
Drosses.
Estrope de poulie de bas-cul.
Estrope de poulie de cargue-point.
Estrope de poulie de cargue bouline d'en dedans.
Estrope de poulie de cargue bouline d'en dehors.
Filière.
Marchepied.
Estrope de cosse de palan de bout de vergue.
Estrope de poulie de bras.
Estrope de poulie d'écoute.
Bosse de l'écoute de hune.
Balancine.

VERGUE DE MISAINE.

Dans le même ordre que pour la grande vergue.

HISSER LES BASSES VERGUES. (Fig. 23.)

Préparation.

73. Amarrer les poulies supérieures des caliornes au chouque, de manière qu'elles soient à le toucher ; baguer une erse de chaque côté de la vergue, à égale distance de son milieu, à environ un pied en dehors des estropes des poulies de bas-cul ; crocher les deux caliornes de bas mât dans ces erses ; embraquer les caliornes raides ; mettre beaucoup de monde sur les caliornes et quelques hommes sur les balancines et sur les bras.

Amarrer un bout de filin sur le milieu de la vergue , prendre à retour avec l'autre bout, sur un point placé de beaucoup sur l'avant de la vergue que l'on veut hisser (sur le gaillard d'avant, s'il s'agit de la grande vergue ; sur le beaupré , s'il s'agit de la vergue de misaine) ; cette retenue a pour but d'écarter la vergue de quelques pouces du mât, afin d'éviter un frottement.

Exécution.

74. Haler sur les deux caliornes en même temps , et embraquer les balancines , à mesure que la vergue monte , afin de la maintenir carrément autant qu'il sera possible : avoir soin de laisser les bras affalés, afin qu'ils n'ajoutent pas au frottement de la vergue sur le mât ; transfiler la retenue qui vient de l'avant, à mesure que la vergue monte ; tenir la retenue suffisamment raide , pour que la vergue soit écartée du mât de quelques pouces ; élever la vergue à une hauteur telle , que lorsque l'aiguillette de suspente sera tendue par le poids de la vergue, celle-ci soit à la hauteur des quenouillettes ; passer l'aiguillette de suspente puis affaler les caliornes, les décrocher de dessus la vergue , larguer le bout de filin servant de retenue et dresser la vergue sur ses bras et balancines.

EMBARQUER LA BATTERIE.

Avertissement.

75. Les canons sont d'abord embarqués dans un ponton, où ils reposent sur des rances disposées dans ce but. Ce ponton porte un mât garni de caliornes ; ce sont celles qui ont servi à prendre la batterie sur le quai : elles peuvent aussi faciliter l'opération de les embarquer à bord du bâtiment ; mais nous agirons sans ce secours , dont il peut arriver que l'on soit privé.

Dès que le ponton est chargé, on le hale le long du bord et on l'amarre de telle sorte que son milieu réponde au-dessous du sabord le plus voisin, en avant du grand mât.

Les affûts ont été embarqués d'avance et ont été placés en égal nombre tribord et babord, et près les uns des autres, soit sur l'avant, soit sur l'arrière.

Les canons s'embarquent tous par le même sabord, au moyen d'un appareil (76). Dès qu'un canon a été par ce moyen posé sur son affût, on le conduit à force de palans et d'anspects, près du sabord qui lui est assigné, en ayant soin d'établir assez d'ordre pour n'être pas inutilement encombré dans cette distribution.

Les canons qu'un bâtiment doit recevoir à son armement lui sont désignés par la direction d'artillerie, qui les fait connaître au maître canonnier et lui remet en même temps un état indiquant le poids de chacun d'eux. Le maître canonnier, d'après l'ordre de l'officier en second, en fait une répartition indiquant ceux qui devront être placés à tribord et ceux qui devront être placés à babord, afin que la somme du poids des pièces soit la même pour chaque bord, et qu'autant que possible deux pièces correspondantes soient environ du même poids, et qu'enfin celles du centre du bâtiment soient les plus pesantes.

APPAREIL POUR EMBARQUER LES CANONS. (Fig. 24.)

Nous supposerons qu'on embarque les canons par babord, au moyen de la grande vergue seulement.

Préparation.

76. Faire un nœud de bouline à l'extrémité d'un grelin ou d'une aussière : ce nœud de bouline servira à y aiguilleter une poulie supérieure de caliorne de bas mât ; faire monter ce nœud de bouline par le trou-du-chat à tribord ; faire avec le grelin un tour-mort autour du chouque du bas mât ; l'envoyer directement sur la grande vergue sur l'arrière, et à la toucher ;

l'y brider tours et autres avec la grande vergue, de manière à laisser pendre le nœud de bouline d'environ deux pieds ; frapper la poulie supérieure d'une caliorne de chaloupe, sur le double du grelin à tribord ; à plusieurs pieds du pont, crocher la poulie simple de la même caliorne à un piton au pied du grand mât ; envoyer, sous la grande vergue, au point où le grelin est bridé, la poulie supérieure d'une caliorne de bas mât ; l'aiguilleter sur le bout du grelin qui porte un œil ou un nœud de bouline ; affaler les garants jusqu'à ce que la poulie inférieure soit à trois ou quatre pieds du pont du ponton ; passer le garant dans une poulie de retour en abord, le garnir au cabestan.

Embraquer les drosses, les bras de grande vergue, le palan de roulis de tribord bien raides.

Mettre une caliorne de chaloupe en fausse balancine à babord.

Embraquer bien raides, et en même temps, la balancine, la fausse balancine et la caliorne frappée à tribord sur le grelin ; faire courir le tour-mort de celui-ci autour du chouque, et obtenir que, la vergue étant légèrement inclinée sur tribord, ces trois apparaux concourent également à la soutenir contre les forts poids qu'elle doit supporter.

Capeler au bout de la culasse une estrope garnie de deux cosses destinées à y crocher deux palans longs.

Baguer une élingue à canons, au bouton de culasse ; l'élonger vers la volée et la brider solidement sur l'avant des tourillons et près d'eux ; crocher la poulie inférieure de la caliorne dans l'élingue.

Présenter un affût au sabord placé immédiatement sur l'avant du grand mât ; placer quatre roues entre les flasques, pour supporter une semelle à coulisse destinée à faciliter le canon à rentrer en dedans du sabord.

Élonger les deux palans longs, de manière que les poulies simples soient crochées en abord à tribord, et que les poulies doubles soient prêtes à crocher dans l'estrope capelée au bouton de culasse du canon.

Tenir près de l'affût des anspects et des pinces, pour faciliter l'introduction de la pièce dans les encastrements des tourillons.

Ranger des hommes au cabestan et sur les palans longs.

Exécution.

77. Virer au cabestan, élever le canon jusqu'à ce que les tourillons soient à peu près à la hauteur du milieu du sabord ; crocher alors les poulies doubles des palans longs dans leurs cosses capelées au bouton de culasse ; haler sur les garants des deux palans longs ensemble ; forcer ainsi le canon à rentrer en dedans du sabord, la culasse la première ; la faire reposer aussitôt que possible sur la semelle à coulisse ; haler toujours sur les palans longs, pour obliger le canon à rentrer ; faciliter cette opération au moyen des pinces et anspects, jusqu'à ce que les tourillons soient entrés dans leurs encastrements.

Larguer l'appareil, décapeler l'élingue et conduire cette pièce à son poste.

OBSERVATIONS.

Il arrive souvent que l'élingue étrive tellement à la partie supérieure du sabord, qu'il deviendrait absolument impossible de rentrer la pièce en dedans sans choquer les tours de l'aiguilletage de l'élingue sur le canon, auprès des tourillons ; on prend donc le soin, dans ce cas, d'élinguer de telle sorte qu'il soit possible d'user de ce moyen : quelquefois aussi on se sert d'une deuxième caliorne, disposée comme le représente la figure 44.

METTRE LES BOUTS DE VERGUES ET PALANS D'ÉTAIS EN PLACE.

Préparation pour les palans d'étai.

78. Passer un cartahu dans une poulie de retour au pied du grand mât ; le faire remonter par le trou-du-chat, le faire passer dans une poulie fouettée à un piton sur le chouque, et renvoyer le bout en bas par le trou-du-chat, en passant sur l'avant de la grande vergue ; frapper ce cartahu au cul de la poulie double du palan d'étai, en élonger le double le long de la pantoire; faire deux ou trois bridures en allant vers le bout, et de manière que la dernière en soit à deux ou trois brasses.

Passer un cartahu au mât de misaine, d'une manière analogue, avec cette différence que le bout viendra de la hune sur le pont, en passant sur l'arrière du trelingage. Amarrer ce cartahu sur le palan d'étai de devant, comme il a été dit plus haut pour celui de derrière.

Passer un bout de filin, appelé gui ou brédindin, dans une poulie de retour au pied du mât de misaine; le faire monter le long du mât, pour le passer dans une poulie fouettée sur l'arrière des élongis; puis le diriger dans une poulie aiguilletée, sur la pantoire du palan d'étai de derrière, à environ une brasse de la poulie du palan; et enfin, le faire revenir faire dormant sur les élongis du mât de misaine, auprès de la poulie.

Passer le gui du palan d'étai de devant d'une manière analogue.

Exécution.

79. Haler en même temps sur les deux cartahus des palans d'étai; amarrer leur pantoire au ton du mât, au-dessus du capelage; embraquer les deux guis, de manière à rapprocher les deux palans d'étai à la distance que l'on désire.

Préparation pour les bouts de vergues.

80. Passer un cartahu, 1° dans une poulie de retour au pied du mât, et le faire remonter par le trou-du-chat; 2° dans une poulie fouettée au chouque; 3° dans une poulie fouettée sur la balancine de la basse .vergue, à trois ou quatre pieds de la poulie d'écoute; 4° le faire revenir sur le pont, l'amarrer au cul de la poulie double du palan du bout de vergue; élonger le double le long de la pantoire, en allant vers son extrémité; le brider avec la pantoire, à une brasse environ du croc de celle-ci.

Agir ainsi pour le cartahu de l'autre bout de vergue.

Ranger du monde sur les deux cartahus.

Exécution

81. Haler en même temps sur les deux cartahus ; envoyer un homme à chaque extrémité des basses vergues et du bord où l'on doit placer les bouts de vergues : ces hommes s'empareront aussitôt qu'ils le pourront des crocs estropés à l'extrémité de la pantoire, et les crocheront dans les cosses dont les estropes sont capelées aux extrémités des basses vergues.

Affaler les cartahus.

OBSERVATIONS.

82. L'opération de mettre les bouts de vergues et palans d'étai en place est plus facile et plus prompte lorsque les pantoires sont installées de la manière suivante :

Nous décrirons d'abord une pantoire de palan d'étai :

On établit à demeure, au-dessus du capelage, une forte estrope garnie de deux cosses, dont une à tribord et une à babord ; on coupe la pantoire à la longueur convenable pour s'en servir ; à son extrémité on fait un œil ou on y estrope une cosse ; puis, à l'instant de s'en servir, on aiguillettera l'œil à la cosse de l'estrope du mât, ou bien on l'y introduira et on l'arrêtera au moyen d'un burin.

La pantoire d'un palan de bout de vergue serait installée d'une manière analogue, c'est-à-dire qu'après l'avoir fait entourer le chouque, elle viendrait s'arrêter exactement à la cosse de l'estrope dont nous avons parlé plus haut, mais du bord opposé.

METTRE LES VERGUES DE HUNES ET LA VERGUE DE CIVADIÈRE A BORD.

(Fig. 25, *a* et *b*.)

Préparation.

83. Placer la vergue le long du bord (à tribord par exemple), de manière que le bout qui devra monter le premier soit celui de babord de la vergue, et qu'il soit un peu sur l'avant du mât, tandis que l'autre sera élongé vers l'arrière.

Passer deux forts cartahus (on prend ordinairement les guinderesses de perroquets) dans des poulies de retour, au pied du mât ; faire remonter leur bout le long du mât, par le trou-du-chat ; les faire passer dans les deux poulies d'itagues, et ramener les bouts à l'eau à tribord, par l'avant de la hune et par-dessus l'étai et le faux étai du grand mât. Amarrer ces deux cartahus sur le milieu de la vergue ; élonger leur double le long du bout de la vergue qui doit monter le premier, et les brider tous les deux ensemble et avec la vergue, à égale distance du capelage et du milieu de la vergue.

Exécution.

84. Haler sur les deux cartahus ensemble ; faire écarter la vergue des porte-haubans, à mesure qu'elle monte ; tenir bon lorsque l'extrémité inférieure sera au moment de passer par-dessus le bord ; prendre un bout de filin, le faire passer par un sabord voisin, l'amarrer sur le bout de la vergue, pour servir de retenue ; haler sur les deux cartahus et maintenir la retenue jusqu'à ce que l'extrémité de la vergue ait paré le plat-bord ; filer la retenue en douceur, jusqu'à ce que la vergue soit venue à l'appel des cartahus ; s'emparer, à force de bras, de l'extrémité inférieure de la vergue ; la porter vers l'arrière, en rasant le pont, et à mesure, amener les cartahus, jusqu'à ce que la vergue repose sur le pont dans toute sa longueur ; avoir soin, pour pouvoir garnir facilement la vergue, d'en faire reposer les extrémités sur quelques massifs qui l'élèvent de quelques pouces au-dessus du pont.

Larguer les cartahus sans les dépasser.

ORDRE DE MISE EN PLACE DE LA GARNITURE DES VERGUES DE HUNES.

VERGUES DE PERROQUET DE FOUGUE.

Estrope de poulie d'itague.
Racage.
Poulie de cargue-fonds.
Estrope de poulie de cargue-point.
Estrope de poulie de cargue-bouline.
Filière.
Marchepied.

Estrope de poulie de bras.
Estrope de poulie d'écoute de perroquet.
Balancine.
Estrope de moque de palanquin.
Faux marchepied.

VERGUE DU GRAND HUNIER.

Estrope de poulie d'itague.
Racage.
Poulies de cargue-fonds.
Estrope de poulie de cargue-point.
Estrope de poulie de cargue-bouline d'en dedans.
Estrope de poulie de cargue-bouline d'en dehors.
Filière.
Marchepied.
Estrope de poulie de bras.
Estrope de poulie d'écoute de perroquet.
Balancine.
Estrope de moque de palanquin.
Faux marchepied.

VERGUE DU PETIT HUNIER.

Dans le même ordre que la vergue du grand hunier.

VERGUE DE CIVADIÈRE.

Palan de bout.
Civière.
Marchepied.
Bras.
Balancine.

METTRE LES VERGUES DE HUNES EN CROIX SUR LES CHOUQUES.
(Fig. 26, *a*, *b*, *c*.)

Préparation.

83. Nous nous servirons aussi des guinderesses de mâts de
perroquets passées comme cartahus, dans les poulies d'itagues
du hunier, comme il a été dit pour embarquer les vergues de
hunes.

Placer la vergue sur le pont (à tribord par exemple), l'extrémité de babord de la vergue répondant un peu en avant du pied du mât, et l'autre extrémité élongée vers l'arrière.

Affaler les cartahus jusque sur le pont, en passant sur l'avant de la hune, et par-dessus les étais du grand mât ; amarrer celui de babord sur le côté de babord de la vergue, à toucher l'estrope de la poulie d'itague ; amarrer le cartahu de tribord sur le côté de tribord, à une égale distance du milieu ; élonger les doubles des deux cartahus le long du bout de babord de la vergue ; brider le cartahu de babord à cinq pieds en dedans du bout de la vergue ; puis faire une seconde bridure, à demi-distance, du milieu de la vergue au bout, en prenant ensemble la vergue et les deux cartahus.

Affaler la balancine de tribord jusque sur le pont, et la balancine de babord jusque sur la hune.

Envelopper l'extrémité de tribord de la vergue d'un paillet qui garantira du frottement le pont et la vergue.

Exécution.

86. Haler sur les deux cartahus ensemble ; larguer la première bridure du cartahu de babord dès que le bout de la vergue se présentera au-dessus de la hune, et qu'en même temps l'extrémité inférieure se trouvera élevée au-dessus du pont ; capeler les deux balancines et les embraquer à mesure que l'on hissera ; larguer la seconde bridure faite sur les deux cartahus ensemble, dès qu'elle arrivera à la hauteur du chouque ; haler encore sur les cartahus, jusqu'à ce que le milieu de la vergue réponde au-dessus et près du chouque, et se disposer à mettre en croix : à cet effet, haler sur le cartahu et la balancine de tribord, et mollir le cartahu et la balancine de babord en douceur, jusqu'à ce que la vergue ait pris une position à peu près perpendiculaire au mât ; l'assujétir en la bridant de chaque bord avec les haubans de hune ; puis envoyer passer les bras au bout de la vergue ; les embraquer raides ; faire le racage, amener les cartahus en douceur, les larguer de dessus la vergue, les dé-

passer des poulies d'itagues et passer les itagues de hunes dans les poulies d'itagues de tête et dans celles de sus-vergues.

Nota. Pour les petits bâtiments, un seul cartahu suffit; dans ce cas il est frappé au milieu de la vergue.

METTRE LA VERGUE DE CIVADIÈRE EN PLACE. (Fig. 27.)

Préparation.

87. Placer cette vergue dans le sens de la quille (à tribord par exemple); faire reposer l'extrémité avant, qui sera celle de babord, sur le plat-bord et près du beaupré; passer les bras et les balancines. Il est entendu que les bras et la balancine de babord viendront pour le moment de dessous le beaupré.

Baguer deux erses à égale distance du milieu de la vergue; y crocher les poulies inférieures de deux forts palans, dont les poulies supérieures seront frappées sur l'étai du petit mât de hune, à quelque hauteur.

Frapper un bout de filin sur le milieu de la vergue; le faire passer dans une poulie frappée sous le beaupré, en dehors du point que la vergue devra occuper : ce bout de filin sera destiné à haler la vergue en dehors, tandis qu'un autre bout de filin, pris à retour en dedans, s'opposera à ce qu'elle se porte en dehors avec violence.

Exécution.

88. Soulager la vergue au moyen des palans, lesquels, concurremment avec le bout de filin dont il a été question, feront sailler la vergue en dehors; contretenir en temps opportun sur le filin pris à retour en dedans.

Haler sur la balancine et le bras de babord dès que, par leur action, le bout de babord de la vergue pourra se dépasser de dessous le beaupré; et dès que ce résultat sera obtenu, haler aussi sur la balancine de tribord, afin de dresser la vergue ; puis embraquer ensemble les deux bras, pour obliger la vergue à s'accoster au beaupré; aiguilleter la civière, que l'on arrêtera en un point fixe, au moyen de taquets sur l'avant et sur l'arrière, cloués sur le beaupré, un peu plus en dehors que la dernière sous-barbe.

METTRE LES BOUTS-DEHORS EN PLACE. (Fig. 28.)

Nous supposerons qu'il s'agit du bout-dehors de grande vergue à tribord ; les autres seront mis en place par un moyen semblable.

89. Élonger le bout-dehors sur le pont ; passer un cartahu dans une poulie de retour sur le pont ; l'envoyer par le trou-du-chat passer dans une poulie frappée sur le chouque, et faire descendre le bout sur le pont à tribord, en passant sur l'avant de la hune et de la vergue ; l'amarrer sur le bout-dehors aux deux tiers de sa longueur, à partir de la caisse ; puis, avec le double de ce cartahu et l'aiguillette du bout-dehors, que l'on réunira par un nœud de chaise, former une patte-d'oie, au moyen de laquelle le bout-dehors montera carrément ; mais afin que le bout de la caisse monte le premier, on y bridera le double du cartahu.

Exécution.

90. Haler sur le cartahu ; larguer la bridure dès qu'un homme placé sur la vergue pourra l'atteindre, et que d'autres hommes placés sur la vergue pourront s'emparer du bout-dehors ; alors il restera suspendu carrément sur le cartahu, et les hommes en conduiront le bout facilement dans le blin extérieur, en l'élongeant sur la vergue et le faisant reposer sur le blin à charnière ; puis on amarrera la caisse du bout-dehors avec la vergue, au moyen de l'aiguillette et on larguera le cartahu.

91. S'il s'agissait d'un bout-dehors de hune, on opérerait d'une manière analogue, avec cette différence que les poulies frappées au chouque seraient fouettées sur les premiers haubans de hune de l'avant, à mi-distance de la vergue aux barres environ.

ORDRE DE MISE EN PLACE DE LA GARNITURE DU GUI.

Estrope de cosse de retenue du gui.
Estrope des poulies d'écoutes de gui.
Estrope de poulie d'écoute de brigantine.
Estrope de fausses écoutes de gui.
Balancines de gui.

HISSER LA CORNE.

Préparation.

92. Passer le garant de la drisse du mât et celui de la drisse du pic; aiguilleter les gardes à leur place; amarrer un bout de filin à la mâchoire de la corne, l'embraquer raide et le prendre à retour au milieu du couronnement, dans le but d'écarter la mâchoire du mât pendant l'opération.

Exécution.

93. Hisser ensemble sur les deux drisses, de manière à faire monter la corne à peu près horizontalement; tenir les gardes à retour, et par elles maintenir la corne dans la direction de la quille; ne filer la retenue de la mâchoire que de ce qui est nécessaire pour laisser monter la corne très rapprochée du mât, sans le toucher; amarrer la drisse du mât, dès que la mâchoire de la corne sera à son poste; puis haler sur la drisse de pic, jusqu'à ce que la corne ait pris l'inclinaison qu'on veut lui donner, et enfin genoper les deux garants.

ORDRE DE MISE EN PLACE DE LA GARNITURE DE LA CORNE.

Racage.
Poulie de drisse du mât.
Poulie en trois pour cargues.
Poulie de drisse de pic.
Poulie double pour cargues.
Poulie simple pour cargues.
Garde de la corne.
Dormant de la drisse de pic.

PRÉSENTER LES MATS DE PERROQUETS, LES CAPELER, LES GUINDER.
(Fig. 29.)

Cette opération se faisant de la même manière pour chaque mât, nous supposerons qu'il s'agit du grand mât de perroquet.

Préparation.

94. Envoyer sur le chouque du mât de hune, les haubans, galhaubans et étai de perroquet; disposer le capelage par ordre, de manière à ce que le mât de perroquet en passant par le trou du chouque passe aussi dans les œils de tout ce qui constitue le capelage.

Passer une guinderesse dans une poulie de retour et en abord, la faire remonter au chouque du mât de hune, en passant sur l'arrière de la hune; la passer dans une poulie crochée à un piton du chouque; la faire descendre sur le pont, en passant dans la cheminée des barres de perroquet, le long du mât de hune, sur l'arrière de la vergue de hune et par le trou-du-chat.

Élonger le grand mât de perroquet sur le pont à tribord, la caisse sur l'avant, et de telle sorte que la flèche réponde assez près du travers du grand mât.

Passer le bout de la guinderesse dans le clan de la caisse; le faire revenir vers la flèche, et faire avec lui deux demi-clés à toucher les épaulettes et au-dessus, en embrassant le mât et le double de la guinderesse. Brider le double de la guinderesse, à peu près à l'extrémité de la flèche; brider entre eux les deux doubles de la guinderesse auprès de la caisse.

Brasser babord la vergue du grand hunier.

Exécution.

95. Haler sur la guinderesse; conduire la caisse à force de bras, afin qu'elle rague le pont le moins possible; faire parer l'extrémité de la flèche de la grande vergue, des haubans, etc.; présenter la flèche dans le trou de la cheminée des barres de perroquet; larguer la bridure : les gabiers placés sur les barres

faciliteront cette opération et conduiront le bout du mât jusqu'à ce qu'il soit entré dans le trou rond du chouque et dans les différentes pièces du capelage de ce mât : alors larguer les deux demi-clés faites avec la guinderesse un peu au-dessus de la noix ; faire dormant avec ce bout, au piton de babord du chouque ; et établir la girouette et le paratonnerre.

Haler sur la guinderesse ; à mesure que le mât monte, faire tomber le capelage jusqu'à ce qu'il repose sur les épaulettes ; alléger le gréement du mât de perroquet, les drisses de flammes, etc. ; et continuer à guinder jusqu'à ce qu'on puisse passer la clé ; embraquer alors l'étai, puis les galhaubans, et enfin les haubans ; puis dépasser la guinderesse qui devra plus tard servir de drisse de vergue de perroquet.

ORDRE DE MISE EN PLACE DES CAPELAGES DES MATS DE PERROQUETS

Haubans.
Galhaubans.
Étai.
Haubans de catacois.
Galhaubans de catacois.
Étai de flèche.

ORDRE DE MISE EN PLACE DE LA GARNITURE DES VERGUES DE PERROQUETS.

Cosse baguée pour drisse.
Cosse de cargue-fond.
Racage.
Estrope de poulie de cargue-point.
Ganse pour balancine.
Filière.
Marchepied.
Poulie d'écoute de catacois.

ORDRE DE MISE EN PLACE DE LA GARNITURE DES VERGUES DE CATACOIS.

Cosse baguée pour drisse.
Racage.

Estrope de poulie de cargue-point.

Ganse pour balancine.

Filière.

Marchepied.

PASSER UNE GUINDERESSE DE MAT DE PERROQUET EN DRISSE DE VERGUE DE PERROQUET.

96. Larguer le dormant de la guinderesse, dépasser le bout du clan de la caisse du mât de perroquet, et le faire passer dans le clan de la noix, de l'arrière à l'avant, et enfin l'envoyer sur le pont, en passant sur l'arrière des vergues et sur l'avant de la hune.

METTRE UNE VERGUE DE PERROQUET DANS LES HAUBANS.

Préparation.

97. Frapper la drisse de perroquet au milieu de la vergue, élonger le double vers son extrémité et y faire une bridure.

Exécution.

98. Haler sur la drisse ; élever ainsi l'extrémité inférieure à la hauteur des trelingages ; puis, à bras, l'envoyer dans les hau-bans, par le travers du mât ; amener la drisse, jusqu'à ce que le bout repose sur les porte-haubans.

TENIR LE GRÉEMENT POUR LA MER.

99. Cette opération s'exécute en commençant par consolider définitivement le beaupré, au moyen des sous-barbes et des fausses sous-barbes, en agissant en cela comme il a été dit (18). Quant aux haubans de beaupré, ils ne sont généralement mis en place et raidis que lorsque le bâtiment est sous voiles, parce que quelquefois il arrive que la position des points fixes qu'ils occupent le long du bord ne permet pas de caponner et traverser l'ancre. Lorsqu'il s'agira de les rider, on obtiendra facilement la tension nécessaire, en frappant des palans sur leur ride, ou en faisant usage du levier, lorsque le système de ridage sera à crémaillère.

Préparation.

100. Fouetter la poulie double d'un palan sur chaque bas-hauban, en un point placé à environ la moitié de la hauteur du bas-hauban ; un peu au-dessous, frapper, au moyen d'une garcette, la poulie simple d'un palan à croc ; crocher la poulie double de ce dernier dans une gueule de raie faite sur la ride ; embraquer ce palan un peu raide ; faire alors une gueule de raie sur son garant, et y crocher le croc de la poulie simple du palan à fouet. On aura ainsi composé sur chaque hauban un appareil qu'on appelle *palan renversé*. (Fig. 30.)

Deux poulies coupées, destinées à recevoir successivement les garants des palans renversés, sont placées, pour chaque mât, l'une à tribord, l'autre à babord ; elles devront être crochées le long du bord, et toujours le plus possible à l'aplomb du hauban que l'on ridera.

Donner du mou dans tous les bras et dans tous les haubans et galhaubans de chaque mât.

Disposer les caliornes pour appeler les mâts sur l'avant (**28** et **29**), et procéder à la tenue du gréement dans l'ordre suivant.

Exécution.

101. Décoincer les mâts dans tous leurs étambrais ; tenir l'étai et le faux étai de misaine (**55**) ; tenir les deux haubans de l'arrière, afin de placer le mât dans la position définitive qu'il devra avoir ; puis passer aux deux premiers haubans correspondants de chaque bord de l'avant, et successivement aux autres, en allant vers l'arrière, jusqu'au dernier ; avoir soin de mettre à peu près un égal nombre d'hommes de chaque bord, sur chaque palan ; haler ensemble sur tous deux et sans secousses, avec une force constante et soutenue, et amarrer chaque ride d'une manière définitive, après que la tension de chaque hauban sera jugée convenable.

102. Procéder au grand mât de la même manière, puis au mât d'artimon, et coincer les mâts définitivement.

103. Rider les martingales; tenir les mâts de hunes, en commençant par le petit mât de hune, et ne rider les haubans qu'après que les mâts seront tenus sur les étais et galhaubans; agir, à l'égard des haubans de hune, comme il a été dit pour les bas-haubans, et enfin tenir les mâts de perroquets, en procédant dans le même ordre.

104. Ayant ainsi tenu le gréement, on dressera rigoureusement toutes les vergues sur les bras et balancines, et l'on fera des marques servant à reconnaître les points où ces manœuvres, étant raidies, les vergues seront à peu près droites; cependant il est bon de remarquer que ces points auront souvent besoin d'être changés, surtout si les bras et balancines sont en filins neufs.

105. Les bouts des haubans seront coupés à égales hauteurs au-dessus des bastingages, afin qu'ils soient tous rangés suivant une ligne parallèle à la direction des bastingages. Cette disposition forcera probablement à refaire quelques-uns des seconds amarrages, afin qu'ils soient aussi, entre eux, suivant une ligne parallèle à celle qui passe par tous les bouts des haubans.

Les amarrages des étais et faux étais seront aussi égalisés entre eux.

On grattera les guindants des mâts de hunes et des mâts de perroquets, si cela est nécessaire, puis on les suivera.

On peindra la mâture, les vergues, et l'on ne passera les manœuvres courantes que lorsque la peinture sera sèche.

PASSER LES MANOEUVRES COURANTES.

106. Toutes les manœuvres courantes doivent être passées de manière à éprouver le moins de frottement possible, afin de ne pas augmenter la force que l'on est obligé d'y appliquer. Elles aboutissent toutes sur le pont, au moyen de poulies de retour, et c'est à ce point que les hommes se rangent sur elles pour les faire agir : ce n'est aussi que par cette position ainsi déterminée qu'il est possible à chaque homme d'un équipage de reconnaître la manœuvre sur laquelle il reçoit l'ordre de se porter. Il faut peu de temps à un bon matelot pour s'identifier complétement avec ce classement, quel qu'il soit; mais un matelot ordinaire., et à plus forte raison un mauvais matelot, se met difficilement au courant des changements que le caprice, plus souvent que l'utilité, apporte à la position des retours; aussi voit-on souvent à bord de presque tous les navires faire ce qu'on appelle l'*école des manœuvres,* qui ne porte assez ordinairement son fruit que lorsque le campagne est au moment de se terminer. Cette instabilité dans la position des retours de toutes les manœuvres est telle, que les officiers mêmes auxquels il arrive de changer de bâtiment sont dans l'obligation de faire une espèce d'étude de la place qu'occupent celles qu'ils sont destinés à faire agir. Ces motifs m'ont d'abord fait hésiter à indiquer les lieux où elles aboutissent sur le pont; mais pour fixer les idées, j'ai cru devoir m'y résoudre, sans prétendre cependant que ce classement soit le préférable; mais en faisant des vœux pour qu'un règlement à cet égard vienne faire disparaître un vice auquel on est souvent redevable, au commencement d'une campagne, du peu d'ordre et de célérité apporté dans l'exécution des manœuvres.

107. Les manœuvres courantes se passent toujours en commençant par le retour et en finissant par le dormant; mais comme les voiles ne sont mises en vergues qu'après que les manœuvres sont passées, on fait un nœud sur les bouts, après les avoir passés dans les poulies de conduits qui sont sur les vergues : c'est là que l'on viendra les prendre lorsqu'il s'agira de les frapper sur leurs voiles respectives.

108. Les balancines, portant un œil au moyen duquel on les capelle, font exception, par la raison que cet œil ne pourrait passer dans les poulies ; elles partent donc du capelage de la vergue, et vont passer pour les vergues de hunes, dans le réa d'en dedans des baraquettes, et descendent par le trou-du-chat, d'où elles viennent suivre l'un des bas-haubans pour venir passer dans un piton placé sur les porte-haubans, où elles sont genopées quand les vergues sont droites.

109. Les balancines des basses vergues partent aussi du bout des vergues, et vont passer, si elles sont simples, dans une moque placée en civière sur le chouque de chaque bas mât, d'où elles descendent sur le pont par le trou-du-chat, et s'arrêtent à quelques pieds du pied du mât, pour s'estroper autour d'une poulie qui servira à établir un palan dont la poulie simple sera crochée à un piton.

110. Quelquefois les balancines des basses vergues sont doubles, ou plutôt forment palans; dans ce cas, elles se passent comme tous les palans; le dormant est fait au cul de la poulie simple aiguilletée sur la poulie d'écoute capelée au bout de la vergue; puis passe dans le réa *avant,* de dessus en dessous, d'une poulie double aiguilletée au chouque; retourne passer dans la poulie simple qui est au bout de la vergue, de dessous en dessus, et revient passer dans le second réa de la poulie double, de dessus en dessous; descend sur le pont par le trou-du-chat, et passe dans une poulie de retour qui est au pied du mât.

111. Quant à l'ordre dans lequel nous indiquerons chaque passage, nous avons cru devoir choisir celui que les matelots emploient eux-mêmes, parce qu'il nous a en effet paru propre à aider la mémoire. Cet ordre, le voici :

112. 1°. Toutes les manœuvres qui aboutissent du beaupré sur le gaillard d'avant, en traversant la muraille du bâtiment et en commençant par celle qui est placée le plus près de la verticale au-dessus de la quille, et passant successivement aux autres en allant d'en dedans en dehors.

113. 2°. Toutes les manœuvres qui aboutissent au pied du mât de misaine, en commençant par celle le plus en dedans, c'est-à-dire par celle dont la poulie de retour est le plus près de la verticale au-dessus de la quille, et passant successivement aux autres en allant d'en dedans en dehors.

114. 3°. Toutes les manœuvres du mât de misaine qui aboutissent en abord, en commençant par celle dont la poulie ou le chaumard de retour est le plus en avant, et passant successivement aux autres en allant vers l'arrière.

115. 4°. Toutes les manœuvres qui aboutissent au pied du grand mât, et dans le même ordre que celui indiqué pour celles qui arrivent au pied du mât de misaine. On remarquera que ces retours sont placés dans le même ordre que ceux du mât de misaine pour les manœuvres semblables.

116. 5°. Toutes les manœuvres dont les retours aboutissent en abord, par le travers du grand mât, toujours en commençant par celle le plus en avant.

117. 6°. Les manœuvres qui arrivent au pied du mât d'artimon.

118. 7°. Celles qui arrivent en abord, par le travers du mât d'artimon, et sur l'arrière de ce mât jusqu'au couronnement.

119. 8°. Enfin toutes celles qui aboutissent dans les hunes.

MANOEUVRES QUI ABOUTISSENT SUR LE GAILLARD D'AVANT,
EN TRAVERSANT LA MURAILLE.

BOULINE DE MISAINE.

120. Part de dessus le pont, passe dans le trou le plus voisin de la verticale, au-dessus de la quille; élonge le beaupré, passe dans la poulie qui lui est destinée, et qui fait partie de la garniture du beaupré, vient faire dormant à la cosse de jonction des branches de boulines de misaine.

BOULINE DU PETIT HUNIER.

121. Part de dessus le pont, passe dans le trou voisin de celui de la bouline de misaine, élonge le beaupré, passe dans le réa extérieur d'une poulie en trois, capelée au bâton de foc, et vient faire dormant à la cosse de jonction des branches de boulines du petit hunier.

BOULINE DU PETIT PERROQUET.

122. Part de dessus le pont, traverse la muraille, élonge le beaupré, passe dans une petite poulie estropée au capelage du bâton de foc, près de la poulie en trois, et vient faire dormant en se capelant, par un œillet, au cabillot de la branche de bouline du petit perroquet.

HALE-BAS DU GRAND FOC.

123. Part de dessus le pont, traverse la muraille, élonge le beaupré, passe dans une poulie aiguilletée sur le rocambeau du grand foc, passe dans toutes les bagues, et fait dormant au point de drisse.

CARGUE DU GRAND FOC.

124. Traverse la muraille, élonge le beaupré, passe dans une poulie aiguilletée sur le rocambeau, élonge la ralingue de têtière du foc, passe dans une poulie aiguilletée sur cette ralingue, et va faire dormant sur la ralingue de chute, près du point d'écoute ou à ce point même.

HALE-BAS DU PETIT FOC.

125. Part de dessus le pont , traverse la muraille , passe
dans une poulie aiguilletée sur l'estrope de la moque du faux
étai, passe dans toutes les bagues, et fait dormant au point de
drisse.

HALE-BAS DU CLIN-FOC.

126. Part de dessus le pont, traverse la muraille, passe dans
une poulie aiguilletée au capelage du bâton de clin-foc, et fait
dormant au point de drisse.

Nota. Le hale-bas du grand foc est à tribord ; les hale-bas des deux autres
sont à babord.

AMURE DE MISAINE.

127. Part de dessus le pont, traverse la muraille , passe dans
la poulie capelée au minot, passe dans la poulie d'écoute , qui
fait partie du bouquet, et revient faire dormant sur le minot,
en dehors de la poulie.

MANOEUVRES QUI ABOUTISSENT AU PIED DU MAT DE MISAINE.

DROSSES.

128. Elles sont manœuvrées par un plan, dont le garant abou-
tit sur le pont, au milieu du bâtiment.

La drosse fait dormant sur la vergue , en l'entourant en un
point pris très près des poulies de bas-cul ; elle porte une cosse
à cette extrémité , puis l'autre extrémité passe, en entourant le
mât vers l'arrière, dans la cosse de la drosse de l'autre bord ,
et, de là , monte dans la hune ou descend sur le pont, selon
qu'on le préfère.

CARGUE-FOND D'EN DEDANS DU PETIT HUNIER.

129. Passe dans une poulie estropée au pied du mât, monte
le long du bas mât, passe par le trou-du-chat , monte le long
du mât de hune , passe par une poulie aiguilletée sur le collier

de l'étai du petit mât de hune, descend passer dans une poulie
de conduit, au milieu de la vergue du petit hunier, qui ordinairement est à fouet; fait dormant sur la ralingue de fond.
Si l'on voulait qu'une même cargue-fond remplît les fonctions
de deux cargues, elle passerait dans un margouillet fixé à l'un
des trous de la ralingue de fond, avant d'aller faire dormant à
un autre trou plus en dehors.

CARGUE-FOND D'EN DEHORS DU PETIT HUNIER.

130. Comme la précédente.

CARGUE-BOULINE D'EN DEDANS DU PETIT HUNIER.

131. Passe dans une poulie au pied du mât, monte le long
du bas mât, passe par le trou-du-chat, monte le long du mât
de hune, passe dans une poulie aiguilletée sur les barres, descend passer dans une poulie de conduit sur la vergue de hune,
fait dormant à sa patte sur la ralingue de chute.

CARGUE-BOULINE D'EN DEHORS DU PETIT HUNIER.

132. Comme la précédente.

CARGUE-FOND D'EN DEDANS DE MISAINE.

133. Passe dans le réa d'une poulie double sur le pont,
monte le long du bas mât, passe dans le réa d'en dedans d'une
poulie double frappée sous la hune, fait dormant sur l'œillet
d'en dedans de la ralingue de fond.

CARGUE-FOND D'EN DEHORS DE MISAINE.

134. Passe dans le réa d'en dehors de la même poulie, et
continue sa route comme la précédente.

CARGUE-BOULINE D'EN DEDANS DE MISAINE.

135. Passe dans le réa d'en dedans d'une poulie double,
monte le long du bas mât, va passer dans le réa d'en dedans
d'une poulie double aiguilletée sous la hune, passe dans sa poulie de conduit sur la vergue de misaine, et fait dormant à sa
patte sur la ralingue de chute.

CARGUE-BOULINE D'EN DEHORS DE MISAINE.

156. Comme la précédente.

CARGUE-POINT DU PETIT HUNIER.

157. Passe dans sa poulie de retour, monte le long du bas mât, passe par le trou-du-chat, monte passer dans le réa d'en avant d'une poulie double aiguilletée sous la vergue de hune, et de dedans en dehors; passe dans la poulie simple frappée au point de la voile, et vient faire dormant sur la vergue, auprès de sa poulie et en dehors.

GRAND FAUX-BRAS.

158. Part d'une poulie double au pied du mât, passe dans le réa d'une autre poulie double aiguilletée aux jotteraux, puis dans une poulie simple au bout de la vergue, et redescend sur le pont après avoir passé, 1° dans le second réa de la poulie qui est aux jottereaux, et 2° dans le second réa de sa poulie de retour. L'avantage de cette installation se fait surtout sentir dans les virements de bord vent devant, attendu que le dormant pouvant se faire indifféremment avec l'un ou l'autre courant, il devient naturel, quand il ne s'agit que d'en embraquer le mou, de le haler sur les deux courants, pour ne fixer l'un d'eux à un point quelconque qu'en temps opportun.

DRISSE DE BONNETTE DU PETIT HUNIER.

159. Passe dans sa poulie de retour, monte le long du bas-mât, passe par le trou-du-chat, monte le long du mât de hune, passe entre les barres, passe dans une poulie crochée au chouque du mât de hune, passe dans sa poulie au bout de la vergue, et fait dormant sur la vergue de bonnette.

DRISSE DE BONNETTE BASSE.

140. Passe dans sa poulie de retour, passe par le trou-du-chat, monte le long du mât de hune, passe entre les barres, passe dans une poulie crochée au chouque du mât de hune, descend passer dans la poulie capelée au bout du bout-dehors de misaine, et fait dormant sur la vergue de bonnette basse.

DRISSE D'EN DEDANS DE BONNETTE BASSE.

141. Passe dans une poulie de retour au pied du mât, passe dans une poulie de conduit fouettée sous la vergue de misaine, et fait dormant au point de drisse d'en dedans.

CARTAHU DU BOUT-DEHORS DU PETIT HUNIER.

142. Part du pied du mât, monte et passe par le trou-du-chat, passe dans une poulie fouettée sur le premier hauban de hune, en avant, à quelques pieds au-dessus de la vergue de hune, et vient s'amarrer sur la caisse du bout-dehors. Cette manœuvre s'arrête souvent dans la hune : ce sont alors les gabiers qui en sont chargés.

CARTAHU DU BOUT-DEHORS DE MISAINE.

143. Part du pied du mât, passe dans une poulie frappée sous la hune, et vient s'amarrer sur la caisse du bout-dehors.

CARTAHU DU CHAPEAU DU PETIT HUNIER.

144. Part du pied du mât, monte et passe par le trou-du-chat, monte le long du mât de hune, passe dans une poulie aiguilletée sur les branches de l'étai du petit mât de hune, et vient se crocher dans la cosse du chapeau. Cette manœuvre ne descend pas toujours sur le pont ; elle s'arrête dans la hune, et ce sont alors les gabiers qui en sont chargés.

CARTAHU DU CHAPEAU DE MISAINE.

145. Part du pied du mât, passe dans une poulie aiguilletée sur l'estrope de suspente de tête, et vient se crocher sur la cosse du chapeau.

ÉCOUTE DU PETIT HUNIER.

146. Passe dans le chaumard de la bitte, de l'arrière à l'avant ; monte le long du bas mât, passe dans la poulie de bascul, de dedans en dehors ; passe dans la poulie d'écoute capelée

au bout de la vergue, passe dans la moque estropée au point
du hunier, et vient faire dormant au bout de la vergue de misaine, en dehors du capelage et à le toucher.

FAUSSES CARGUES.

147. Passent dans leurs poulies de retours sur le pont,
montent passer dans des poulies aiguilletées sous la hune,
descendent passer dans des poulies estropées sur la vergue, à
la manière des poulies de cargues-boulines; puis passant sur
l'avant de la voile, elles traversent des cosses fixées à la ralingue de chute ou à celle de fond (selon qu'il s'agit d'une
fausse cargue-bouline ou d'une fausse cargue-fond), et enfin
remontent faire dormant sur l'arrière de la vergue, près de
leurs poulies.

MANOEUVRES QUI ABOUTISSENT EN ABORD, DEPUIS LE BOSSOIR
JUSQU'À L'ESCALIER.

ÉCOUTE DU PETIT FOC.

148. Passe dans un chaumard pratiqué dans la muraille, et
fait dormant au point d'écoute du foc.

ÉCOUTE DU GRAND FOC.

149. Passe dans un chaumard pratiqué dans la muraille,
passe dans une poulie frappée au point d'écoute, et vient faire
dormant à un piton près du chaumard et en dehors.

ÉCOUTE DU CLIN-FOC.

150. Passe dans un chaumard, et fait dormant au point
d'écoute.

CARGUE-POINT DE MISAINE.

151. Passe dans une poulie de retour, monte le long des haubans, passe dans sa poulie de conduit, passe dans la poulie de
cargue-point aiguilletée sous la vergue, passe dans la poulie
simple qui fait partie du bouquet, et fait dormant sous la vergue,
près de sa poulie.

PALANQUIN DU PETIT HUNIER.

152. Passe dans sa poulie de retour, monte le long d'un hauban, passe par le trou-du-chat, monte le long du mât de hune, passe dans le réa supérieur des baraquettes, descend passer dans une moque à réa capelée au dernier adent de la vergue de hune, passe dans une autre moque frappée sur la patte du palanquin, et fait dormant au bout de la vergue, en dehors de la moque.

FAUX PALANQUIN DU PETIT HUNIER.

153. Passe dans sa poulie de retour sur le pont, puis dans sa poulie de conduit; monte par le trou-du-chat, élonge le mât de hune, passe dans une poulie aiguilletée au capelage, et va passer dans une autre poulie aiguilletée sur le collet du blin extérieur de la vergue; ce bout est ensuite armé d'un croc, dont la destination sera d'être croché dans une patte ou une cosse placée près de celle de l'empointure du ris que l'on devra prendre.

ÉCOUTE DU PETIT PERROQUET.

154. Passe dans une poulie de retour, monte le long d'un hauban; passe dans sa poulie de conduit, passe par le trou-du-chat, monte passer dans le réa de l'arrière d'une poulie double aiguilletée sous la vergue d'hune, élonge la vergue, passe dans une poulie qui est capelée au bout, et fait dormant au point d'écoute du perroquet.

CARGUE-POINT DU PETIT PERROQUET.

155. Passe dans sa poulie de retour, monte le long du même hauban que l'écoute, passe par le trou-du-chat, monte passer entre les barres, passe dans la poulie aiguilletée sur la vergue de perroquet, et fait dormant au point d'écoute.

CARGUE-FOND DU PETIT PERROQUET.

156. Passe dans sa poulie de retour, passe dans sa poulie de conduit, passe par le trou-du-chat, élonge le mât de hune, passe entre les barres, élonge le mât de perroquet, passe dans une poulie aiguilletée au capelage du mât de perroquet, descend passer dans la cosse fixée au milieu de la vergue, et fait dormant en patte-d'oie sur la ralingue de fond.

BOULINE DU GRAND PERROQUET.

157. **Part de dessus** le pont, monte le long d'un hauban, passe dans sa poulie de conduit, passe par le trou-du-chat, monte le long du mât de hune, passe dans un réa pratiqué sur l'arrière des barres de petit perroquet, et fait dormant sur le cabillot des branches de boulines du grand perroquet, en s'y capelant par un œillet.

BOULINE DU GRAND HUNIER.

158. Passe dans sa poulie de retour, monte le long d'un hauban, passe dans sa poulie de conduit, passe dans une poulie aiguilletée sur l'arrière de la hune de misaine, et fait dormant à la cosse de jonction des branches de boulines.

DRISSE DU GRAND FOC.

159. Passe dans sa poulie de retour, monte sur l'arrière de la hune passer dans le second réa de la poulie d'itague de tête, va passer dans la poulie frappée au point de drisse, et fait dormant au capelage du petit mât de hune.

DRISSE DU PETIT FOC.

160. Passe dans sa poulie de retour, monte sur l'arrière de la hune passer dans le réa d'en dehors de la poulie d'itague du petit hunier ou dans une poulie qui fait partie du capelage du petit mât de hune, et fait dormant au point de drisse.

DRISSE DU CLIN-FOC.

161. Passe dans sa poulie de retour, monte sur l'arrière de la hune et des barres, passe dans une poulie frappée au capelage du petit mât de perroquet, et fait dormant au point de drisse.

Nota. La drisse du grand foc est à tribord, les deux autres sont à babord.

ITAGUE DU PETIT HUNIER.

162. A bord des grands bâtiments, il y en a une de chaque bord ; elles sont passées de la même manière : elles passent dans la poulie d'itague de tête, de l'arrière à l'avant, puis dans la poulie correspondante de dessus la vergue, et retournent faire dormant au capelage du petit mât de hune.

DRISSE DU PETIT HUNIER.

163. Passe dans sa poulie de retour, passe successivement dans la poulie double estropée sur l'itague et dans la poulie simple crochée dans les porte-haubans, et fait dormant sur le cul de la poulie simple.

DRISSE DU PETIT PERROQUET.

164. Passe dans sa poulie de retour, monte sur l'arrière de la hune et des barres, passe dans le clan de la noix du petit mât de perroquet, et fait dormant sur la cosse baguée sur le milieu de la vergue. Quand on devra s'en servir autrement que pour gréer ou dégréer le perroquet, on la dépassera de sa poulie de retour ; puis, à une hauteur du pont plus grande que la hauteur du guindant du perroquet, on établira un palan avec la drisse elle-même, au moyen d'un cabillot et d'une poulie simple.

DRISSE DE PETIT PERROQUET A L'ANGLAISE.

165. Elle se compose d'une itague et d'un palan : le garant du palan vient sur le pont, au pied du mât, en traversant le trou carré arrière des élongis ; l'itague fait dormant sur la vergue, passe dans le clan du mât de perroquet, de l'avant à l'arrière, puis à toucher le clan, on frappe la poulie double d'un palan dont la poulie simple est crochée sur les barres.

5..

DRISSE DU PETIT CATACOIS.

166. Passe dans la poulie de retour, monte sur l'arrière de la hune et des barres, passe dans le clan de la noix du mât du petit catacois ; fait dormant sur la cosse baguée sur le milieu de la vergue.

AMURE DE GRANDE VOILE.

167. Passe dans sa poulie de retour, passe dans la poulie d'amure qui fait partie du bouquet, et revient faire dormant près de sa poulie de retour.

ÉCOUTE DE MISAINE.

168. Passe dans un chaumard, traverse la muraille, passe en dehors de tout, passe dans la poulie d'écoute qui fait partie du bouquet, revient en dehors de tout faire dormant à un piton, le long du bord, placé sur l'avant du chaumard de retour.

AMURE DE BONNETTE DU PETIT HUNIER.

169. Passe dans un chaumard, passe dans une poulie capelée, au bout du bout-dehors de misaine, et fait dormant au point d'amure de la bonnette du petit hunier.

BRAS DU BOUT DEHORS DE MISAINE ET PATTE-D'OIE.

170. Passent dans des chaumards et vont directement faire dormant, l'un au bout du bout-dehors, où quelquefois il est frappé en patte-d'oie, l'autre sur la cosse de la patte-d'oie, fixée sur la vergue inférieure de la bonnette basse.

171. *Nota.* Quand on se sert du tangon pour établir la bonnette basse, son bras passe aussi dans un chaumard et fait dormant au bout du tangon.

MANOEUVRES QUI ABOUTISSENT AU PIED DU GRAND MAT.

172. DROSSES, comme celles de la vergue de misaine.

ÉTRANGLOIR DE BRIGANTINE.

173. Passe dans une poulie de retour, monte le long du grand mât, passe dans une poulie aiguilletée un peu au-dessus du trelingage, de l'avant à l'arrière; passe dans la poulie aiguilletée à la mâchoire de la corne, et va faire dormant sur la ralingue extérieure de chute.

174. CARGUE-FOND D'EN DEDANS DU GRAND HUNIER. Comme celle du petit.

175. CARGUE-FOND D'EN DEHORS. *Idem.*

176. CARGUE-BOULINE D'EN DEDANS. *Idem.*

177. CARGUE-BOULINE D'EN DEHORS. *Idem.*

178. CARGUE-FOND D'EN DEDANS DE GRANDE VOILE. Comme celle de misaine.

179. CARGUE-FOND D'EN DEHORS. *Idem.*

180. CARGUE-POINT DU GRAND HUNIER. Comme celle du petit hunier.

BRAS DE CATACOIS DE PERRUCHE.

181. Part de dessus le pont, passe par le trou-du-chat, élonge le mât de hune, passe dans un clan pratiqué sur l'arrière des barres du grand perroquet, entre les élongis, et va se capeler au bout de la vergue.

BRAS DE LA VERGUE DE PERRUCHE.

182. Il se passe comme le précédent.

BOULINE DE PERRUCHE.

183. Comme le bras, et fait dormant au cabillot frappé sur les branches de bouline.

BRAS DU PERROQUET DE FOUGUE.

184. Passe dans sa poulie de retour, passe par le trou-du-chat, élonge le ton du bas mât, passe dans une poulie double estropée sur l'arrière du chouque du bas mât, passe dans la poulie capelée au bout de la vergue, et revient faire dormant près de la poulie qui est au chouque.

BOULINE DU PERROQUET DE FOUGUE.

185. Passe dans sa poulie de retour et continue comme le bras du perroquet de fougue ; fait dormant à la cosse de jonction des branches de bouline.

BRAS DE LA VERGUE BARRÉE.

186. Passe dans sa poulie de retour, passe dans une poulie aiguilletée sur le hauban d'en arrière, à la hauteur du trelingage ; passe dans la poulie capelée au bout de la vergue et vient faire dormant sur le hauban d'en arrière, près de sa poulie.

187. Drisse de bonnette du grand hunier. Comme celle de la bonnette du petit hunier.

188. Cartahu du bout-dehors du grand hunier. Comme celui de bout-dehors du petit hunier.

189. Cartahu du bout-dehors de grande vergue. Comme celui de bout-dehors de misaine.

190. Cartahu du chapeau du grand hunier. Comme celui du chapeau du petit hunier.

191. Cartahu du chapeau de grande voile. Comme celui du chapeau de misaine.

192. Écoute du grand hunier. Comme celle du petit.

BRAS DU PETIT HUNIER.

193. Passe dans le réa d'en dedans d'une poulie double ou dans celui d'un montant de bitte, monte le long du bas mât, passe dans le réa d'en dedans d'une poulie estropée à un piton sur les jottereaux, passe dans une poulie de conduit aiguilletée sur le grand étai à la jonction des branches, passe dans la poulie capelée au bout de la vergue du petit hunier, fait dormant sur l'arrière du capelage du grand mât de hune en s'aiguilletant avec celui de l'autre bord ; les doubles de l'un et de l'autre sont ensuite bridés avec l'étai du grand mât de hune, près de la jonction des branches.

BRAS DE MISAINE.

194. Passe dans le réa d'en dehors de la poulie dont il vient d'être question, monte passer dans la poulie double estropée aux jottereaux, passe dans la poulie capelée au bout de la vergue de misaine, et revient faire dormant sur l'arrière du capelage du grand mât, en s'aiguilletant avec celui de l'autre bord : les doubles de l'un et de l'autre sont bridés sur le grand étai, à la jonction des branches.

MANOEUVRES QUI ABOUTISSENT EN ABORD, DEPUIS L'ESCALIER JUSQU'AU BANC DE QUART.

BRAS DU PETIT CATACOIS.

193. Part du premier hauban d'en avant du grand mât, monte par le trou-du-chat, élonge le mât de hune, passe entre les barres, élonge le mât de perroquet, passe dans une petite poulie aiguilletée au capelage du grand mât de perroquet, et va se capeler au bout de la vergue du petit catacois.

BRAS DU PETIT PERROQUET.

196. Passe dans sa poulie de retour, monte le long du premier hauban, passe dans sa poulie de conduit, passe par le trou-du-chat, monte le long du mât de hune, passe dans une petite poulie aiguilletée sur le premier hauban de hune, en avant, un peu au-dessus des quenouillettes, et va se capeler au bout de la vergue du petit perroquet.

197. CARGUE-POINT DE GRANDE VOILE. Comme celle de la misaine.

198. PALANQUIN DU GRAND HUNIER. Comme celui du petit.

199. FAUX-PALANQUIN DU GRAND HUNIER. Comme celui du petit.

200. ÉCOUTE DU GRAND PERROQUET. Comme celle du petit.

201. CARGUE-POINT DU GRAND PERROQUET. *Idem.*

202. CARGUE-FOND DU GRAND PERROQUET. *Idem.*

203. DRISSE DU GRAND HUNIER. *Idem.*

204. DRISSE DU GRAND PERROQUET. *Idem.*

205. DRISSE DU GRAND CATACOIS. *Idem.*

ÉCOUTE DE GRANDE VOILE.

206. Passe dans le chaumard, puis dans la poulie de cul-delampe, va passer dans la poulie du bouquet et revient faire dormant sous les porte-haubans d'artimon à une boucle.

PALAN DE RETENUE DU GUI.

207. Son garant passe dans un chaumard, sa poulie simple est crochée sur un piton, près du chaumard en dehors ; sa poulie double est crochée dans la cosse estropée au bout de la retenue du gui.

MANŒUVRES QUI ABOUTISSENT AU PIED DU MAT D'ARTIMON.

CARGUE D'EN DEHORS DE BRIGANTINE.

208. Passe dans sa poulie, monte le long du mât d'artimon, passe dans le réa d'en dedans d'une poulie en trois, aiguilletée sur la mâchoire de la corne ; élonge la corne, passe dans le réa d'en dedans d'une poulie double, estropée au tiers de la corne ; passe dans une poulie simple plus en dehors, et vient faire dormant sur la patte supérieure de la ralingue de chute.

Les deux autres cargues passent d'une manière semblable.

CARGUE-POINT DE BRIGANTINE.

209. Part du pied du mât d'artimon, et va faire dormant sur le point d'écoute de la brigantine.

210. Palanquin du perroquet de fougue. Comme celui du petit hunier.

211. Cargue-fond du perroquet de fougue. Comme celle du petit hunier.

212. Cargue-point du perroquet de fougue. *Idem.*

213. Cartahu du chapeau. *Idem.*

214. Écoute du perroquet de fougue. *Idem.*

Nota. Si pour l'écoute du perroquet de fougue, on se servait d'une poulie double pour retour, qui fût commune aux deux écoutes, on les ferait se croiser, afin que celle de tribord vînt à tribord, et celle de babord à babord.

BALANCINE DE GUI.

215. Est capelée au bout du gui, monte passer dans une poulie aiguilletée sur la partie arrière des élongis, et descend sur le pont, où à son extrémité on établit un palan.

PALAN DE BALANCINE DU GUI.

216. Sa poulie simple est crochée à un piton sur le pont; sa poulie double est crochée dans une cosse estropée au bout de la balancine; son garant s'amarre à un cabillot.

217. *Nota*. Au mouillage, pour les grands bâtiments, la poulie inférieure de ce palan est crochée au pied du mât; mais sous voiles, on viendrait la crocher à une estrope fixée sur le gui auprès de la poulie d'écoute du gui. On se composerait ainsi une itague, dont le garant passerait dans un réa appliqué contre le gui et élongerait ensuite ce dernier pour s'amarrer à un taquet fixé sous le gui.

PALAN D'AMURE DE BRIGANTINE.

218. Sa poulie simple est crochée à un piton sur le pont; sa poulie double est crochée à la cosse du point d'amure; le garant s'amarre à un cabillot.

BRAS DU GRAND HUNIER.

219. Passe dans sa poulie de retour, élonge le mât d'artimon, passe dans une poulie de conduit placée sur le mât d'artimon un peu au-dessous de la hauteur de la vergue barrée; passe dans la poulie qui est capelée au bout de la vergue du grand hunier et revient faire dormant sur l'arrière du capelage du mât de perroquet de fougue en s'aiguilletant avec celui de l'autre bord : les doubles de l'un et de l'autre sont bridés avec l'étai du mât de perroquet de fougue, près de la jonction des branches.

MANOEUVRES QUI ABOUTISSENT EN ABORD, DEPUIS LE BANC DE QUART JUSQU'AU COURONNEMENT.

220. BRAS DU GRAND CATACOIS. Comme celui du petit catacois.

221. BRAS DU GRAND PERROQUET. Comme celui du petit perroquet.

222. ÉCOUTE DE PERRUCHE. *Idem*.

223. CARGUE-POINT DE PERRUCHE. *Idem*.

224. DRISSE DU PERROQUET DE FOUGUE. Comme celle du petit hunier.

225. DRISSE DE PERRUCHE. Comme celle du petit perroquet.

226. DRISSE DE CATACOIS DE PERRUCHE. Comme celle du petit catacois.

BRAS DE GRANDE VERGUE.

227. Passe dans un chaumard près du couronnement, passe dans une poulie de conduit aiguilletée aux extrémités d'une main de fer ou d'une vergue de tangon, passe dans la poulie capelée au bout de la vergue et revient faire dormant près de la poulie de conduit et en dehors.

228. AMURE DE BONNETTE DU GRAND HUNIER. Comme celle du petit hunier.

PALAN D'ÉCOUTE DU GUI.

229. Sa poulie simple est crochée à une main de fer au milieu du couronnement en dedans, sa poulie double est crochée dans l'estrope d'écoute du gui.

MANOEUVRES QUI ABOUTISSENT DANS LES HUNES.

BALANCINES DE PERROQUETS.

230. Partent des hunes, élongent les haubans de hunes en dedans, passent entre les barres, élongent les mâts de perroquets, passent dans le réa des baraquettes et vont se capeler aux bouts des vergues de perroquets.

DRISSES DE BONNETTES DE PERROQUETS.

231. Partent des hunes, élongent les mâts de hunes, passent entre les barres, élongent les mâts de perroquets, passent dans des petites poulies fouettées aux capelages, passent dans des poulies fouettées aux bouts des vergues de perroquets, et font dormant sur le milieu des vergues de bonnettes.

AMURES DES BONNETTES DE PERROQUETS.

232. Partent des hunes, vont directement passer dans les poulies capelées aux bouts des bouts-dehors de hunes et font dormant aux points d'amures des bonnettes de perroquets.

BALANCINES DE CATACOIS.

233. Partent des hunes, élongent les mâts de hunes, passent entre les barres, élongent les mâts de perroquets, élongent les mâts ou flèches de catacois, passent dans des poulies ou cosses estropées aux capelages et viennent se capeler aux bouts des vergues de catacois.

ÉCOUTES DE CATACOIS.

254. Partent des hunes, élongent les mâts de hunes, passent entre les barres, passent dans les poulies d'écoutes aiguilletées sous les vergues de perroquets, élongent ces dernières, passent dans de petites poulies fouettées aux bouts des vergues de perroquets et font dormant aux points d'écoute des catacois.

ENVERGUER LES VOILES.

PLOYER UNE VOILE CARRÉE QUI DOIT ÊTRE MISE EN SOUTE TELLE QU'ELLE L'EST LORSQU'ELLE EST FOURNIE PAR L'ATELIER DE LA VOILERIE.

Avertissement.

255. En ployant les voiles comme il va être dit, on a pour but de les ramasser en soute disposées à être mises en vergue. On peut donc considérer cette opération comme une disposition première qui facilite l'action d'enverguer; aussi devra-t-on prendre le soin de laisser à la vue les points de toutes les ralingues qui sont destinées à recevoir une partie de la garniture du hunier.

Par la même raison la voile devra être garnie de toutes ses garcettes, rabans d'envergures, rabans d'empointures et de ris, branches de boulines et moques pour les écoutes, s'il s'agit d'un hunier. Les bouquets des basses voiles, à cause de leur volume, feront exception; ils ne se mettront en place qu'à l'instant d'enverguer.

Exécution.

256. Étendre la voile sur le pont; élonger la têtière bien raide, dans le sens de la quille, à tribord, par exemple; répandre la toile vers babord; la ralingue de fond se trouvant ainsi à babord dans le sens de la quille, rapporter la ralingue de fond sur celle de têtière, de manière que le milieu de l'une soit sur le milieu de l'autre; ployer chacun des deux points sur eux-mêmes, de la quantité dont ils débordent de chaque bord de la ralingue de têtière; placer les points de manière qu'ils soient un peu saillants en dehors des deux ralingues, et que le pli fait de chaque bord dans la ralingue de fond soit à toucher les cosses d'empointures d'envergures.

Placer des hommes tout le long du pli de la toile opéré par la jonction des ralingues de fond et de têtière; ces hommes rouleront la toile tous en même temps, de dessous en dessus, jusqu'à ce qu'ils rejoignent la têtière. Placer des hommes près des ralingues de chute, qui, travaillant de concert avec les premiers, rouleront les ralingues aussi uniformément que possible.

Amarrer la toile ainsi roulée, de distance en distance, avec des commandes, et l'envoyer en soute ou en vergue, selon le but qu'on se proposera.

OBSERVATION.

Ce moyen de ployer une voile est en effet très commode pour l'arrimer puisqu'elle présente un rouleau à peu près uniforme dans toute sa longueur; mais on pourrait lui préférer, pour l'action d'enverguer, une disposition plus favorable (voir **258**).

ENVERGUER UN HUNIER PRÉALABLEMENT PLOYÉ COMME IL VIENT D'ÊTRE DIT (**256**):

PRATICABLE DE BEAU TEMPS SEULEMENT.

Préparation.

Nous supposerons qu'on hisse le hunier par tribord.

237. Crocher une poulie de guinderesse de perroquet dans dans l'un des pitons du chouque du mât de hune, à tribord; en crocher une autre pour retour, au pied du bas mât; passer une guinderesse de perroquet comme cartahu, 1° dans la poulie de retour sur le pont; 2° la faire monter par le trou-du-chat dans la poulie crochée au chouque, de l'arrière à l'avant; 3° la faire descendre sur le pont, en passant sur l'avant des barres de perroquet et de la hune, et à tribord de tous les étais (1).

Passer un cartahu à babord, d'une manière semblable, mais venant aussi sur le pont à tribord de tous les étais.

---

(1) Les drisses de bonnettes de hunes peuvent remplir le but des cartahus dont on vient de décrire le passage.

Amarrer ces deux cartahus au milieu du hunier, déjà élongé sur le pont.

Placer des gabiers sur la basse vergue et dans la hune, pour déborder le hunier, pendant qu'on le hissera.

Ranger des hommes sur les deux cartahus.

Exécution.

258. **Haler** sur les deux cartahus jusqu'à ce que les gabiers puissent s'emparer du hunier et le faire reposer dans la hune, de manière que le milieu de la têtière réponde au milieu de la vergue, et que les cosses de l'envergure soient, l'une à tribord, l'autre à babord, près du premier hauban de hune d'en avant.

Larguer toutes les commandes qui retiennent le hunier amarré en rouleau; frapper toutes les cargues aux points des ralingues qui leur sont destinées, au moyen d'un nœud de bouline; passer les écoutes de hune; frapper provisoirement les palanquins sur les pattes placées de chaque bord sur la ralingue de têtière, un peu en dedans de la cosse d'envergure; genoper les cargues-fonds sur la ralingue de têtière, à peu près au milieu.

Consulter avec la plus grande attention la manière dont se présente une cargue ou une écoute avant d'amarrer chacune d'elles, afin d'éviter de faire des tours dans les unes ou dans les autres.

Ranger des hommes sur les palanquins et sur les cargues, excepté sur les cargues-boulines; envoyer des hommes sur la vergue, lesquels seront munis chacun d'un bon fil de caret, et envoyer deux gabiers à chaque empointure.

Peser sur les palanquins et sur les cargues, élever ainsi la ralingue de têtière le long de la vergue; l'y faire maintenir à force de bras par les hommes répandus sur la vergue.

Mettre les cosses d'envergures à égales distances du capelage, au moyen des palanquins; faire amarrer définitivement l'empointure et la fausse empointure par les gabiers, tandis que

les autres hommes amarreront la têtière sur la filière, au moyen
des fils de caret dont ils sont pourvus.

Larguer les palanquins de dessus la ralingue de têtière et les
amarrer aux pattes qui leur sont destinées.

ENVERGUER UNE BASSE VOILE PLOYÉE COMME DANS LE CAS PRÉCÉDENT.

PRATICABLE DE BEAU TEMPS SEULEMENT.

Préparation.

259. Disposer cette voile sous sa vergue et en travers du
bâtiment, de manière que son milieu soit près du mât et que
ses empointures soient, de chaque bord, en abord. Larguer
toutes les commandes qui retiennent la voile amarrée en rouleau; chercher et mettre en évidence toutes les pattes destinées
à recevoir les cargues. Affaler toutes les cargues jusque sur le
pont; amarrer chacune d'elles aux points des ralingues qui leur
appartiennent; veiller à ne point faire de tours en les frappant,
et surtout en aiguilletant les bouquets ou en passant les cabillots des bouquets dans les points de la voile. Genoper les
cargues-fonds ainsi que le cartahu du chapeau sur le milieu de
la ralingue de têtière. Disposer de chaque bord un cartahu
double passé de la manière suivante : 1° dans une poulie de
retour au pied du mât; 2° dans une poulie fouettée à un piton
du chouque du bas mât; 3° dans une poulie fouettée au bout
de la basse vergue; 4° dans une poulie à croc, que l'on crochera
dans une patte faite sur la ralingue de têtière, à quelques pieds
en dedans de la cosse d'envergure ou quelquefois dans la cosse
d'empointure des ris; 5° enfin, ce cartahu fera dormant au bout
de la vergue, près de la poulie qui y est fouettée.

Ranger des hommes sur les deux cartahus et sur toutes les
cargues, excepté sur les cargues-boulines; envoyer deux gabiers
à chaque empointure, et faire monter d'autres hommes sur la
vergue, lesquels seront tous munis d'un bon fil de caret.

Exécution.

240. Haler en même temps sur les cargues et sur les deux cartahus ; élever la ralingue de têtière le long de la vergue, l'y faire maintenir à bras par les hommes répandus sur la vergue. Mettre les cosses d'envergure à égales distances du capelage, au moyen des deux cartahus ; faire amarrer définitivement l'empointure et la fausse empointure par les gabiers, tandis que tous les autres hommes placés sur la vergue amarreront la têtière sur la vergue, au moyen des fils de caret dont ils sont pourvus.

Décrocher les poulies crochées sur la ralingue de têtière ou sur la cosse de ris, et dépasser les cartahus.

ENVERGUER UN FOC.

Préparation.

241. Porter le foc sur le gaillard, près du beaupré ; le disposer de la manière suivante : placer toutes les bagues les unes sur les autres, depuis celle le plus près du point d'amure jusqu'à celle le plus près du point de drisse ; élonger le reste de la toile vers l'arrière. Prendre la drisse du foc, l'amarrer près des bagues en enveloppant toute la toile groupée sur ce point. Prendre le hale-bas que l'on viendra amarrer près de la drisse.

Ranger des hommes sur la drisse et sur le hale-bas.

Exécution.

242. Élever le foc au moyen de la drisse ; haler ensuite sur le hale-bas, au moyen duquel on enverra le foc à sa place, près de sa draille ; passer la draille dans toutes les bagues, de dessus en dessous ; larguer le hale-bas et le passer de dessous en dessus, dans toutes les bagues, pour enfin l'amarrer au point de drisse.

Larguer la drisse, qui, comme on sait, entoure toute la toile, pour l'amarrer à demeure au point de drisse, puis passer les écoutes.

ENVERGUER LA BRIGANTINE.

Préparation.

243. Amener la corne à deux ou trois pieds au-dessus du gui ; présenter la voile sous la corne, de telle sorte que la ralingue l'élonge.

Exécution.

244. Amarrer solidement à la mâchoire de la corne le point d'envergure du mât ; raidir la ralingue d'envergure à l'extrémité de la corne, au moyen d'un raban passé alternativement autour de la corne, contre les adents, et dans la cosse d'empointure ; arrêter définitivement l'empointure et passer un bout de filin, appelé passeresse, successivement dans tous les œils de la ralingue d'envergure, en partant de l'empointure, jusqu'à ce que l'on soit arrivé à la mâchoire de la corne, où on la fixera à demeure.

Passer toutes les cargues et hisser la corne comme il a été dit (95).

ENVERGUER UN PERROQUET OU UN CATACOIS.

245. Cette opération se fait sur le pont, elle s'exécutera facilement, par analogie, sans qu'il soit besoin de la décrire.

SERRER UN HUNIER OU UNE BASSE VOILE.

1er MOYEN : PRATICABLE DE TOUT TEMPS.

Préparation

246. Nous supposerons : 1° que toutes les cargues sont pesées à joindre ; 2° que les hommes sont répandus sur la vergue dans toute sa longueur, et que les gabiers occupent les places du fond ; 3° que ceux-ci se tiennent debout sur la vergue pour user de toute leur force, tandis que les autres reposent sur les marchepieds ; 4° que les bouts-dehors sont levés.

Dès en arrivant sur la vergue, les gabiers placés au fond ramassent les ralingues de la manière suivante.

Exécution.

247. Lover en esse sur le milieu de la vergue la partie de la ralingue de fond comprise entre les cargues-fonds; continuer ensuite, pour chaque bord, à lover cette ralingue en superposant chaque pli sur celui qui le précède, jusqu'à ce que l'on soit arrivé au point de la voile. S'emparer en même temps de la ralingue de chute de chaque bord, et la lover aussi en esse sur la vergue, à partir du point jusqu'à ce que l'on soit parvenu à la tendre le long de la vergue. Dégorger la toile engagée sous les points, et la placer sur les ralingues déjà prises; poser les pieds dessus pour l'y maintenir; puis, à un même signal, faire enlever la toile pli par pli, par tous les hommes qui garnissent la vergue, lesquels la poseront sous leur poitrine et saisiront le dernier pli, appelé chemise, avec leurs deux mains, et attendront ainsi l'ordre de relever la toile sur la vergue tous ensemble, au coup de sifflet.

Pendant le temps que l'on ramassera la toile, crocher le cartahu du chapeau dans le chapeau ou dans une patte de tresse, disposée à cet effet près de la bande du premier ris, et au-dessous du milieu de la vergue; puis, aux coups de sifflet du maître, peser sur le cartahu du chapeau et relever la toile dans toute l'étendue de la voile, jusqu'à ce qu'elle soit jugée suffisamment retroussée.

Amarrer les jarretières, faire rentrer les hommes de dessus la vergue, amener les bouts-dehors, les pousser à leur marque, genoper les boulines au fond et embraquer raides toutes les cargues et écoutes.

OBSERVATIONS.

248. Cette manière de serrer un hunier est la seule praticable, quelle que soit la nature du temps; mais dans les circonstances ordinaires on use trop souvent d'un moyen peut-être plus commode et plus prompt, lequel pourrait devenir, sinon dangereux, du moins impuissant, s'il ventait bon frais; et comme cette manière d'opérer suffit généralement dans les rades, il en résulte que les équipages y sont très exercés et qu'ils le sont très peu pour le cas où ils seront dans l'obligation d'user du moyen que nous venons d'indiquer.

2ᵉ MOYEN : PRATICABLE SEULEMENT SUR LES RADES. — UN HUNIER.

Préparation.

249. Peser les cargues-fonds le plus haut possible au-dessus de la vergue : on y parvient en larguant leurs poulies de conduit, qui alors sont à fouet.

250. Établir de fausses cargues-points : ce sont ordinairement les drisses de bonnettes de hunes qui en servent, et qui, dépassées sur l'avant de la vergue, viennent s'amarrer aux points de la voile, ce qui permet d'élever les points de quelques pieds au-dessus de la vergue et sur l'avant.

Exécution.

251. Le hunier étant cargué de cette manière, les gabiers prennent un bout de filin avec lequel ils brident, un peu au-dessus de la vergue, la toile, les ralingues de fond et les itagues. Il ne reste alors que peu de toile à ramasser, que l'on maintient ensuite sur la vergue au moyen des jarretières ; puis on mollit les cargues-fonds, ce qui amène une quantité considérable de toile et de ralingue, que l'on pousse à mesure sous la chemise du fond et que l'on arrime le mieux possible.

UNE BASSE VOILE.

252. Pour serrer une basse voile, peser les cargues à joindre comme il est dit (**246**), puis envoyer, de la hune et de chaque bord, la poulie simple des candelettes de hune, les faire passer sur l'avant de la voile pour venir les crocher sur les bouquets ; haler sur les candelettes et affaler en même temps les cargues-points amures et écoutes ; ce qui permettra d'élever les bouquets sur l'avant de la vergue et à quelques pieds au-dessus d'elle. Prendre alors les ralingues et ramasser la toile comme il a été dit (**247**).

6..

SERRER UN FOC.

1er MOYEN : EN RADE OU DE BEAU TEMPS.

Exécution.

233. Placer un gabier de beaupré à cheval sur le bout-dehors, près de la draille du foc et en dehors, lequel choisira la troisième ou la quatrième lèse à partir du point de drisse, pour faire sa chemise, c'est-à-dire pour envelopper le reste de la toile; il sera aidé par quelques autres qui seront placés sur le marchepied du bout-dehors, au vent, et qui plieront les ralingues de bordure et de chute, et les poseront sur le bâton de foc, de telle sorte que le point d'écoute se trouve comme à cheval près du chouque du mât de beaupré. Tous travailleront de concert pour envelopper la toile et les ralingues dans la chemise qui a été choisie; puis ils amarreront la toile sur le bout-dehors, de distance en distance, avec des fils de caret.

2e MOYEN : A LA MER, DE MAUVAIS TEMPS.

Exécution.

234. On raidit la ralingue de bordure au moyen de l'écoute; puis les gabiers se placent sur le marchepied du vent et étouffent la toile entre leurs bras du mieux qu'ils peuvent, et l'y maintiennent au moyen de hanets placés de distance en distance, le long du bâton de foc.

SERRER UNE BRIGANTINE.

Exécution.

235. Peser toutes les cargues à joindre; placer des hommes à cheval sur la corne, qui étoufferont la toile comprise entre les cargues et l'amarreront sous la corne par des fils de caret qui l'entoureront.

Suspendre un gabier d'artimon, de chaque bord, sur des cartahus, à l'extrémité desquels on fera un nœud de chaise; ces gabiers étoufferont la toile et l'amarreront de distance en distance avec des fils de caret.

SERRER UN PERROQUET OU UN CATACOIS.

Préparation.

256. Peser toutes les cargues à joindre.

Exécution.

257. Lover les ralingues de chute en esse, puis lover celles de fond et ramasser toute la toile qui reste, en la portant vers le fond; s'emparer du raban, entourer la vergue avec lui, et, à partir de l'extrémité de la vergue, souquer chaque tour en venant en dedans; enfin amarrer le bout du raban et l'aiguillette du chapeau sur la cosse baguée au milieu de la vergue.

ENVERGUER UN HUNIER.

2ᵉ MOYEN : PRATICABLE EN TOUT TEMPS.

Préparation.

Nous supposerons qu'on veuille le hisser par tribord.

258. Prendre le hunier en soute, le porter sur le gaillard, l'élonger sur le pont à tribord, le déployer s'il a été ramassé comme il a été dit (**256**), et le serrer sur la ralingue de têtière, absolument comme si on le serrait sur la vergue (**247**); avoir soin de ne pas engager les points des ralingues où l'on devra amarrer les cargues, mais au contraire prendre l'attention de les mettre en évidence et même d'y amarrer des bouts de bitord, pour faciliter les recherches des gabiers.

Amarrer un fil de caret dans chaque œil de pie de la ralingue de têtière, pour servir à amarrer cette dernière sur la filière.

Entourer la toile de distance en distance, dans toute l'étendue de la ralingue de têtière, par des fils de caret ou par du bitord, excepté aux *points*, où l'on bridera avec un bout de filin un peu fort.

259. Passer deux cartahus comme il a été dit (**257**); amarrer chacun d'eux sur la voile, en l'entourant à l'endroit où se trouvent les points du hunier ; veiller à ne pas croiser les cartahus, c'est-à-dire amarrer celui de tribord sur le côté de tribord et celui de babord sur le côté de babord.

Ranger des hommes sur les deux cartahus.

Lever les bouts-dehors.

Faire monter des hommes sur la vergue ; destiner deux gabiers pour chaque empointure, quatre gabiers pour se placer au fond et près des cargues-boulines : ces hommes devront frapper les cargues-fonds, cargues-boulines et boulines. Enfin, d'autres gabiers se tiendront dans la hune et devront, 1° faire parer le hunier de l'avant de la hune ; 2° frapper les palanquins sur les pattes placées sur la ralingue de têtière, un peu en dedans de la cosse d'envergure ; 3° frapper les cargues-points et écoutes.

Exécution.

260. Haler en même temps sur les deux cartahus ; élever ainsi le hunier ; le faire parer de l'avant de la hune et hisser de nouveau sur les cartahus, jusqu'à ce que toute la toile ramassée au fond soit à la hauteur de la vergue ; crocher le cartahu du chapeau et l'embraquer raide ; frapper alors les palanquins sur les pattes placées sur la têtière ; peser les palanquins pour élonger et raidir la ralingue de têtière le long de la vergue ; mettre les cosses d'empointures à égales distances des capelages , au moyen des palanquins ; se faire aider dans cette opération par tous les hommes qui sont sur la vergue, lesquels soutiendront la toile et la porteront ensemble , soit à tribord , soit à babord, suivant l'ordre qu'ils en recevront.

261. Ordonner d'amarrer définitivement les empointures dès qu'elles auront été jugées à la distance convenable des capelages; puis, pendant que les gabiers qui sont aux empointures les termineront, tous les hommes placés sur la vergue, et les gabiers répartis comme il a été dit, travailleront ensemble à frapper toutes les cargues, et amarreront la ralingue de têtière sur la filière. Ils amarreront ensuite les jarretières ; ils largue-

ront les fils de caret qui entouraient la toile, rentreront en dedans et descendront.

Un des deux gabiers placés aux empointures larguera le palanquin de dessus la ralingue de têtière, pour l'envoyer aux hommes placés près de sa patte, qui l'y frapperont.

OBSERVATIONS.

262. Cette méthode, comme on le voit, suppose que l'on sache serrer un hunier; c'est ce qui m'a obligé à ne la donner qu'ici. Elle a les avantages suivants sur celle décrite n° **257** : 1° le hunier ne présente aucun développement de toile au vent, ce qui est d'une très grande importance lorsqu'il vente grand frais; 2° il peut être envergué avec des ris pris (voir **265**); 3° l'exécution en est plus facile, en ce qu'il est à peu près impossible de se tromper en frappant les cargues. A la vérité, il arrivera quelquefois que la têtière n'aura pu être embraquée bien raide, mais elle le sera toujours suffisamment, et d'ailleurs ce léger inconvénient disparaîtra si l'on prend un ris.

Si l'on ne prend pas de ris, c'est qu'il vente peu; alors rien n'empêche de larguer le hunier avant d'amarrer les empointures à demeure et de tendre rigoureusement la filière.

ENVERGUER UN HUNIER LORSQU'IL DOIT ÊTRE ÉTABLI IMMÉDIATEMENT APRÈS AVEC DES RIS PRIS.

Préparation.

265. Élonger le hunier sur le pont, à tribord par exemple, sa têtière dans le sens de la quille, et toute la toile répandue vers bâbord; rapporter la bande du premier ris sur la têtière, et amarrer les cosses d'empointures de ris sur les cosses d'empointures d'envergures, au moyen du raban de ris; agir de même pour les autres bandes de ris, en ayant soin d'amarrer toujours les rabans d'empointures sur les cosses d'envergures; amarrer quelques garcettes du quatrième ris, de distance en distance, pour ramasser la toile dans toute l'étendue de la têtière; considérer la toile ainsi ramassée comme la vergue, et y serrer le reste du hunier (**247**).

Exécution.

264. Élever le hunier et l'enverguer (**260**); larguer les garcettes qui retiennent la toile, et prendre successivement les ris que l'on voudra ; puis larguer et établir le hunier.

ENVERGUER UNE BASSE-VOILE.

PRATICABLE EN TOUT TEMPS.

Préparation.

265. Envoyer la basse-voile sur le pont, la serrer sur la tétière, comme si on la serrait sur la vergue (**247**); la placer en travers du bâtiment au-dessous de sa vergue ; passer deux cartahus doubles pour élever les empointures (**239**).

Affaler toutes les cargues et les bouquets, et les frapper sur la voile (**239**).

Affaler le bout du cartahu du chapeau ; le faire passer en dessous du fond de la voile, de l'avant à l'arrière, et l'envoyer faire dormant sur la cosse du chapeau.

Ranger des hommes sur les cargues, sur le cartahu du chapeau et sur les cartahus doubles.

Exécution.

Élever la voile, l'élonger le long de la vergue et continuer l'opération comme il a été dit (**239**).

EMBARQUER LES AMARRES.

266. Les amarres d'un bâtiment se composent de câbles, grelins et aussières.

Avant que l'on fît usage des câbles-chaînes, chaque bâtiment recevait six câbles en chanvre, destinés à former deux grandes touées et deux câbles de veille. Chaque grande touée était lovée dans la cale sur une plate-forme disposée dans ce but, tribord et babord de l'archipompe : l'une d'elles s'étalinguait au pied du mât ; les deux câbles de veille se lovaient sur la même plate-forme, mais sur l'avant des grandes touées, et enfin les grelins et aussières se lovaient tribord et babord sur l'avant de ceux-ci.

267. Un câble se love en commençant par le plet extérieur et successivement ceux intérieurs, de manière à former un premier plan sur lequel on recommence un deuxième plan; mais en commençant encore par le plus grand plet, c'est-à-dire le plus extérieur, et ainsi de suite jusqu'au bout.

268. Aujourd'hui que chaque bâtiment est pourvu de deux chaînes qui remplacent les grandes touées que l'on fournissait avant qu'on s'en servît, on embarque seulement deux câbles qui conservent le nom de câbles de veille (*).

269. Les chaînes sont placées tribord et babord de l'archipompe, dans des puits qui communiquent avec la .batterie au moyen de petits panneaux dont les bords sont garnis en fer; elles sont étalinguées au pied du grand mât ou à des boucles.

Des cous de cygne ou étrangloirs sont établis près des bittes et au panneau de l'entrepont; leur but est de presser la chaîne très étroitement contre un point solide. On les manœuvre au moyen d'un palan qui, embraqué en temps opportun, les presse fortement contre la chaîne, qui par là se trouve comprimée entre le cou de cygne et un barrot ou la bitte.

Quelques bâtiments sont maintenant pourvus d'un linguet de chaîne de M. Bechameil, capitaine de corvette, et du cercle de M. Barbotin, officier du même grade; nous parlerons plus tard de l'usage de ces deux machines, dont l'objet est de faciliter la manœuvre des câbles-chaînes.

(*) Lorsqu'un câble de veille est étalingué et que l'ancre est à poste, la partie comprise depuis le grand panneau jusqu'à l'écubier et celle comprise depuis l'écubier jusqu'à l'ancre, sont exposées à l'action nuisible du feu des cuisines, du frottement et de l'intempérie; c'est aussi cette partie du câble qui souffre lorsque l'ancre est mouillée sur un mauvais fond : on remédie aujourd'hui à ces inconvénients, en épissant un bout de chaîne d'une longueur suffisante sur chaque câble de veille.

270. Les grands bâtiments reçoivent cinq ancres de bossoir et trois ancres à jet.

271. Les ancres de bossoir occupent les places suivantes à bord : une dans chaque porte-hauban de misaine ou du grand mât : elles prennent les noms d'ancres de veille; une à chaque bossoir, et une cinquième enfin dans le grand panneau.

272. On met une ancre à jet dans chaque porte-hauban de misaine et une dans ceux du grand mât.

Les ancres de bossoir sont ordinairement les seules que l'on maintienne étalinguées. On les étalingue avant de haler un bâtiment en rade, et l'on prend au moins la bitture de l'une d'elles.

HALER EN RADE.

Avertissement.

273. L'action de mettre en rade suppose l'armement complétement terminé : ainsi les vivres, les agrès de rechange, les munitions de guerre, moins la poudre qui ne s'embarque qu'après avoir mis en rade, sont embarqués et placés avec le plus grand ordre dans les localités qui leur sont affectées.

Les officiers de la direction du port sont chargés de la préparation et de l'exécution de cette manœuvre : ils sont seuls responsables; le commandant ne le devient qu'après qu'il a été prévenu par eux que son bâtiment est amarré.

Les points fixes de halage sont des bornes ou de vieux canons enfoncés jusqu'aux tourillons, qui ordinairement sont espacés tout le long des quais et sur les bords.

274. Dans toutes rades il y a des corps flottants amarrés solidement à demeure, à la distance d'une encâblure environ les uns des autres, qui servent à amarrer les grelins ou aussières destinés à haler un bâtiment.

275. La direction du port est pourvue d'aussières ou grelins de diverses dimensions, et en quantité suffisante pour en élonger depuis le poste occupé dans le port par le bâtiment jusqu'à celui qu'il devra prendre en rade.

276. Les rades des ports militaires sont généralement pourvues d'amarres à demeure, que l'on nomme corps-morts. Dans ce cas, le bâtiment que l'on met en rade y est amarré ; dans le cas contraire, il est amarré sur ses propres amarres.

277. Le départ d'une rade pour une mission quelconque est plus commode que du port même. Les hommes qui composent l'équipage sont facilement retenus à bord, ce qui dans le port présente souvent des difficultés qu'une bonne discipline et la plus grande surveillance ont peine à vaincre. Le bâtiment, isolé de tout autre, est peint avec des soins qui ne sont pas perdus. Tous les hommes étant continuellement à bord, il devient possible de mettre à exécution les différents rôles disposés à l'avance par l'officier en second. Le service à bord devient régulier dès que la peinture appliquée à la coque est sèche et que le bâtiment a été nettoyé dans toutes ses parties. C'est alors que commence l'exécution des différents exercices portés au tableau de répartition du temps. Ces exercices entretiennent ou forment l'équipage : car, quelle que soit déjà l'instruction des hommes qui le composent, il convient que de nombreuses applications aient pu les identifier avec leur poste particulier, et les aient habitués à se reconnaître entre eux et à travailler ensemble. Ce n'est qu'au bout d'un certain temps que l'on obtient cette unité d'ordre et d'action si désirable dans les manœuvres d'ensemble. Pour ces motifs, il convient, si la chose est possible, que tout bâtiment armé par un équipage nouveau reste quelques jours sur rade avant de prendre la mer.

Préparation.

278. Élonger des aussières dans toute l'étendue du port et des deux bords, depuis le bâtiment jusqu'au coffre le plus voisin de l'entrée du port; élonger ensuite des grelins de coffre en coffre jusqu'au corps-mort que doit prendre le bâtiment.

Les amarres sont capelées, de chaque bord du port, par-dessus les bornes ou canons. S'il y a des bâtiments sur la route que devra suivre celui que l'on hale, comme cela arrive presque toujours, ils serviront de points fixes; les amarres y seront bridées. Dans l'un ou l'autre cas, on laissera un homme près des bridures ou près des bornes, pour décapeler l'aussière ou larguer la bridure à l'instant où ils en recevront l'ordre.

279. Si le bâtiment n'est pas évité l'avant vers l'entrée du port, on l'évitera convenablement aussitôt que la chose sera possible : car il peut arriver que certains endroits ne permettent pas cette évolution.

Nous le supposerons évité l'avant vers l'entrée du port.

280. Prendre par tribord devant et par la poulaine l'amarre élongée sur les quais de tribord, en regardant l'entrée; prendre celle élongée sur les quais de babord de la même manière; les embraquer toutes deux.

281. Prendre deux autres amarres derrière tribord et babord, venant de deux points fixes placés sur l'arrière du bâtiment et à quelque distance.

282. Avoir deux petites chaloupes bien armées et pourvues d'aussières, qu'elles amarreront à des points fixes sur la route du bâtiment, à mesure qu'il se halera, pour remplacer celles de derrière, qui sont destinées à gouverner le bâtiment et à l'arrêter en temps opportun, si cela devenait nécessaire. Ce sont ordinairement les aussières de l'avant que les chaloupiers embarquent dans leur canot par les sabords de l'arrière, à mesure que le bâtiment se hale de l'avant, et qui leur servent plus tard à amarrer successivement pour amarres de derrière.

Exécution.

283. Les amarres de l'avant et celles de l'arrière étant bien raides, on peut larguer impunément les amarres de poste sur lesquelles le bâtiment est amarré ; puis haler sur celles de devant et filer celles de derrière, en observant de les contretenir convenablement, pour faire suivre une bonne direction au bâtiment. Celles de l'avant, embraquées plus ou moins, fournissent aussi les moyens de gouverner vers un point voulu.

Faire larguer les bridures ou faire décapeler les doubles des amarres de l'avant, à mesure qu'il est nécessaire ; avoir soin de remplacer successivement les amarres de derrière, et le bâtiment ne tardera pas à se haler, à toucher le premier coffre.

284. Rendu à ce premier coffre, ou peut-être avant, c'est-à-dire aussitôt que le bâtiment sera arrivé en un point qui ne puisse lui faire craindre d'aborder aucun obstacle quelconque, par le fait d'un évitage, il se halera de l'avant, sur une seule amarre ou sur deux, suivant la force du vent, jusqu'au bateau qui supporte les corps-morts qui lui sont destinés, et enfin s'y amarrera, en les prenant par les écubiers et les fixant à la bitte.

DEUXIÈME SECTION.

MANOEUVRE DES ANCRES.

TRAVAUX DIVERS.

EXERCICE DES VOILES,

DE BEAU TEMPS ET DE MAUVAIS TEMPS.

SERVICE ET MANOEUVRE DES EMBARCATIONS,

SOIT A L'ANCRE, SOIT A LA VOILE.

MANOEUVRE DES ANCRES.

METTRE UNE ANCRE DE BOSSOIR AU BOSSOIR, PASSER LES BOSSES DE BOUT ET SERRE-BOSSES; MOYEN DE LAISSER TOMBER L'ANCRE.

285. Nous supposerons que cette ancre est conduite à bord sur un ponton, où elle repose le jas à plat sur le pont, et conséquemment l'un des becs sur le pont et l'autre en l'air. Le ponton est halé de manière à ce que l'ancre réponde, le plus possible, sous le bossoir.

Préparation.

286. Crocher le croc du capon dans la cigale de l'ancre; crocher la poulie inférieure de la caliorne dans une erse baguée au coude de l'ancre; disposer une retenue faisant dormant sur le ponton, pour empêcher l'ancre de heurter le bord en venant à l'appel de la candelette.

Tenir la bosse de bout et la serre-bosse prêtes à mettre en place.

Ranger du monde sur le garant du capon et de la candelette.

Exécution.

287. Haler sur les garants du capon et de la candelette; contretenir sur la retenue, mettre la poulie du capon à joindre le bossoir, et élever les pattes de manière à ce que la verge soit à peu près horizontale; puis passer la bosse de bout de la manière suivante :

288. Prendre l'un des bouts, le passer par-dessus le bord, pour l'introduire dans une engoujure pratiquée sur la face arrière

du bossoir ; le faire passer dans la cigale de l'ancre, de dehors en dedans ; le faire remonter sur le bossoir en traversant un trou pratiqué dans le bossoir ; l'aiguilleter à un fort piton situé à un pied en dedans du trou : à cet effet, ce bout de la bosse est à queue de rat et porte un œil.

La bosse, ainsi passée, est raidie à coups de palans fouettés sur le bout d'en dedans, et enfin amarrée à demeure.

289. La serre-bosse passe de la manière suivante : l'un des bouts passe par-dessus le bord ou, à travers le bord, par un trou au-dessus de la position des pattes de l'ancre ; elle passe près du coude au-dessous de la verge, entre elle et le bord, et vient se raidir à coups de palans à un taquet en dedans, ou sur le bord.

290. La bosse de bout et la serre-bosse étant ainsi passées, on abandonnerait l'ancre au fond, en larguant d'abord le dormant de la serre-bosse, ce qu'on appelle *faire penau*, et coupant ensuite l'aiguilletage de la bosse de bout : le tout se ferait sans accident, puisque le bout abandonné, qui seul peut fouetter, se dépasserait presque immédiatement par le trou pratiqué dans le bossoir.

291. L'usage des bosses de bout et serre-bosses, installées comme il vient d'être dit, ne remplit qu'imparfaitement l'objet qu'on se propose ; car il est rare que l'action d'abandonner l'ancre suive instantanément le commandement qui en a été fait. Pour obvier à ce grave inconvénient, on a imaginé plusieurs installations qui, sous le nom de mouilleur, sont maintenant employées à bord de presque tous les bâtiments : quelques-unes de ces installations obligent à abandonner en même temps les pattes et le jas ; d'autres, au contraire, offrent l'avantage d'abandonner seulement la serre-bosse ; celles-ci doivent être préférées, car il existe des circonstances où il peut être utile de faire penau.

METTRE UNE ANCRE A POSTE DANS LES PORTE-HAUBANS, EN LA PRENANT DE DESSUS UN PONTON OU DE DESSUS UNE ALLÉGE QUELCONQUE.

Une ancre ainsi placée prend le nom d'*ancre de veille*.

Préparation.

292. Cette ancre doit reposer sur le ponton par ses pattes et par l'une des extrémités du jas.

Haler le ponton le long du bord, et le placer de manière à ce que l'ancre se trouve au-dessous de la partie des porte-haubans qu'elle devra occuper, et que le jas soit sur l'avant, relativement aux pattes.

293. Crocher une forte élingue, en patte-d'oie, au coude de l'ancre et sur la verge, près du jas.

Amarrer une balancine à chaque extrémité des becs et venir les raidir à la jonction des branches de la patte-d'oie, afin que l'ancre puisse être élevée carrément, soit par une des caliornes du ponton, soit par une caliorne de bas mât, frappée sur la grande vergue (**76**), dont on crochera la poulie inférieure sur l'élingue à patte-d'oie.

Aiguilleter la poulie supérieure d'une caliorne de chaloupe sur celui des bas-haubans qui répond le mieux au-dessus de la place que devra occuper le jas ; crocher sa poulie inférieure dans une forte garcette entourant la verge, près du jas.

Disposer une autre caliorne de chaloupe de la même manière pour élever les pattes.

Amarrer un bout de filin à chaque extrémité de la verge, chaque bout sera raidi à l'une des boucles du ponton, et pris à retour.

Crocher la poulie double d'un fort palan au coude de l'ancre, et la poulie simple en un point vers l'arrière du bâtiment en dehors, pour servir de retenue.

Garnir la caliorne du ponton ou celle de la grande vergue au cabestan.

Ranger des hommes sur les caliornes de chaloupe, et sur le palan de retenue.

Exécution.

294. Virer au cabestan, embraquer les caliornes de chaloupe à mesure que l'ancre s'élève, et filer en douceur les retenues du ponton, jusqu'à ce que l'ancre soit à l'appel de l'appareil; élever l'ancre jusqu'à la hauteur de l'endroit qu'elle occupera dans les porte-haubans; haler alors sur les caliornes de l'ancre; la rapprocher ainsi des porte-haubans et l'introduire entre les caps-de-moutons, en filant convenablement l'appareil et embraquant ou filant le palan de retenue frappé sur le coude, pour porter l'ancre, soit sur l'avant, soit sur l'arrière.

L'ancre devra être placée de telle sorte que sa verge élongera le bord extérieur des porte-haubans; ses pattes seront dans un plan à peu près horizontal; l'une d'elles sera introduite en dedans des caps-de-moutons, et à toucher le bord; et enfin le jas sera dans un plan vertical, passant par le bord des porte-haubans, une moitié en dessus et l'autre en dessous.

L'ancre, étant ainsi placée, sera fixée à demeure, au moyen de ses bosse de bout et serre-bosse, de la manière suivante :

293. Faire dormant à une main de fer placée dans les porte-haubans contre le bord, avec l'un des bouts de la bosse de bout; passer le double successivement autour de la partie du jas qui est au-dessous de la verge et dans la main de fer; arrêter ces tours et conserver assez de bout pour en passer encore plusieurs tours dans la main de fer et autour de la partie supérieure du jas, en ayant soin de placer sur le jas un fort taquet qui leur serve d'arrêt; souquer chacun de ces tours à coups de palan.

Faire dormant avec la serre-bosse à une autre main de fer disposée dans ce but; la faire passer successivement autour du bras extérieur de l'ancre, à toucher le coude et dans la main de fer; souquer chaque tour à coups de palan; les arrêter au moyen d'une bridure.

Si la patte d'en dedans n'entrait pas assez dans les porte-haubans pour que l'ancre se maintînt avec la serre-bosse ainsi passée, on soutiendrait la patte extérieure au moyen d'un arc-boutant reposant par l'une de ses extrémités contre le bord, au-dessous de la patte, tandis que l'autre serait entaillée et soutiendrait le poids de cette patte.

METTRE UNE ANCRE DE VEILLE EN MOUILLAGE SOUS LES PORTE-HAUBANS.

Préparation.

296. Aiguilleter les poulies supérieures de deux caliornes de chaloupe, ou de braguet, sur les deux bas-haubans qui répondent le mieux au-dessus du jas et des becs de l'ancre en question.

Baguer une erse autour de la verge, l'élonger vers la partie du jas qui est en haut et la brider fortement avec lui, à un pied environ de l'extrémité; y crocher la poulie inférieure de l'une des caliornes; baguer une autre erse sur le coude de l'ancre, y crocher l'autre caliorne, frapper la poulie double d'un palan sur le coude et crocher sa poulie simple à quelque distance vers l'arrière et en dehors; embraquer ce palan raide, pour s'opposer à la disposition que pourrait avoir l'ancre de se porter sur l'avant, et conséquemment de s'engager dans les caps-de-moutons, les porte-haubans et dans leurs chaînes; crocher la poulie simple du palan de bout de vergue dans une élingue à patte-d'oie, dont les extrémités sont fixées sur la verge auprès du jas et au coude de l'ancre.

Exécution.

297. Soulager l'ancre au moyen des caliornes; haler sur le bout de vergue pour écarter l'ancre des porte-haubans; maintenir avec le palan de retenue; larguer la bosse de bout et la serre-bosse qui, comme on sait, sont mal disposées pour laisser tomber l'ancre; les amarrer ensuite commodément pour le but qu'on se propose ; mollir les caliornes de manière à abandonner pour un instant l'ancre sur ses bosses ; larguer alors la bridure faite sur le jas, et brider au contraire l'erse qui est baguée sur le coude, sur le bras d'en dedans de l'ancre ; embraquer les caliornes ; puis plus tard les mollir en douceur ainsi que la bosse de bout et la serre-bosse, et enfin tenir bon lorsque l'ancre aura pris la position exigée au-dessous des porte-haubans.

Défrapper les caliornes, débaguer les erses et se tenir prêt à mouiller.

OBSERVATIONS.

Si l'ancre était établie sur des arcs-boutants, elle pourrait être mouillée sans autres dispositions préparatoires que celles de couper les bridures ; l'établissement des ancres de veille sur arcs-boutants est donc préférable.

MOUILLER UNE ANCRE DE VEILLE DISPOSÉE A CET EFFET SOUS LES PORTE-HAUBANS.

Exécution.

298. Dédoubler la bosse de bout et la serre-bosse ; se tenir prêt à les larguer toutes deux ensemble par le dormant, et avoir deux haches prêtes à couper l'une et l'autre, si cela était nécessaire pour que l'ancre fût abandonnée en même temps par elles.

S'il y avait du roulis, on attendrait, pour mouiller l'ancre, que le bâtiment tombât du bord où se trouve l'ancre, et cela afin qu'elle ne heurtât pas le bord de tout son poids.

ÉTALINGUER UN CABLE.

Préparation.

299. Prendre le bout du câble en question par le grand panneau, en monter la quantité suffisante, et présenter le bout à l'écubier.

Passer un bout de filin, qui prend alors le nom de *vérine*, par l'un des sabords du gaillard, un peu sur l'arrière du bossoir, de l'arrière à l'avant ; le diriger directement vers l'écubier, l'y introduire et le faire élonger le câble vers l'arrière, jusqu'au grand panneau à peu près, et enfin faire des bridures de distance en distance jusqu'au bout du câble, où on le bridera un peu plus solidement.

Ranger des hommes sur la vérine.

Exécution.

300. Haler sur la vérine jusqu'à ce que le bout du câble soit introduit dans la cigale de l'ancre ; larguer la première bridure ; haler de nouveau sur la vérine, et conduire en même temps le bout du câble sur le gaillard par-dessus le bossoir ; larguer les bridures à mesure qu'elles arrivent à la cigale ; cesser de haler la vérine aussitôt que, par elle, on aura obtenu une quantité suffisante de câble sur le gaillard pour faire un nœud de bouline autour du double du câble.

Faire un nœud de bouline qui, alors, prendra le nom d'étalingure ; souquer les tours à coups de palans ; faire plusieurs bridures, et enfin embraquer le câble en dedans par l'écubier, jusqu'à ce que l'étalingure ait couru à toucher la cigale.

301. A environ dix ou douze brasses du bout, le câble est entouré de toile goudronnée, pour préserver l'étalingure et la partie du câble la plus exposée au frottement sur le fond, ou celle qui reste exposée à l'air lorsque l'ancre est au bossoir.

ÉTALINGUER UN CABLE-CHAINE.

302. Même moyen pour amener le bout de la chaîne près de la cigale ; puis passer tout simplement un boulon dans le maillon qui entoure la cigale, et l'y fixer au moyen d'une cheville ou d'une clavette.

PRENDRE UNE BITTURE ET LE TOUR DE BITTE.

303. Haler sur le pont de la batterie où se manœuvrent les câbles la quantité de câble ordonnée pour la bitture. Cette opération se fait en envoyant quelques hommes dans la cale, lesquels soulagent le câble à mesure que d'autres hommes halent sur un filin frappé sur le câble, le plus bas possible, au moyen d'un nœud d'anguille ; puis, quand le nœud est arrivé à la hauteur de l'hiloire du panneau, y donner du mou et l'affaler plus bas pour haler de nouveau.

D'autres hommes lovent le câble sur le pont à mesure qu'on le hale de la cale ; la partie du câble qui vient directement de l'écubier doit former le plet le plus en abord ; il retourne ensuite vers l'avant, en touchant le premier plet, mais en dedans, et revient vers l'arrière en dedans du précédent, et ainsi de suite.

On prend ensuite le tour de bitte de la manière suivante :

304. Placer beaucoup d'hommes sur l'arrière de la bitte et presqu'à la toucher, lesquels s'emparent du dernier plet du câble qui s'y trouve et l'élèvent à force de bras pour le capeler par-dessus la tête de la bitte, de manière que la partie du câble qui retourne vers la cale soit en dessus de la traverse de la bitte et en dehors du montant de bitte, mais à le toucher.

305. Aiguilleter sur le câble une ou deux des bosses placées à demeure à quelque distance en arrière des bittes. L'usage de ces bosses est d'empêcher le câble de filer au-delà de la bitture. Celles de l'avant de la bitte ne sont mises en place que quand le bâtiment est à la longueur de sa touée. Leur utilité est de diminuer un peu l'effort du câble sur la bitte, et surtout de le retenir lorsqu'on décapelle le tour de bitte.

Les bosses à cul-de-porc placées sur l'avant de la bitte ne sont pas suffisantes dans toutes les circonstances ; à bord de quelques bâtiments, on y a ajouté une forte bosse à fouet, de la grosseur d'une aussière et de quatre à cinq brasses de longueur, selon la force du bâtiment. Cette bosse est ainsi disposée : elle fait dormant au taquet de bitte, un peu sur l'avant du traversin et plus bas que lui ; revient passer sous le traversin, entoure le câble de dessous en dessus, à toucher l'arrière de ce même traversin ; puis revient sur l'avant, en passant de nouveau sous le traversin, et se fouette enfin sur le câble.

Un câble-chaîne serait retenu avec des bosses semblables.

306. S'il s'agissait d'établir des bosses cassantes, on ferait dormant, avec le bout de filin que l'on destine à cet usage, à une boucle placée sur le pont, et l'on amarrerait l'autre sur la partie du câble qui doit filer ; on mettrait autant de bosses semblables qu'il serait nécessaire pour l'objet qu'on se propose. L'usage de ces bosses est d'amortir momentanément l'aire du bâtiment : la bitte et le câble en souffrent d'autant moins, lorsque le bâtiment vient à faire tête.

FILER DU CABLE.

Préparation.

307. Lever les bosses frappées sur l'avant de la bitte ; dédoubler l'aiguilletage de celles placées sur l'arrière ; haler dans la batterie la quantité de câble que l'on est dans l'intention de filer ; placer des paillets autour de la partie du câble qui devra se trouver dans l'écubier ; frapper la poulie supérieure d'une caliorne sur le câble, près du grand panneau ; crocher sa poulie inférieure dans une boucle voisine, sur l'arrière de la première et très près, de manière que, le garant étant embraqué, les deux poulies soient à peu près à joindre ; prendre le garant à retour.

Exécution.

308. Donner du mou dans les aiguilletages des bosses de l'arrière et dans celle à fouet ; être prêt à les souquer au premier ordre ; filer le garant de la caliorne à retour ; faire aussi courir le câble sur la bitte très doucement et sans s'arrêter, afin d'éviter autant que possible que le câble soit dans l'obligation de résister à une secousse provoquée par la vitesse du bâtiment, culant à l'appel de son ancre, et amarrer définitivement les bosses de l'avant et de l'arrière de la bitte dès qu'une quantité suffisante du câble aura été filée.

FILER DE LA CHAÎNE.

309. Haler les palans crochés sur les cous-de-cygne, de manière à presser la chaîne le plus possible ; tenir les garants à retour ; larguer toutes les bosses qui sont sur la chaîne, en observant de larguer celles placées sur l'avant de la bitte les premières ; choquer les garants des palans des cous-de-cygne seulement de la quantité nécessaire pour livrer passage à la chaîne, mais avec frottement. Avoir toujours des hommes rangés sur ces mêmes garants, prêts à les embraquer pour presser fortement la chaîne au premier ordre, puis amarrer toutes les bosses dès qu'une quantité suffisante de la chaîne aura été filée.

Si on ne possédait pas de linguet Béchameil et qu'on doutât de la puissance des cous-de-cygne ou de toute autre installation établie à bord dans le même but, il faudrait établir une caliorne comme il a été dit (n° 307).

310. Si l'on possédait un linguet Béchameil, on l'élèverait d'abord à toucher le pont supérieur, et l'on se tiendrait prêt à l'abandonner à son poids, si l'on craignait que les cous-de-cygne fussent insuffisants.

LEVER UNE GROSSE ANCRE AVEC LE BATIMENT, LA METTRE AU BOSSOIR.

Préparation.

311. Affaler le garant du capon jusqu'à ce que le croc de la poulie soit près de la flottaison ; affaler les garants de la candelette de misaine jusqu'à ce que sa poulie inférieure soit à la hauteur des bastingages ; disposer la traversière afin qu'elle soit prête à crocher sur les pattes ; envoyer un bout de filin sur la bouée pour l'obliger à venir du bord de l'ancre.

312. Prendre l'un des bouts de la tournevire venant de la cale ; l'envoyer, par tribord, par exemple, passer sur l'avant du mât de misaine ; le faire revenir par bâbord vers l'arrière, l'entourer autour du cabestan par trois ou quatre fois, pour enfin l'aiguilleter avec l'autre bout à tribord : à cet effet, chacune des extrémités porte un œil. Frapper quelques bonnes garcettes entre la bitte et l'écubier, sur le câble et sur des pommes de la tournevire, à les toucher ; embraquer la tournevire à la main, en allant vers l'arrière, et faire courir les tours sur le cabestan.

Armer assez d'hommes de garcettes pour qu'il y en ait toujours à toutes les pommes comprises entre l'écubier et le grand panneau.

313. Disposer des hommes dont la destination sera de conduire et lover le câble, s'il est en chanvre, et de le conduire au puits, s'il est en fer ; dans ce cas, ces hommes seront pourvus de crochets à longues tiges. D'autres hommes, placés à tribord, devront conduire la tournevire sur l'avant, à mesure que ceux placés au cabestan feront force.

314. Si l'on avait des raisons de craindre que l'ancre fût très difficile à déraper, on tiendrait sous la main ce qui serait nécessaire pour faire marguerite (**525**), ou bien l'on élongerait à l'avance les caliornes de bas-mât dans la batterie. Les poulies supérieures seraient près de l'écubier, pour les aiguilleter sur le câble, au besoin ; tandis que les poulies inférieures seraient crochées ou prêtes à l'être à de fortes boucles, près du grand panneau.

315. Si le câble était entouré de vase ou d'un limon gras, on pourrait craindre que les garcettes courussent ; alors on jetterait du sable sur le câble, à mesure que l'on frapperait les garcettes.

Exécution.

316. Virer au cabestan, larguer toutes les bosses et décapeler le tour de bitte aussitôt que la tournevire supportera l'effort du câble ; continuer à virer et déraper avec le cabestan, si la chose est possible ; sinon, employer successivement les moyens suivants.

317. Embraquer l'orin raide à la main; y crocher, le plus près de l'eau possible, la poulie de capon.

Ranger des hommes sur le garant, et faire force en même temps sur celui-ci et le cabestan.

318. Conjointement avec le premier moyen (**317**), faire force sur les caliornes, disposées comme il a été dit (**314**).

319. Faire marguerite, et en user avec le premier moyen (**317**), s'il est nécessaire.

320. Si l'on est dans un pays de marée, profiter de l'époque du flot; bosser le câble bien solidement, dès qu'on ne pourra plus en avoir, et attendre l'effet de la mer montante, qui ne manquera pas d'être efficace.

321. Si l'équipage est nombreux, faire passer tout le monde derrière, après que le câble aura été bossé solidement.

Chacun de ces moyens, ou quelques-uns employés ensemble selon la circonstance, ne manqueront pas de déraper l'ancre.

322. Aussitôt qu'il en sera ainsi, le cabestan seul devra suffire; on larguera donc tous les apparaux dont on se sera servi, et l'on virera l'ancre jusqu'à ce que la cigale soit à hauteur de l'eau : alors, crocher et haler le capon, jusqu'à ce que la poulie touche le bossoir; passer la bosse de bout, haler l'orin en dedans, crocher la traversière, y crocher la candelette de misaine, la haler jusqu'à ce que les pattes soient suffisamment élevées, passer la serre-bosse et décrocher la poulie de capon et la traversière.

Ce qui vient d'être dit s'applique à un câble-chaîne aussi bien qu'à un câble en chanvre.

Si l'on était pourvu d'un linguet Béchameil, et que l'on virât sur une chaîne, on abandonnerait le linguet sur la chaîne, dès en virant; il en résulterait que chaque maillon de la chaîne, une fois rentré, le serait définitivement, puisque le linguet s'opposerait à son retour en dehors.

Le bienfait de cette machine se fait surtout sentir lorsque les mouvements de tangage sont forts, et lorsque l'on est au moment de déraper : en pareille circonstance, si l'on ne possédait pas de linguet, l'effort des hommes sur le cabestan s'opposerait vainement à un retour sur lui-même, qui produirait deux résultats fâcheux :

1° La perte d'un certain nombre de maillons précédemment embraqués ;

2° Il pourrait arriver que, par un retour toujours violent du cabestan, les hommes qui sont aux barres fussent rejetés au loin et peut-être blessés.

FAIRE MARGUERITE.

323. Cet appareil se frappe sur le câble, quand l'effort du cabestan est insuffisant pour déraper l'ancre ; on le compose avec deux poulies de guinderesse de mât de hune et une guinderesse.

Il s'exécute de la manière suivante : crocher l'une de ces poulies à une forte boucle, un peu sur l'arrière du grand panneau ; frapper l'autre sur le câble, à quelques pieds en avant de la bitte.

Fouetter l'un des bouts de la guinderesse sur le câble, un peu en avant de la poulie déjà frappée ; passer l'autre bout dans la poulie crochée derrière, à une boucle, et de dehors en dedans ; le faire retourner sur l'avant ; passer dans la poulie frappée sur le câble, de dedans en dehors, et enfin l'envoyer derrière garnir au cabestan.

ÉLONGER UNE ANCRE A JET ; LA MOUILLER.

PREMIER MOYEN.

Préparation.

324. Haler le grand canot ou la chaloupe sous le porte-haubans où est placée cette ancre ; y embarquer l'ancre de la manière suivante :

Fouetter deux forts palans sur les deux galhaubans de hune,

les plus immédiatement placés au-dessus des becs et du jas
de l'ancre ; baguer une erse au diamant de l'ancre, et l'autre à
la patte la plus en dedans ; y crocher les poulies inférieures
des deux palans ; se servir du palan de bout de vergue, que
l'on crochera sur le bec, pour écarter l'ancre du bord ; embraquer tous ces palans raides et larguer les saisines de l'ancre ;
puis l'affaler dans l'embarcation, où on la placera de manière
que les deux pattes reposent sur un banc volant ou sur un marchepied que l'on aura mis en travers sur les fargues, un peu sur
l'arrière du banc le plus près de la chambre. La verge s'élongera vers l'arrière, dans le sens de la quille, et la cigale débordera l'arrière du couronnement.

525. L'ancre étant placée dans l'embarcation, faire basculer
le jas, s'il est en fer, afin qu'il prenne une position verticale,
et l'y assujétir au moyen d'une clavette.

Frapper le bout de l'orin sur la cigale ; élonger le double
vers le coude ; l'y brider à ce point, et à deux ou trois autres
intermédiaires ; le lover sur l'avant de l'embarcation, à partir du
double ; aiguilleter la bouée sur le bout, et retourner la glaine.

Faire dormant avec une garcette à une boucle au fond de
l'embarcation, et amarrer l'autre bout, en l'embraquant raide,
sur le bec placé du bord où on jettera l'ancre, afin de l'obliger
à basculer.

526. Faire passer le grelin par l'écubier ou par-dessus le
bord ; l'envoyer dans l'embarcation, où on l'amarrera sur la
cigale, au moyen d'un nœud de grapin ; le lover en tout ou
en partie, selon les besoins, dans la chambre, à grand pli et
par-dessus l'ancre.

Armer les avirons et placer quelques hommes dans les plis
du grelin, pour le filer quand il en sera temps.

Exécution.

527. Ordonner à l'embarcation de nager vers un point ou
dans une aire de vent indiqués, filer le grelin du bord à mesure

qu'elle s'en éloigne. Si le grelin n'y est pas embarqué, filer du canot, dès que du bord on en donnera l'ordre, et jeter l'ancre à la mer dès que tout le grelin sera filé. A cet égard on agira de la manière suivante :

528. Soutenir l'embarcation à force de rames, pour dériver le moins possible; avoir soin que la partie de l'orin qui va de l'ancre jusqu'à la bouée placée sur l'avant soit en dessous des avirons, puis à force de bras et d'anspects faire basculer l'ancre par un des côtés du canot; cesser alors de nager; prendre le double de l'orin dans un des daviers, et oringuer l'ancre, c'est-à-dire, s'assurer si l'ancre est bien mouillée, ou en d'autres termes, si les pattes sont dans un plan vertical; abandonner la bouée, et revenir à bord avec l'embarcation.

Garnir le grelin au cabestan, ou l'embraquer à bras de la quantité nécessaire, et l'amarrer ensuite.

DEUXIÈME MOYEN.

Préparation.

529. Mettre l'ancre dans le grand canot ou dans la chaloupe, comme il vient d'être dit; frapper l'orin, lover tout le grelin dans la chambre de l'embarcation, étalinguer le dernier bout.

Exécution.

Nager vers le point ordonné, ou faire remorquer l'embarcation; puis, une fois rendu au point voulu, éviter le canot l'avant vers le bâtiment, laisser tomber l'ancre, et nager vers le bord en-filant le grelin, dont on amarrera le bout à bord. Opérer ainsi est ce qu'on appelle *mouiller une ancre en créance.*

LEVER UNE ANCRE A JET, LA METTRE A POSTE.

Exécution.

550. Mettre dans le grand canot ou dans la chaloupe de forts palans et quelques garcettes; diriger cette embarcation sur la

bouée de l'ancre à je**s'**emparer de la bouée, en larguer l'aiguilletage; capeler le double de l'orin dans le davier de l'arrière; l'embraquer raide à la main, puis y fouetter la poulie supérieure de l'un des palans; crocher sa poulie simple à une
boucle fixée à l'avant de l'embarcation.

Peser sur le garant de ce palan jusqu'à ce que l'orin fasse
beaucoup de force; frapper alors le second palan de la même
manière, et agir ensemble sur ces deux palans; déraper ainsi
l'ancre, et continuer à reprendre successivement les palans,
en observant de les frapper de manière à ce que l'on puisse
toujours agir sur l'un d'eux; amener le coude de l'ancre près
du davier; larguer cette première bridure; peser sur les palans, et mettre ainsi la deuxième bridure à toucher le davier;
amarrer alors un bout de filin sur chacun des becs pour servir
de balancines, car sans elles l'ancre pourrait incliner d'un
bord ou de l'autre; continuer à peser sur les palans; puis
à force de bras, et en contretenant les balancines, on parviendra à la faire basculer dans l'embarcation : pendant tout ce
temps, haler à bord sur le grelin, et conduire l'embarcation
sous le porte-hauban qui doit recevoir l'ancre; retirer la clavette qui traverse le jas, et l'élonger dans le sens de la verge;
mettre l'ancre dans le porte-hauban, en se servant des moyens
employés pour l'amener dans l'embarcation; l'y fixer par des
saisines, et détalinguer le grelin.

531. Si la chaloupe était pourvue d'un davier faisant arc-
boutant et mobile autour du pied, reposant sur un point fixe
au fond de la chaloupe, il serait bridé à peu près par son milieu contre la traverse de la chaloupe pendant que l'on lève-
rait l'ancre; mais on larguerait cette bridure dès qu'il s'agirait
de la faire basculer, ce qui deviendrait facile, puisqu'à force
de bras, et d'un bout de filin venant de l'avant s'amarrer sur le
davier, on élèverait l'ancre au-dessus de la chaloupe, pour ensuite l'y faire reposer.

ÉLONGER UNE ANCRE DE BOSSOIR AVEC LA CHALOUPE; LA MOUILLER.

Préparation.

532. Haler la chaloupe sur l'avant, l'y placer, si l'état de la mer le permet, de telle sorte qu'en se maintenant sur une amarre venant du beaupré, l'arrière soit un peu plus sur l'avant que l'aplomb du bossoir.

533. Filer la serre-bosse à retour jusqu'à ce que l'ancre soit à l'appel du bossoir; dépasser la serre-bosse.

554. Crocher le capon, l'embraquer raide; amener l'ancre sur la bosse de bout et sur le capon, jusqu'à ce que la surface inférieure du jas soit très peu au-dessus du couronnement de la chaloupe; faire alors un amarrage appelé *cravatte,* au moyen d'un fort bout de filin que l'on passe successivement autour de la verge de l'ancre, à toucher le jas, et d'une forte traverse placée immédiatement au-dessous du davier; brider tous ces tours entre eux.

535. Prendre l'orin à partir des pattes, l'élonger le long de la verge, l'introduire dans le davier, et l'amarrer raide et solidement au grand bau de la chaloupe; lover le reste sur l'avant de la chaloupe, et aiguilleter la bouée, si elle ne l'était pas d'avance.

536. Mettre assez d'hommes dans la batterie pour refouler le câble en dehors de l'écubier, tandis que d'autres le recevront dans la chaloupe, et l'y loveront en faisant les plus grands plets possibles.

537. Armer toutes les embarcations; quelques-unes auront pour mission de remorquer la chaloupe sur le point ou dans l'aire de vent indiqués, les autres soutiendront le poids du câble entre le bord et la chaloupe, à mesure que celle-ci l'aura filé.

Exécution.

538. Donner l'ordre aux embarcations qui remorquent la

8

chaloupe de nager avec force, en se dirigeant vers le point indiqué ; filer le câble du bord, puis de la chaloupe aussitôt qu'elle en recevra l'ordre ; faire soutenir le poids du câble par des embarcations intermédiaires, lesquelles le bosseront le long du bord avec des bouts de filins toujours prêts à larguer.

559. Mouiller l'ancre lorsque la chaloupe aura filé dehors tout le câble qu'elle contenait, et à cet égard agir de la manière suivante :

540. Soutenir la chaloupe par les embarcations qui la remorquent, afin de dériver le moins possible ; couper la cravatte, ce qui fera basculer l'ancre ; puis larguer l'orin amarré au grand bau, après avoir préalablement jeté la bouée et la partie de l'orin comprise entre le grand bau et l'avant ; s'emparer de nouveau de l'orin, l'introduire dans le davier ; oringuer l'ancre, puis l'abandonner, et retourner à bord avec les embarcations.

541. Virer le câble au cabestan au moyen de la tournevire, l'embraquer autant qu'on le jugera convenable, prendre le tour de bitte, et frapper les bosses.

OBSERVATIONS.

542. S'il ventait un peu ou si on agissait contre un courant un peu fort, il deviendrait difficile de remorquer la chaloupe dans l'aire de vent indiquée ; alors, on élongerait une ancre à jet dans la direction voulue, et au-delà du point où on voudrait laisser tomber l'ancre de bossoir. La chaloupe se pommoyerait sur le grelin de cette ancre à jet, et le reste de l'opération s'exécuterait comme il a été dit (**558**).

DÉRAPER UNE ANCRE DE BOSSOIR AVEC LA CHALOUPE ;
LA METTRE AU BOSSOIR.

Préparation.

543. Armer la chaloupe de son équipage et de quelques hommes en supplément ; y embarquer ses caliornes et de bonnes garcettes.

Garnir la tournevire au cabestan (312) pour embraquer le câble, ou disposer des vérines si l'on pense qu'elles pourront remplir ce but.

344. Diriger la chaloupe sur la bouée, s'emparer de l'orin, le capeler dans le davier, l'embraquer raide à la main, puis y frapper les poulies supérieures des caliornes, et crocher les poulies inférieures dans des boucles placées à cet effet sur l'avant.

Ranger tous les hommes sur les garants de ces caliornes.

Exécution.

345. Peser sur les deux caliornes, déraper ainsi l'ancre, et continuer à les peser, pour élever l'ancre au-dessus du fond; puis bosser l'orin prêt à abandonner l'ancre lorsqu'on en donnera l'ordre; défrapper les caliornes.

346. Avertir à bord dès que l'ancre sera dérapée; virer au cabestan ou haler sur les vérines, pour rentrer le câble en dedans, ce qui en même temps amènera la chaloupe près de l'écubier; embraquer alors le câble bien raide; le bosser, puis ordonner à la chaloupe de lever la bosse frappée sur l'orin, ce qui fera tomber l'ancre à l'appel de son câble, et assez près de l'écubier; virer de nouveau au cabestan, jusqu'à ce qu'il soit possible de crocher le capon, et enfin mettre l'ancre au bossoir (322).

OBSERVATIONS.

L'opération de lever une ancre de bossoir avec la chaloupe ne peut guère s'exécuter que si le câble est en chanvre; s'il était en fer, il faudrait lever l'ancre avec le bâtiment.

METTRE UNE ANCRE DE BOSSOIR EN GALÈRE.

Préparation.

347. Faire penau de l'ancre en question, larguer l'aiguilletage de l'orin, passer le bout d'un grelin venant de dessus le pont dans une forte poulie coupée aiguilletée au bout du beaupré, et

8..

l'amarrer sur l'un des bras de l'ancre, à toucher les oreilles; puis garnir le double au cabestan des gaillards.

Exécution.

548. Virer au cabestan; choquer la bosse de bout et filer le câble jusqu'à ce que, suspendue par sa patte, l'ancre soit à peu près à toucher le beaupré.

METTRE UNE ANCRE A JET EN GALÈRE.

549. Mettre l'ancre à jet sur le gaillard d'avant, au moyen des palans de bout de vergue et d'étai; fouetter un fort palan sur l'étai de misaine, y suspendre l'ancre par les pattes; passer une aussière dans une forte poulie coupée frappée sur le beaupré; haler sur l'aussière; filer le palan qui tient l'ancre suspendue à l'étai; la faire parer du beaupré et de ses manœuvres, en l'écartant au moyen d'un palan dont la poulie simple sera crochée au coude de l'ancre, et l'autre au bout de la civadière, et conduire ainsi l'ancre jusqu'à ce que sa patte soit à peu près à toucher le beaupré.

AUTRE MOYEN.

550. Élever l'ancre à jet de dessus les porte-haubans, au moyen d'un palan de bout de vergue de misaine; la tenir ainsi suspendue par la patte, sur laquelle sera frappée une aussière ou un grelin servant d'orin, lequel sera ensuite capelé dans la poulie coupée; puis le garnir au cabestan, et virer en mollissant le palan de bout de vergue jusqu'à ce que l'ancre arrive sous le beaupré.

Pour faciliter cette opération, on aurait pu brasser la vergue de misaine de manière à la rapprocher du bout du beaupré.

EMPENNELER UNE ANCRE DE BOSSOIR AVANT DE LA MOUILLER;
MOUILLER CES DEUX ANCRES.

Préparation.

551. Amarrer un second orin sur l'ancre de bossoir que

l'on veut mouiller, puis l'étalinguer, par l'autre bout, dans la cigale d'une ancre à jet placée dans les grands porte-haubans, et du même bord que l'ancre de bossoir. Si l'on devait mouiller par un grand fond, il conviendrait d'employer un bout de filin de la force d'un grelin ou de celle d'un orin d'ancre de bossoir, mais plus long que ce dernier, et cela afin de pouvoir lever l'ancre à jet sans être dans l'obligation de lever l'autre; puis disposer les ancres de manière à ce que rien ne les retienne, au commandement *mouille*.

Exécution.

332. Laisser tomber les deux ancres en même temps, en larguant les bosses de bout et les serre-bosses.

OBSERVATIONS.

333. Si l'ancre à jet est sur l'arrière de l'ancre de bossoir, il conviendra de laisser tomber les ancres en faisant route vent arrière ou largue. Si la disposition des ancres était inverse de celle précitée, il conviendrait de présenter le bâtiment de bout au vent, et de laisser tomber les ancres, en profitant du moment où l'on culerait; en agissant ainsi, on obtiendra que les ancres soient bien élongées sur le fond, et aussi qu'elles soient placées de manière que celle de bossoir soit la plus près du bâtiment.

EMPENNELER UNE ANCRE DE BOSSOIR DÉJA MOUILLÉE.

Préparation.

334. Embarquer l'ancre à jet, garnie de son orin, dans le grand canot ou dans la chaloupe; se diriger sur la bouée de l'ancre de bossoir, larguer l'aiguilletage de la bouée, et étalinguer le même bout d'orin sur l'organeau de l'ancre à jet; lover le reste de l'orin dans le canot.

Exécution.

335. Diriger le canot dans la direction de celle du câble de l'ancre de bossoir, et de manière à s'éloigner du bâtiment; puis mouiller l'ancre à jet dès que l'orin de l'ancre de bossoir sera le plus raide possible.

LEVER DEUX ANCRES EMPENNELÉES.

Exécution.

556. Lever l'ancre à jet comme il a été dit (330); larguer le grelin qui y est étalingué, y aiguilleter une bouée, qui deviendra celle de l'ancre de bossoir, et lever celle-ci comme il a été dit (316 ou 345).

PARER UNE ANCRE SURJALÉE.

Nous supposerons le cas le plus compliqué, celui où, en virant sur le câble, l'ancre arrive à l'écubier les pattes les premières.

Exécution.

557. Crocher le capon dans l'un des bras des pattes de l'ancre, haler le capon; élever l'ancre à toucher le bossoir, où on la maintiendra suspendue par les pattes, au moyen de la bosse de bout; décrocher le capon, et l'affaler pour le crocher dans la cigale de l'ancre; donner du mou dans le câble; dépasser les tours faits autour des pattes et du jas; haler sur le capon et mollir la bosse de bout à retour, ce qui fera basculer l'ancre et la mettra au bossoir dans sa position naturelle. S'il s'agissait de parer une chaîne au lieu d'un câble, l'opération serait la même; elle serait même simplifiée, en ce sens qu'il suffirait de démaillonner la chaîne de dessus la cigale, et de dépasser ensuite tous les tours.

DRAGUER UN CABLE.

558. On connaît toujours la direction dans laquelle est élongé un câble laissé sur le fond, par une circonstance quelconque; on connaît aussi la position de l'ancre par un relèvement : ceci posé, pour le draguer, on agira de la manière suivante.

359. Armer une embarcation un peu forte, y mettre à bord une chatte ou croc à trois branches ; amarrer un bout de filin assez fort et d'une longueur proportionnée à la profondeur de l'eau ; puis se placer à quelque distance du câble, et, sur une ligne perpendiculaire à sa direction, laisser tomber la chatte sur le fond, et nager avec force vers le câble jusqu'à ce qu'il soit rencontré par la chatte, ou jusqu'à ce que l'on ait eu la certitude de s'être dirigé dans une mauvaise direction, auquel cas on recommencerait, en prenant une direction jugée meilleure, jusqu'à ce qu'on ait rencontré le câble ; haler alors sur le bout de filin amarré sur la chatte, jusqu'à ce que, du canot, on puisse s'emparer du câble ; y amarrer un grelin envoyé du bord par l'écubier qui appartient au câble que l'on drague, et virer sur le grelin.

COULER UN MAILLON.

360. Cette opération se pratique lorsque l'on a peu de confiance dans la force de l'orin qui doit servir à déraper une ancre.

Exécution.

361. Envoyer une embarcation sur la bouée, laquelle s'emparera de l'orin et l'embraquera raide ; faire avec le bout du filin que l'on destine pour maillon un grand nœud de bouline, dans lequel on prendra l'orin de l'ancre ; ouvrir le nœud de bouline le plus possible, afin qu'abandonné à son poids et coulant le long de l'orin, il puisse se capeler sous la patte supérieure de l'ancre ; l'embraquer alors, afin de souquer le nœud de bouline sous les oreilles, et déraper l'ancre comme il a été dit (345).

DRAGUER UNE ANCRE.

362. On a recours à ce moyen quand le câble étalingué à une ancre est cassé ou filé par le bout, et que, par une circonstance quelconque, l'orin est cassé ou sur le fond. Si la partie du câble qui est sur le fond présente un développement assez con-

sidérable pour être draguée, on le fera, et l'on retombera dans
le cas (358). Mais nous supposerons le cas le plus grave, celui
où il est inutile de draguer le câble, parce que l'on pense qu'il
s'est cassé près de l'étalingure, et qu'à l'instant de la rupture de
l'orin aucun poids accompagné d'une bouée n'a pu être abandonné sur le fond, pour faire connaître la position précise de
l'ancre. Il ne nous reste conséquemment pour guide que le relèvement au compas, que l'on doit toujours prendre à l'instant
où on laisse tomber l'ancre ; mais comme ce moyen ne fournit
pas une position bien exacte, nous aurons à draguer l'ancre
dans un espace assez considérable.

363. Pour rencontrer l'ancre plus tôt, on a dû faire la remarque de la direction dans laquelle la verge devait être élongée à l'instant de la rupture du câble, et du point vers lequel
devait se diriger la patte supérieure de l'ancre. Ceci posé, on
dispose le petit appareil suivant :

Préparation.

564. Prendre l'une des guinderesses de mâts de perroquets,
y amarrer plusieurs poids à une ou deux brasses de distance les
uns des autres, et de manière à ce que le milieu de la guinderesse en soit pourvu dans une étendue de cinquante à soixante
brasses. Embarquer le tout dans une embarcation bien armée ;
la diriger vers le point présumé où se trouve l'ancre, mais de
manière à rester, autant que possible, du côté vers lequel est
tournée la patte ; donner alors l'un des bouts de la guinderesse
à une autre embarcation, bien armée comme la première, et lui
en faire prendre environ la moitié.

Exécution.

565. Faire nager les embarcations en sens contraire, et filer
la guinderesse également dans chacune d'elles, jusqu'à ce que
les poids reposent tous sur le fond, dans une direction perpendiculaire à celle où l'on suppose l'ancre ; nager ensuite parallèlement vers le même endroit, jusqu'à ce que l'on rencontre

un obstacle, ou jusqu'à ce que l'on pense ne pas avoir dragué dans l'espace convenable; et, dans ce dernier cas, recommencer jusqu'à ce que l'on soit plus heureux.

366. Ayant rencontré l'ancre, faire croiser les deux embarcations, de manière à entourer l'ancre avec la drague; puis réunir les deux doubles de la guinderesse, les embraquer raides à force de palans, et couler un maillon comme il a été dit (**361**), au moyen duquel on lèvera l'ancre.

EMBARQUER UNE ANCRE DE BOSSOIR ET LA METTRE A POSTE
DANS LE GRAND PANNEAU.

Préparation.

367. Nous supposerons que l'ancre est le long du bord, dans un ponton; qu'elle est sans jas et qu'elle repose sur les deux becs et sur la verge.

Le jas aura d'abord été mis en place, pour s'assurer qu'il ne présentera pas de difficultés lorsqu'il s'agira de jaler.

Disposer, avec une des caliornes, un appareil semblable à celui qui a servi à embarquer les canons (**76**).

Aiguilleter l'autre poulie de caliorne sur la cosse de sa pantoire et du bord par lequel on doit hisser l'ancre; la faire répondre directement au-dessus du grand panneau, au moyen d'un fort gui venant du mât de misaine; affaler ces deux caliornes, jusqu'à ce que leurs poulies inférieures puissent être crochées dans deux fortes élingues baguées au coude de l'ancre, de telle sorte que lorsque l'ancre sera suspendue les deux pattes s'élèvent carrément.

Amarrer des retenues sur l'ancre et les tenir à retour sur le ponton, pour contretenir les grands mouvements que pourrait avoir l'ancre quand elle sera soulagée.

368. Garnir la caliorne frappée sur la grande vergue au cabestan, et mettre quelques hommes sur l'autre.

Exécution.

369. Virer au cabestan et embraquer l'autre caliorne à mesure que l'ancre s'élève, puis mollir les retenues du ponton ; élever l'ancre jusqu'à ce que le diamant soit au-dessus du bastingage ; cesser de virer au cabestan, et se tenir prêt à dévirer. Mettre beaucoup de monde sur la caliorne qui répond au-dessus du grand panneau, peser sur cette caliorne et dévirer au cabestan jusqu'à ce que l'on ait amené l'ancre au-dessus du milieu du grand panneau ; dégarnir au cabestan et tenir l'autre caliorne à retour, la mollir ensuite en douceur et sans secousses, affaler et décrocher celle que l'on virait au cabestan ; présenter les pattes dans le sens de l'une des diagonales du panneau, continuer à amener à retour ; diriger la verge le long de l'épontille *arrière* du panneau de la cale ; présenter alors les pattes carrément en travers ; disposer de forts tasseaux au-dessous des becs pour les supporter, et amener l'ancre jusqu'à ce qu'elle y repose, en observant de faire en sorte que le coude de l'ancre soit bien au milieu de l'épontille de la batterie, et que la verge élonge bien celle de la cale ; faire quelques bridures autour de la verge et de l'épontille de la cale, et un bon amarrage en croix, qui prenne le coude de l'ancre et l'épontille de la batterie.

METTRE AU BOSSOIR UNE ANCRE QUI EST A POSTE DANS LE
GRAND PANNEAU.

370. Cette opération se pratique si l'on prévoit que les ancres de bossoir et de veille ne seront pas d'une garantie suffisante pour la sûreté du bâtiment, ou lorsque l'une d'elles, par une circonstance quelconque, aura été perdue.

Le poste occupé par cette ancre rend l'exécution de cette manœuvre, sinon difficile, au moins longue ; elle entraîne préalablement le dérangement de la chaloupe, qui, étant embarquée, a son arrière reposant au-dessus du grand panneau. Il est donc de nécessité absolue de mettre la chaloupe à la mer, si la chose est possible; ou si la mer est trop grosse et si l'on fait route, de la mettre sur l'un des passavants, tandis que préalablement on aura placé le grand canot et la troisième embarcation sur l'autre passavant.

PREMIER MOYEN.

371. Nous supposerons d'abord le cas où l'on est dans l'impossibilité de mettre la chaloupe à la mer, soit parce que l'on fait route, soit parce qu'étant au mouillage, la mer est trop grosse.

Préparation.

372. Mettre le grand canot et la troisième embarcation dans l'un des passavants, et la chaloupe dans l'autre, en se servant des bouts de vergues et palans d'étai.

Disposer une caliorne de bas mât comme il a été dit (**367**); l'affaler jusqu'à ce que la poulie inférieure puisse se crocher dans une élingue baguée sur le coude de l'ancre qui est dans la batterie; garnir son garant au cabestan; virer jusqu'à ce qu'elle soit raide, et larguer alors les bridures qui entourent l'ancre et les épontilles.

Aiguilleter une autre caliorne de bas mât sur la pantoire du mât de misaine qui est du bord où l'on désire envoyer l'ancre; affaler sa poulie inférieure jusqu'au bord du grand panneau.

Disposer un appareil sur la vergue de misaine, au moyen d'une caliorne de bas mât (**76**).

Monter le jas sur le pont, ainsi que les cercles qui doivent servir à lier les deux parties du jas entre elles.

Ranger du monde au cabestan.

Exécution.

373. Virer au cabestan, jusqu'à ce que l'on puisse crocher la caliorne qui vient du mât de misaine; continuer à virer au cabestan; embraquer le mou de la caliorne du mât de misaine; tenir bon au cabestan, dès que le diamant pourra parer le bord du panneau. Haler alors sur la caliorne du mât de misaine et dévirer en douceur le cabestan; amener les deux caliornes en même temps, dès qu'il sera possible de faire reposer l'ancre sur le pont, en avant du grand panneau, et l'y placer de manière que les pattes soient dans un plan vertical et sur l'arrière relativement au diamant; l'accorer, en ayant soin d'élever le diamant sur un massif quelconque, afin de pouvoir jaler l'ancre avec facilité; puis affaler les deux caliornes et les décrocher; mettre le jas en place, et pendant que le charpentier s'en occupe, disposer les palans de la manière suivante.

374. Haler sur le gui de la caliorne du grand mât, de manière à faire correspondre sa poulie supérieure plus en avant que précédemment; crocher sa poulie inférieure dans une erse ou élingue baguée sur la patte supérieure; crocher les poulies inférieures des deux caliornes de misaine dans la cigale, ou dans les erses ou élingues que l'on y baguerait au besoin; prendre le soin de les crocher de telle sorte que la candelette de misaine puisse être décrochée plus tard.

Passer les garants de capon, brasser la vergue de misaine de manière à ce que l'appareil réponde un peu sur l'arrière du bossoir; amarrer raide et solidement les balancines, fausses-balancines, bras, drosses et palans de roulis.

Élever l'ancre au moyen des caliornes; se servir de retenues pour s'opposer aux mouvements violents qui pourraient être occasionés par le roulis ou par l'obligation où pourra être l'ancre de venir à l'appel des caliornes qui la suspendront.

Filer à retour la caliorne du grand mât et haler sur celle du mât de misaine; conduire l'ancre sur ces deux caliornes, jusqu'à ce que ses pattes se trouvent suspendues au-dessus du bastingage; crocher la candelette de misaine dans une erse baguée à la patte, qui devra être en dessus lorsque l'ancre sera au bossoir.

Amener convenablement les deux caliornes, et haler sur la candelette pour que l'ancre prenne une position presque horizontale; amener les deux caliornes jusqu'à ce que la cigale soit au-dessous du bossoir; crocher alors le capon, l'embraquer raide et décrocher les deux caliornes, après avoir cependant passé un tour de bosse de bout par précaution; haler le capon à joindre le bossoir, et enfin amener les becs, au moyen de la candelette, de la quantité suffisante pour passer la serre-bosse.

375. Remettre la chaloupe et les canots en place, en se servant des moyens qui avaient servi à les mettre sur les passavants.

DEUXIÈME MOYEN.

376. Si l'état de la mer permet de mettre les embarcations à la mer, elles seront débarquées, puis on se servira de la caliorne qui répond au dessus du grand panneau pour retirer l'ancre de la cale; la poser sur le pont et mettre le jas en place. Quand cette opération sera terminée, on frappera l'appareil qui est au-dessus du grand panneau et celui qui est sur la grande vergue, dans la cigale de l'ancre, et, à l'aide de ces apparaux, on fera passer l'ancre par-dessus le bord et on l'affalera à la mer, où elle sera prise en cravatte par la chaloupe, qui, après que les apparaux auront été largués, sera halée sous le bossoir. Il suffira alors de crocher le capon dans la cigale pour mettre l'ancre au bossoir.

TRAVAUX DIVERS.

Nous supposerons que tous ces travaux s'exécutent à la mer, et que le bâtiment est tribord amures.

GRÉER LES PERROQUETS.

577. Les vergues de perroquets s'amènent sur le pont ou se hissent à leur place du bord du vent, et sur l'arrière des autres vergues.

578. A la mer, quand les perroquets sont dégréés, on les place sur les drômes, le long des embarcations, où ils sont recouverts de prélars, pour les préserver de la pluie et du frottement : ainsi placés, ils peuvent être indifféremment hissés sans difficultés, quelles que soient les amures. Il n'en serait pas de même si, comme il arrive à bord de quelques rares bâtiments, ils étaient placés dans leurs bas-haubans respectifs : dans ce cas, si l'on changeait d'amures, on serait dans l'obligation de les envoyer d'abord sur le pont, puis de l'autre bord, ce qui ne se ferait pas sans quelques difficultés, que l'on éviterait en les mettant sur les drômes. Les perroquets placés dans les haubans présentent encore l'inconvénient de fatiguer considérablement les haubans qui les retiennent, pendant les forts mouvements de roulis. Nous conseillons donc de ne les placer jamais que sur les drômes.

L'opération étant la même pour chaque perroquet, nous nous occuperons d'un seul.

Préparation.

579. Envoyer le perroquet dont il s'agit, à force de bras, près du mât où il doit être hissé; l'élonger dans le sens de la quille, le bout qui doit monter le premier répondant à peu près sous la hune. Pour le cas qui nous occupe, c'est le bout de babord qui monte le premier.

Envoyer le bout de la drisse sur le pont, en descendant sur l'arrière des vergues à tribord, et sur l'avant de la hune; l'amarrer sur la cosse, dont l'estrope est baguée dans ce but au milieu de la vergue; élonger le double vers le bout qui doit monter le premier; le brider avec la vergue aux deux tiers du bout environ.

580. Sur le bout qui doit monter le dernier, amarrer un bout de filin qui servira à modérer les balancements du perroquet pendant le temps qu'il sera suspendu par sa drisse. Ce bout de filin passera dans une poulie de retour sur le pont, sera embraqué raide et pris à retour, pour ne le filer qu'à la demande de la drisse.

Passer les capelages des bras et balancines de babord à tribord, et sur l'avant de tout, placer deux gabiers, pour les capeler quand il en sera temps.

Affaler les capelages des bras et balancines de tribord dans les haubans de hune à tribord, et à la hauteur de la vergue de hune environ; y placer deux gabiers pour les capeler quand il en sera temps.

Placer quelques gabiers dans la hune, lesquels devront d'abord faire parer le perroquet de la hune; puis placer des hommes sur les balancines, pour haler celle de tribord et filer celle de babord en temps opportun.

Ranger des hommes sur la drisse.

Exécution.

581. Haler sur la drisse, jusqu'à ce qu'à l'aide des hommes qui sont dans la hune et sur les barres, le bout de babord soit élevé de deux ou trois pieds au-dessus des barres; avoir soin de ne filer la retenue qu'à retour, afin qu'étant bien raide, la vergue soit contrariée dans les mouvements de balancements qui proviendraient du roulis.

La vergue étant à cette hauteur, la placer par le travers, et si les roulis sont considérables, la brider provisoirement aux barres et dans les haubans de hune. Dévirer la vergue, la toile en dessus et tournée un peu vers l'avant; capeler alors les bras et balancines, en ayant soin de ne pas faire de tours, et veiller à ce que les capelages soient bien dévirés, relativement à la manière dont ils devront appeler lorsque la vergue sera en croix.

La vergue étant capelée, embraquer raide la balancine de tribord, tandis que l'on n'embraquera que le mou de celle de babord.

Haler sur la drisse, et veiller à ce que la balancine de tribord soit toujours maintenue raide pendant que l'on hisse, afin d'éviter que la vergue ne se décapelle; faire déborder des barres.

Larguer la bridure ou genope lorsqu'elle arrivera à la hauteur du chouque, et pour cela cesser de hisser pendant un instant; haler de nouveau sur la drisse, mollir la balancine de babord et haler celle de tribord; haler aussi sur le bras de babord et mollir celui de tribord, ce qui, en même temps, élèvera la vergue à son poste et la croisera.

Faire le racage, dresser le perroquet sur ses bras et balancines, et garnir la voile de ses écoutes, cargues et boulines.

582. Si les mouvements du bâtiment étaient très forts et qu'on doutât de l'efficacité de la retenue dont on s'est servi, l'opération serait la même, avec cette différence qu'on hisserait le perroquet le long du galhauban de hune du vent le plus en avant, en l'y fixant par son racage; ce qui obligerait la vergue à le suivre jusqu'aux trélingages des haubans de hune.

OBSERVATION.

583. L'exécution de cette opération sur rade est la même que celle qui vient d'être décrite, si la mer est grosse; mais si la mer est belle, on néglige toutes les précautions dont il a été question, et on hisse le perroquet sur l'avant des basses-vergues et des vergues de hune. On obtient, par-là, deux avantages : le premier, c'est qu'en par-

courant cette route, les vergues de perroquet sont moins sujettes à s'engager; le second, c'est que le brassiage des vergues n'a pas été dérangé.

DÉGRÉER UN PERROQUET.

Préparation.

384. Larguer et défrapper les écoutes, les cargues, et les boulines; les amarrer sur les barres; élonger le double de la drisse vers le côté babord de la vergue; le brider avec cette dernière, un peu en dehors des haubans de perroquet.

Envoyer de dessus le pont un bout de filin que l'on ira amarrer directement sur l'extrémité tribord de la vergue, en le faisant passer sur l'arrière des vergues, sur l'avant de la hune et des barres, et dont le but sera de servir de retenue et de hale-bas en même temps.

Placer des hommes sur la balancine de tribord et sur le bras de babord; ces hommes devront les larguer lorsqu'on apiquera.

Ranger des hommes sur la balancine de babord, sur le bras de tribord, sur le hale-bas et sur la drisse; ces hommes devront haler lorsqu'on apiquera.

Dédoubler le racage, et se tenir prêt à le larguer instantanément lorsqu'on apiquera.

Exécution.

385. Haler en même temps sur la drisse, sur la balancine de babord, sur le hale-bas et sur le bras de tribord; filer la balancine de tribord et le bras de babord, et larguer le racage, ce qui obligera la vergue à prendre une position à peu près verticale.

Amener la drisse à retour et haler toujours sur le hale-bas, tandis qu'au contraire on donnera du mou dans les bras et balancines.

Tenir bon la drisse lorsque la vergue sera suffisamment amenée, pour que l'on puisse décapeler les bras et balancines de babord, et décapeler en même temps le côté de tribord ; puis amener la vergue sur le pont, en ayant soin de la faire parer de la hune, et de haler sur le hale-bas de manière à ce qu'étant toujours raide, il contretienne le perroquet contre les mouvements du roulis ; l'élonger sur le pont et le porter à bras sur la drôme, le long des embarcations, où il sera recouvert d'un prélart.

Défrapper la drisse, l'amarrer contre un bas-hauban, et larguer le hale-bas. *

Si l'on doutait de l'efficacité du hale-bas pour s'opposer à l'effet du roulis sur le perroquet apiqué, on fixerait la vergue contre un galhauban de hune, au moyen de son racage ou de bagues portant une aiguillette, qui, par prévision, tiennent à ce galhauban.

OBSERVATIONS.

586. Cette opération s'exécuterait à l'ancre de la même manière, excepté que les précautions prises pour le roulis seraient inutiles ; mais, pour plus de promptitude, on amènerait les perroquets sur l'avant des vergues. Dans ce cas, ils se placent dans les porte-haubans : le bout qui descend le premier s'y appuie, et l'autre est bridé contre un hauban.

DÉPASSER LES MATS DE PERROQUET.

Avertissement.

587. Quand on dépasse les mâts de perroquet à la mer, il convient de les envoyer sur le pont et de les mettre en drôme, et cela par les motifs qui ont été donnés à l'égard des vergues de perroquet, et de plus, parce que, placés le long des bas-mâts, ils pourraient gêner le brasseyage. Au mouillage, on pourrait, sans inconvénient grave, faire reposer les caisses sur le pont, aux pieds des bas-mâts, et genoper les flèches. Cependant, en agissant ainsi, on n'aurait rempli qu'en partie l'un des buts qu'on se proposait en les dépassant, puisque la surface que ces mâts présenteraient au vent serait à ajouter à l'effort du vent sur la totalité de la masse du bâtiment.

L'opération étant la même pour chacun des mâts, nous nous occuperons seulement du grand mât de perroquet.

Préparation.

388. Carguer et serrer le grand perroquet, s'il est établi, puis envoyer la vergue sur le pont (385). Défrapper la drisse et la passer en guinderesse.

Amener le grand hunier au moins à demi-mât, s'il n'a pas deux ou trois ris pris; car, dans ce cas, il deviendra inutile de l'amener : sa hauteur sera telle alors, que le mât de perroquet pourra passer au vent du racage et à le toucher, sans que la partie de ce mât qui est comprise entre les élongis des barres étrive trop.

Si l'on se trouve dans le cas d'amener le hunier; une fois amené sur le ton, on le brassera le plus possible sous le vent, pour livrer passage à la caisse du mât de perroquet en temps convenable. Les bras et palans de roulis du hunier seront amarrés bien raides.

Fouetter un palan sur chaque galhauban, et crocher la poulie inférieure sur les porte-haubans, le plus près possible du cap-de-mouton qui sert à rider ce même galhauban; fouetter aussi un palan sur l'étai.

Embraquer tous ces palans bien raides et amarrer leur garant sur des cabillots, en dedans, et placer des hommes à chacun d'eux, qui devront les choquer un peu quand on guindera le mât, et les embraquer lorsqu'on le calera.

Larguer les genopes des rides des galhaubans, les affaler; donner du mou dans les haubans de perroquet et dans les balancines.

Donner du mou dans tout le gréement du mât de catacois et de sa voile; en donner aussi dans les drisses de flammes et dans les bras du petit catacois.

Placer plusieurs gabiers sur les barres, lesquels devront alléger toutes les manœuvres qui pourraient s'opposer à l'action de la guinderesse.

Ranger des hommes sur la guinderesse.

Exécution.

589. Profiter du moment où les mouvements de roulis sont les moins violents pour haler avec force sur la guinderesse ; choquer, mais très peu, les garants des palans fouettés sur les galhaubans et sur l'étai ; veiller bien attentivement le moment où un gabier, placé à la clé, avertira qu'il l'a retirée ; amener alors la guinderesse, et haler à mesure sur les palans, afin que le mât soit constamment tenu par ses galhaubans et son étai. S'il survenait de forts coups de roulis pendant que l'on cale le mât, il faudrait cesser d'amener, jusqu'à ce que ces mouvements soient moins considérables.

Tenir des hommes sur la vergue de hune, près des itagues, lesquels feront passer la caisse entre les deux itagues et le mât, puis en dehors du racage et sur l'arrière de la vergue ; continuer à amener le mât jusqu'à ce que la caisse puisse reposer sur la hune, si le mât est à flèche, ou, s'il est sans flèche, jusqu'à ce que l'on puisse brider la caisse sur la vergue de hune ou à l'un des pitons du chouque du bas-mât.

590. Le point important ici est de trouver un point fixe pour la caisse, pendant le temps qu'une partie du mât sera engagée entre les élongis des barres, afin que l'on puisse larguer sans crainte le dormant de la guinderesse.

Pendant qu'on amenait le mât, les gabiers placés sur les barres allégeaient le capelage, afin de lui livrer passage ; ils dépassaient la drisse de catacois et dévissaient le paratonnerre, décapelaient la pomme ou les réas placés pour les drisses de flammes, assujétissaient les capelages de catacois et de perroquet sur le chouque du mât de hune, à mesure que le mât de perroquet s'en dépassait.

D'autres gabiers allégeaient la guinderesse et faisaient parer le mât entre les élongis, lorsqu'il cessait d'amener, par le frottement qu'il éprouve toujours en raison de la direction oblique que l'on est obligé de lui donner, pour envoyer la caisse sur l'un des côtés du mât de hune, afin qu'il puisse parer la vergue et passer par le trou-du-chat.

Le mât étant rendu indépendant de sa guinderesse, larguer le dormant, le dépasser du trou de la cheminée et l'amarrer autour du mât de perroquet, à la hauteur de la noix, au moyen de deux demi-clés qui prennent entre elles le courant de la guinderesse; puis genoper le courant contre le mât, au moyen d'une forte bridure, à deux ou trois pieds de l'extrémité du mât.

Haler sur la guinderesse pour élever la caisse au-dessus de la hune ou larguer la bridure qui la retient; la présenter au dessus du trou-du-chat.

Amener la guinderesse à retour; s'emparer de la caisse aussitôt qu'elle arrive près du pont; la conduire, soit sur l'avant, soit sur l'arrière; continuer à amener jusqu'à ce que le mât élonge le pont. Larguer et dépasser la guinderesse; puis prendre le mât à bras, le placer sur les drômes ou le long des drômes, et l'y brider avec les autres pièces de mâture.

PASSER LES MATS DE PERROQUET.

591. Exécuter cette opération comme il a été dit (95), avec cette différence que, pour contretenir les mâts au roulis et au tangage, pendant qu'on les guinde, on fouettera des palans sur les galhaubans et sur l'étai, à une distance des caps-de-moutons égale à peu près à la hauteur du guindant des mâts de perroquet.

Dès que les mâts seront en clé, on les tiendra, comme il a été dit (103), et l'on passera les guinderesses en drisses de perroquet.

CHANGER UN MAT DE HUNE.

Avertissement.

592. Cette opération ne devient obligatoire que dans le cas où le mât de hune est craqué, ou bien lorsqu'il est rompu.

593. S'il est rompu, un grand désordre doit régner dans la position de tous les débris. L'intelligence et l'expérience peuvent seules guider la personne chargée de mettre sur le pont le mât de perroquet et sa vergue, la vergue de hune, et enfin tout le gréement qui tenait ces mâts. Rien d'absolu ne peut être prescrit à cet égard; nous ne nous occuperons donc que du cas où, le mât étant craqué, il devient nécessaire de le dépasser, pour éviter une plus grande avarie, qui peut entraîner après elle la perte probable de quelques hommes, et en même temps un désordre tel, qu'il faudrait un temps considérable pour y remédier.

Ici se présentent encore deux circonstances :

594. 1°. Celle où l'avarie survenue au mât de hune n'est pas de nature à faire craindre pour la vie des hommes qui iront sur les barres dépasser le mât de perroquet.

595. 2°. Celle où l'avarie peut faire craindre que les hommes qu'on enverra sur les barres soient exposés.

Il est entendu que l'on n'entreprendra immédiatement l'exécution de ce travail que s'il y a nécessité absolue; dans le cas contraire, on profitera d'un moment où la mer sera moins forte.

Nous traiterons d'abord la première circonstance, et nous supposerons qu'il s'agit du grand mât de hune.

CHANGER UN MAT DE HUNE LORSQUE L'ON PEUT ENVOYER DES HOMMES SUR LES BARRES SANS LES EXPOSER.

Préparation.

596. Dégréer la vergue du grand perroquet (385); dépasser le grand mât de perroquet; carguer et serrer le grand hunier (247); amener la vergue du grand hunier sur la hune de la manière suivante :

597. Prendre les boulines du grand hunier par le double, les entourer autour de la vergue en prenant la toile, et y faire deux demi-clés près des points. Ces boulines auront pour destination de haler la vergue de hune sur l'avant, pour la faire déborder du chouque.

Amarrer la toile du fond du hunier sur la vergue, de manière à ce qu'elle ne se déferle pas.

Dédoubler le racage et être prêt à le larguer complétement.

Être prêt à filer les balancines de hune à retour.

Placer un homme à chaque bras du grand hunier pour les filer lorsque l'on halera sur les boulines.

Donner du mou dans toutes les cargues du hunier, les palanquins et les écoutes de perroquet.

Ranger du monde sur les boulines du grand hunier.

Haler sur les balancines et mollir les bras jusqu'à ce que la vergue ait débordé le chouque ; mollir les drisses à retour ainsi que les balancines ; amener ainsi la vergue carrément, jusqu'à ce qu'elle repose sur la hune ; puis la brider sur la latte du premier cap-de-mouton, de chaque bord.

Prendre les dispositions suivantes, quant au mât de hune :

598. Passer la guinderesse, passer le braguet, fouetter des palans sur les galhaubans et sur l'étai et le faux étai ; ajouter à cette mesure de précaution celle de défrapper les écoutes de hune des points de la voile, de les amarrer au capelage et de bien les raidir, pour servir en quelque sorte de faux galhaubans.

Placer des hommes sur tous ces palans et sur les écoutes de hune, pour les mollir pendant qu'on retirera la clé, et les embraquer ensuite, pour faire descendre le mât ; ces mêmes palans serviront aussi à tenir le mât de hune en respect pendant les mouvements du bâtiment.

Carguer et serrer la grande voile (247) ; frapper un bout de filin venant de l'avant sur le milieu de la grande vergue, pour la haler de l'avant lorsqu'il s'agira de livrer passage à la caisse du mât de hune entre elle et le bas mât.

Garnir la guinderesse au cabestan et mettre du monde sur la caliorne de braguet ; donner du mou dans tous les haubans de hune et dans les rides des galhaubans, qui, comme on sait, sont remplacés par les palans; et affaler toutes les manœuvres qui pourraient agir contre l'action de soulager le mât pour retirer la clé.

Larguer les dormants des bras du petit hunier, qui, comme on sait, font dormant au capelage du grand mât de hune, et les amarrer aux pitons du chouque du bas mât, afin de pouvoir manœuvrer la vergue du petit hunier, s'il y a lieu.

Exécution.

599. Si le mât repose sur des leviers, embraquer bien la guinderesse et le braguet, puis haler sur les palans frappés à l'extrémité des leviers; retirer les clavettes, filer les palans, dévirer au cabestan, et amener en même temps, à retour, le garant de la caliorne de braguet.

400. Si le mât repose sur une clé ordinaire, virer sur la guinderesse et haler en même temps sur le braguet. Choquer, mais très peu, les palans fouettés sur les galhaubans et les étais; élever le mât d'une quantité suffisante pour que les gabiers dépassent la clé, puis dévirer au cabestan et filer à retour le garant de la caliorne de braguet : embra quer raide, pendant tout le temps que l'on cale le mât, tous les palans et les deux écoutes de hune; haler la grande vergue sur l'avant, au moyen du bout de filin venant du mât de misaine, et dont il a été question; continuer à dévirer au cabestan; décapeler le braguet, lequel devient inutile dès que la caisse est environ à moitié de la hauteur de la hune, au-dessus du pont. Tenir bon la guinderesse quand les barres reposeront à peu près sur le chouque. Alléger le capelage, afin de faciliter le mât à se dépasser par son poids et l'effort d'un fort palan, dont on frappera la poulie supérieure à la caisse, et dont on crochera la poulie simple au pied du mât. Décapeler le chouque, dès qu'il pourra être atteint par les hommes placés sur les barres; l'envoyer dans la hune et l'y amarrer. Continuer à dévirer, mais tenir bon avant que le tenon du mât se dépasse du trou de la cheminée. Si dans cette position la caisse repose

sur le pont, on larguera de suite le dormant de la guinderesse. S'il en est autrement, on fera supporter tout le poids du mât par deux caliornes de chaloupe, dont les poulies supérieures seront frappées sur les deux haubans d'en avant du grand mât, tandis que les poulies inférieures seront crochées dans une élingue passée dans le trou de la clé du mât de hune : cette disposition permettra encore de larguer impunément le dormant de la guinderesse.

Amarrer solidement sur le chouque du bas mât les barres de perroquet, le gréement du mât de hune et celui de perroquet.

Dépasser les tours de la guinderesse de manière à ce qu'elle reste en simple; faire deux demi-clés sur la caisse du mât de hune avec le bout, les faire courir à toucher le clan dans lequel elle passe. Embraquer la guinderesse raide à la main, la brider solidement, d'abord près de la noix, puis au tenon, et la garnir au cabestan. Virer et élever la caisse de la quantité suffisante pour qu'elle abandonne le pont dans l'un de ces cas, ou que, dans l'autre, on puisse larguer les palans qui supportaient le poids du mât de hune.

S'emparer de la caisse à la main, la porter sur l'avant, dans les passavants, et dévirer en douceur au cabestan, jusqu'à ce que le mât repose sur le pont dans toute sa longueur.

Dépasser aussitôt la guinderesse et s'en servir pour présenter et capeler le mât de hune de rechange, en se conduisant à cet égard comme il a été dit (52 et 59). Quand le mât de hune sera capelé, on le guindera en se servant des moyens de précaution qui ont servi pour le caler, puis on le tiendra définitivement.

On passera et l'on tiendra le mât de perroquet (591), on hissera la vergue de hune à son poste, puis on mettra la vergue de perroquet en croix (581). On n'oubliera pas de rétablir les dormants des bras du petit hunier en temps convenable, et enfin on établira les voiles jugées nécessaires.

401. Si l'on avait seulement pour but de changer les barres de perroquet ou une pièce quelconque du capelage, il suffirait de caler le mât, ce qui se ferait en prenant les précautions qui viennent d'être décrites.

CHANGER UN MAT DE HUNE LORSQUE L'ON PEUT CRAINDRE POUR LES HOMMES QUE L'ON ENVERRAIT SUR LES BARRES.

402. Si le mât de hune était tellement craqué que l'on pût craindre qu'il se rompît pendant l'opération, il y aurait du danger à faire monter des hommes sur les barres. Pour prévenir un inconvénient qui pourrait être la cause de la mort de quelques hommes, on cale le mât de hune (400), sans dépasser le mât de perroquet, jusqu'à ce que la partie endommagée soit au-dessous du chouque. Puis, donnant beaucoup de mou dans tout le gréement du mât de hune et du mât de perroquet, on trévirera le mât de hune suffisamment pour que les barres soient présentées dans le sens de la quille et que la caisse du mât de perroquet se trouve correspondre directement au-dessus du trou-du-chat; ce qui permettra de dépasser le mât et de l'envoyer sur le pont. On continuera l'opération comme il a été dit (399 et 400).

CHANGER UNE VERGUE DE HUNE.

Avertissement.

403. Tous les bâtiments sont pourvus de deux vergues de hune de rechange et de leurs garnitures; elles sont placées en drômes à bord de quelques bâtiments, tandis que d'autres les placent, tribord et babord, le long des grands porte-haubans, et en dehors, où elles reposent sur des mains de fer disposées dans ce but.

404. Il reste à choisir entre ces deux positions, et sans doute que l'on devra prendre celle qui rendra l'opération de les mettre en croix plus facile et plus prompte. Les vergues qui seraient en drômes présenteraient ce dernier avantage; car il est évident que, quel que soit le bord des amures, elles pourraient être mises en place avec facilité; il n'en serait pas de même s'il fallait mettre en croix une vergue de hune qui, étant placée en dehors, le long des porte-haubans, se trouverait du bord de dessous le vent.

L'opération de l'en retirer, s'il s'agissait de la vergue du grand hunier, deviendrait très difficile et surtout très longue; peut-être même serait-on dans l'obligation de carguer la grande voile, circonstance qui deviendrait très fâcheuse si l'on avait intérêt à tenir le vent pour se tenir au vent d'une côte, ou s'il s'agissait de chasser l'ennemi.

405. Quelle que soit la place que les vergues de hune occuperont à bord, il conviendra qu'elles soient garnies, afin qu'un défaut de prévoyance à cet égard ne vienne pas retarder leur mise en place, dans le cas où il faudrait les substituer promptement à celles qui sont en usage. Nous supposerons donc que les vergues de rechange sont garnies et en drômes, et qu'il s'agit de changer la vergue du grand hunier.

Préparation.

406. Carguer et serrer le grand perroquet et le grand hunier; envoyer les bouts-dehors de hune sur le pont; crocher une poulie de guinderesse de perroquet de chaque côté du chouque, y passer des guinderesses de perroquet, que l'on emploiera d'abord pour déverguer le grand hunier, puis pour envoyer la vergue de hune sur le pont : à cet effet, les amarrer l'une à tribord, l'autre à babord de la vergue de hune, à égale distance du milieu, à deux ou trois pieds en dehors des poulies d'itagues; élonger les doubles vers l'extrémité babord de la vergue; les brider tous les deux ensemble et avec la vergue, à peu près à demi-distance du mât à l'extrémité de la vergue; élonger ensuite celui de babord plus en dehors, et le brider avec la vergue à deux ou trois pieds en dedans du capelage.

Dépasser les deux balancines de la vergue du grand hunier des pitons où elles passent dans les porte-haubans; prendre celle de tribord à retour, et placer plusieurs hommes sur celle de babord.

Dépasser toutes les cargues de leurs poulies de conduit de sus-vergue ; on dépassera aussi les écoutes de perroquet et les palanquins.

Larguer le dormant des itagues et les dépasser ; dédoubler le racage ; se tenir prêt à le larguer complétement.

Ranger des hommes sur les deux cartahus, sur la balancine de babord et sur le bras de tribord.

Exécution.

407. Haler en même temps sur les deux cartahus, sur la balancine et un peu sur le bras de tribord, pour obliger la vergue de hune à tomber sur l'arrière de la basse-vergue ; filer la balancine de tribord et le bras de babord ; larguer le racage en bande.

Par l'exécution de ce qui précède, la vergue prendra une position à peu près verticale ; amener alors les deux cartahus à retour, affaler les bras et balancines, et cesser d'amener pendant le temps que l'on sera à décapeler les balancines et à dépasser les bras : on choisit pour cela le moment où le bout de la vergue est près du pont, mais sans le toucher ; puis on continue à amener les deux cartahus jusqu'à ce que la vergue repose sur les passavants dans toute sa longueur ; on largue les cartahus pour les frapper sur la vergue de rechange ; on envoie celle-ci en croix (85), puis on envergue le hunier (258) et on l'établit.

EMBARQUER LA CHALOUPE.

Avertissement.

408. Tout bâtiment qui appareille pour prendre la mer hisse ses petites embarcations à l'extérieur, sous les pistolets ou portemanteaux. La chaloupe, le grand canot et le canot major s'embarquent à bord, et sont placés entre le grand mât et le mât de misaine. Ces embarcations doivent être de dimensions telles, qu'elles puissent entrer les unes dans les autres. On embarque la chaloupe la première, on la fait reposer sur des chantiers; puis le grand canot, que l'on introduit dans la chaloupe, et enfin le canot major, que l'on place dans le grand canot : à cet effet, les baux et les bancs de la chaloupe et du grand canot doivent pouvoir être retirés et mis en place à volonté (*).

409. Les trois embarcations dont il vient d'être question s'embarquent de la même manière, avec cette seule différence que les apparaux dont on se sert sont capables de plus ou moins de force, selon la pesanteur de celle que l'on hisse. Ainsi les bouts de vergues et palans d'étai ordinaires suffiront pour les deux plus petites, tandis que, pour la chaloupe, on sera dans l'obligation d'établir des caliornes sur les basses vergues (**76**).

410. Étant au mouillage, il est à peu près indifférent d'embarquer les canots d'un bord ou de l'autre, et, dans ce cas, il est d'habitude de les hisser par babord.

Cependant si, par le fait d'un courant, le bâtiment n'était pas évité de bout au vent, il conviendrait de faire cette opération par le côté de dessous le vent, parce que la mer y serait certainement plus belle.

411. Étant sous voiles, c'est toujours sous le vent que l'on dispose les apparaux que l'on destine à hisser une embarcation; et, en effet, outre que la mer y est moins forte, elle ne déferle pas ou ne déferle que peu, tandis que, du bord du vent, toutes les lames tendraient à jeter l'embarcation violemment contre le bord. De plus, par suite de l'obligation de mettre en panne pendant l'opération, les basses vergues se trouvent naturellement placées pour le but qu'on se propose.

412. Nous supposerons donc que le bâtiment est en panne

(*) A bord de quelques grands bâtiments, la chaloupe et le grand canot se placent à côté l'un de l'autre.

tribord au vent, et qu'il s'agit d'embarquer la chaloupe et successivement le grand canot et le canot major.

Préparation.

413. Haler la chaloupe sous le vent, par le travers ; lui donner deux bonnes bosses ou amarres, dont une venant de l'avant et l'autre de l'arrière ; mettre tout son armement et son gréement à bord, y laisser quatre chaloupiers qui devront crocher les apparaux en temps opportun, dans de fortes traverses placées à l'avant et à l'arrière de la chaloupe, et qui font partie de sa construction.

Rentrer les canons, qui gêneraient l'opération par leur saillie ; placer des barres de cabestan le long du bord, dans le sens vertical, pour servir de rances.

Mettre les palans d'étai en place (**78**).

Disposer sur chacune des basses vergues un appareil semblable à celui qui sert à embarquer les canons (**76**), avec cette différence que les pantoires seront bridées plus en dehors, afin que la chaloupe soit écartée du bord, quand elle sera suspendue.

Brasser la vergue de misaine de manière que l'extrémité de dessous le vent réponde environ au-dessus de la partie arrière des porte-haubans de misaine.

Brasser la grande vergue de manière que les extrémités des deux basses vergues comprennent entre elles environ la longueur de la chaloupe.

Embraquer et amarrer raides les drosses, les palans de roulis de tribord, les balancines et fausses balancines de babord ; avoir soin de haler sur ces dernières de manière à ce que les vergues soient sensiblement apiquées sur tribord, afin que, lorsqu'elles supporteront le poids de la chaloupe, elles n'inclinent pas vers la chaloupe.

Affaler les poulies inférieures des caliornes et palans d'étai jusque dans la chaloupe ; crocher d'abord les caliornes dans les cosses, puis les palans d'étai.

Ranger beaucoup de monde sur les deux caliornes.

Placer quelques hommes sur les palans d'étai et aussi sur les bosses de la chaloupe : ces bosses sont destinées à modérer les mouvements de la chaloupe vers l'avant ou vers l'arrière.

Exécution.

414. Élever la chaloupe au moyen des caliornes, embraquer seulement le mou des palans d'étai ; tenir les bosses de devant et de derrière bien raides, pour contretenir la chaloupe contre les mouvements de tangage ; agir avec force sur les deux caliornes, afin que la chaloupe arrive le plus promptement possible au-dessus des bastingages ; car, jusqu'à ce moment, il a dû être très difficile d'empêcher qu'elle ne heurte violemment contre le bord ; haler alors les palans d'étai, ce qui appellera la chaloupe à rentrer en dedans ; la faire parer des haubans de misaine, s'il est nécessaire, au moyen de bouts de filin venant de l'arrière.

Mollir les caliornes et haler les palans d'étai, jusqu'à ce que la chaloupe, rentrée complétement en dedans, soit suspendue à l'appel des palans d'étai ; les amener alors, en gouvernant la chaloupe à bras, pour qu'elle repose bien sur ses chantiers ; la fixer solidement au pont, au moyen de saisines à rides, dont on crochera les pantoires à des boucles près des chantiers ; puis affaler et décrocher les apparaux.

Démonter les bancs de la chaloupe et embarquer le grand canot de la même manière, avec cette différence que les palans de bouts de vergues devront seuls suffire. Placer le grand canot dans la chaloupe, l'y accorer, et enfin embarquer le canot major.

Rentrer les bouts de vergues et palans d'étai, se défaire de l'appareil des caliornes et orienter le grand hunier.

MANOEUVRE DES VOILES,

DE BEAU TEMPS ET DE MAUVAIS TEMPS.

BEAU TEMPS.

Avertissement.

415. Nous supposerons que les vergues de perroquet sont en croix, que toutes les manœuvres sont embraquées raides, sans genopes, et qu'elles sent lovées en appareillage.

L'exécution des manœuvres qui vont suivre est supposée se pratiquer de très beau temps.

Chaque manœuvre est précédée d'un commandement d'avertissement dont on fait toujours usage, et qui a pour but d'éveiller l'attention des hommes, et de leur indiquer les postes qu'ils occuperont pour son exécution. Les élèves, les maîtres et officiers mariniers sont chargés de veiller à ce que les hommes soient bien aux postes qui leur sont affectés par les rôles.

Le maître de quart s'est assuré que toutes les manœuvres nécessaires à l'exécution de l'ordre donné sont en main ; il donne un coup de sifflet d'attention, auquel tous les hommes les embraquent raides, et attendent en silence le commandement d'exécution.

LARGUER LES VOILES.

Commandement : *Chacun à son poste, pour larguer les voiles.*

416. A ce commandement, tous les hommes destinés se placeront tribord et babord, par le travers des mâts où ils doivent monter, et près des échelles de revers des bas-haubans, en observant que les gabiers seront à toucher les échelles, les hommes des huniers plus en dedans que ceux-ci, mais à les toucher, et enfin les hommes des basses-voiles à toucher ces derniers. Tous feront face en dehors et se tiendront prêts à monter.

Commandement : *En haut les gabiers.*

417. Les gabiers monteront. Chemin faisant, quatre se détacheront sur les basses vergues, quatre sur les huniers, et quatre sur chaque perroquet. Tous travailleront de leur côté à disposer les bouts-dehors prêts à lever, et dédoubleront les aiguillettes des chapeaux des basses voiles, des huniers et des perroquets.

Commandement : *En haut les huniers* (*).

418. Tous les hommes s'élanceront dans les haubans par les échelles, et monteront le plus lestement possible. Ceux placés aux cartahus des bouts-dehors les pèseront et les amarreront ensuite à un cabillot. Les gabiers qui seront sur les vergues de hune arrêteront leurs bouts-dehors sur les haubans de hune, au moyen d'un tour d'aiguillette (**).

Commandement : *En haut les basses voiles* (***).

419. Ce commandement sera fait lorsque la masse des hommes des huniers sera arrivée à peu près à la hauteur des trélingages, d'où il devra résulter que ceux-ci arriveront à la hauteur des vergues de hune en même temps que ceux des basses voiles arriveront à la hauteur des basses vergues. Tous se répandront alors sur les vergues et s'empareront, dès en arrivant, des jarretières qu'ils démarreront et dont ils tiendront les bouts à la main, prêts à les larguer. Pendant tout ce temps, ils soutiendront la toile sur les vergues, pour qu'elle ne paraisse pas en dessous, et les gabiers qui sont aux fonds disposeront les chapeaux et les rabans qui sont près d'eux.

(*) Pour en haut les hommes des huniers.

(**) Les bouts-dehors ne seront levés en larguant les voiles qu'autant que le but que l'on se propose sera uniquement de les faire sécher.

(***) Pour en haut les hommes des basses voiles.

Commandement : *Larguez*.

420. Les gabiers abandonneront les chapeaux et pousseront la toile des fonds sur l'avant des vergues, tandis que tous ceux qui tiendront les jarretières les largueront en bande, rentreront en dedans et descendront sur le pont le plus promptement possible.

421. *Nota*. Les focs et la brigantine seront disposés à larguer par les gabiers de beaupré et d'artimon, qui n'abandonneront leur toile qu'au commandement : *Larguez*.

BORDER LES HUNIERS.

Commandement : *Range à border les huniers*.

422. A ce commandement, les hommes destinés pour les écoutes se rendront à leur poste; ils les tiendront à la main, en formant deux rangs, de manière que les écoutes soient comprises entre eux, et que, faisant face aux retours, leurs bras soient élongés vers ces points. Un quartier-maître se tiendra près des taquets de tournage pour amarrer quand il sera temps.

Les hommes destinés pour affaler les cargues aux retours se tiendront prêts à les larguer, et regarderont si elles sont lovées de manière à ne pas s'engager dans les poulies pendant l'action.

Un gabier se portera à chacune des extrémités des basses vergues, en dehors de la poulie d'écoute, pour faciliter au besoin l'opération. D'autres gabiers seront sur les vergues de hune pour affaler les cargues, tandis que ceux qui seront dans les hunes seront prêts à pousser les ralingues de fonds sur l'avant des hunes, en temps opportun.

Commandement : *Bordez*.

423. Les hommes placés aux cargues les largueront et les affaleront. Ceux placés aux écoutes feront force ensemble, jusqu'à ce qu'elles soient à joindre, auquel cas chacune des écoutes sera amarrée par le quartier-maître placé près d'elle.

Pendant cette opération, les gabiers auront aussi affalé les cargues et poussé les ralingues de fond sur l'avant des hunes.

HISSER LES HUNIERS.

Commandement : *Range à hisser les huniers.*

424. Tous les hommes, sur deux rangs, se rangeront sur les drisses ; ils se tourneront du côté opposé aux retours et se tiendront prêts à marcher. Un quartier-maître se tiendra près de chaque retour, pour amarrer la drisse lorsqu'il en sera temps.

Des hommes se tiendront près des retours des cargues des huniers, des palanquins et écoutes de perroquet, pour les larguer et les affaler.

Les gabiers tiendront aussi le double des cargues à la main pour les affaler.

Des hommes se tiendront à chaque bras des huniers, près des taquets, pour filer à retour, et, en même temps, ils s'efforceront de maintenir la vergue carrée pendant qu'on la hissera.

Commandement : *Hissez.*

425. A ce commandement, les hommes rangés sur les drisses partiront au pas et ne quitteront la drisse sur laquelle ils se trouveront que pour passer sur l'autre, et revenir avec celle-ci jusqu'au retour de la première ; là ils repasseront sur celle où ils se trouvaient primitivement, et ainsi de suite.

Pendant que l'on hissera, on affalera les cargues et l'on mollira les bras des huniers, en ayant soin de les conserver brassés carrés.

A mesure que les ralingues de chute de chacun des huniers seront raides, on amarrera les drisses.

BORDER ET HISSER LES PERROQUETS.

Commandement : *Range à border et hisser les perroquets.*

10..

426. A ce commandement, des hommes se rangeront sur les écoutes de perroquet, tribord et babord, et sur les drisses.

Les hommes qui se trouveront placés près des retours des écoutes seront chargés de larguer les cargues-points.

Deux gabiers se tiendront sur les barres et affaleront les cargues en temps opportun ; ils seront aussi chargés d'avertir lorsque les écoutes seront à joindre.

Des hommes se tiendront à chaque bras pour filer et maintenir la vergue carrée, pendant qu'on la hissera.

Commandement : *Bordez, hissez.*

427. Peser en même temps sur les drisses et les écoutes ; amarrer ces dernières quand elles seront à joindre, et amarrer les drisses quand les ralingues de chute seront raides. S'il arrivait que les écoutes retardassent un peu, on attendrait qu'elles fussent rendues, avant d'étarquer le perroquet complétement.

HISSER LES FOCS.

Commandement : *Range à hisser tel ou tel foc; hors tel ou tel foc.*

428. On devra border un foc avant de le hisser : on affalera et on dépassera une des écoutes et l'on bordera l'autre ; puis on larguera le hale-bas et l'on pèsera sur la drisse.

BORDER LA BRIGANTINE.

Commandement : *Range à border la brigantine ; bordez.*

429. On halera sur l'écoute, en affalant toutes les cargues ; on l'amarrera lorsqu'elle sera à joindre, puis on embraquera raide le palan d'amure.

BRASSER.

Commandement : *Range aux bras de babord* (par exemple).

430. A ce commandement, les hommes se rangeront sur les bras de babord et sur les boulines de tribord. Des hommes se tiendront à chaque bras opposé, pour les filer à la demande des bras de babord ; ils devront, s'il vente, ne les filer qu'à retour, et au contraire les affaler s'il ne vente que très peu.

Affaler les palans de roulis et drosses, ainsi que les galhaubans volants de babord et les boulines de babord. Mollir un peu les cargues-boulines des basses voiles et les cargues-points du vent, lesquelles, par la position oblique qu'elles prendront, s'opposeront au brassiage.

Commandement : *Brassez*.

431. Tous les hommes agiront ensemble et n'amarreront qu'à l'ordre qu'ils en receveront de la personne qui commande.

AMURER LES BASSES VOILES.

Commandement : *Range à amurer les basses voiles*.

432. Des hommes se placeront aux amures et écoutes pour les haler, d'autres aux cargues pour les larguer et les affaler.

Des gabiers se tiendront sur les basses vergues pour affaler les cargues.

Un quartier-maître se tiendra prêt à bosser l'amure, quand elle sera à joindre, et un autre bossera l'écoüte, quand elle sera suffisamment bordée.

Commandement : *Amurez*.

433. Larguer le grand bras de dessous, la bouline du grand hunier, si elle est halée, et les balancines de basses vergues. Larguer et affaler les cargues partout ; haler sur l'amure jusqu'à ce que l'on reçoive l'ordre de l'amarrer, c'est-à-dire lorsque la ralingue de chute sera raide.

Haler sur les écoutes en même temps que sur les amures, de manière à embraquer le mou, mais à ne pas gêner l'opération d'amurer. Border plus ou moins, suivant l'ordre qu'on recevra, et amarrer ensuite, puis embraquer la balancine du vent et orienter.

Avertissement.

454. Quand on est dans l'intention d'établir les bonnettes, on prévient les gabiers de disposer les amures et drisses de ces voiles; car, jusqu'à ce moment, les amures sont ordinairement lovées aux bouts des vergues; et les drisses sont embraquées à leurs poulies de retour, jusqu'à ce qu'un nœud, fait au bout qui doit être frappé sur la vergue de bonnette, soit arrêté à la poulie crochée au chouque du mât de hune. Mais, à l'instant de s'en servir, les gabiers passent les drisses dans les poulies fouettées aux bouts des vergues, et les affalent ensuite sur le pont, où l'on s'en empare, pour les amarrer sur les vergues de bonnettes. Les gabiers disposent aussi les amures de manière que les bouts qui doivent passer dans les chaumards soient envoyés sur le pont, en dehors des bras, tandis que les autres bouts y arrivent après avoir été passés en dedans des bras.

Les amures et drisses de bonnettes de perroquet sont aussi disposées d'une manière convenable par les gabiers.

Les bonnettes de hune et la bonnette basse sont ensuite portées sur le pont, au-dessous des vergues auxquelles on devra les hisser. Elles portent toutes leurs écoutes avec elles; on y frappe les drisses et les amures, en veillant à ne pas faire de tours; puis on se dispose à pousser les bouts-dehors de la manière suivante:

Installer une guinderesse pour les bouts-dehors de basses-vergues, dont on enverra le courant sur le pont. Ranger du monde sur cette guinderesse, et placer les gabiers sur les vergues de hune en quantité suffisante pour en pousser les bouts-dehors.

Peser sur les guinderesses pour pousser les bouts-dehors de basses vergues, et pousser ceux des vergues de hune à bras. Avoir soin de mollir les amures pendant cette opération, puis lorsque les bouts-dehors auront été poussés suffisamment, les caisses seront bridées contre les vergues.

Après avoir frappé les drisses et amures sur les bonnettes de hune et de perroquet, on les ramassera en rouleau, de telle sorte qu'elles puissent être hissées ainsi et qu'il suffise de couper quelques fils de caret en temps opportun pour qu'elles se développent. Ces dispositions étant prises, on fera le commandement suivant :

Commandement : *Range à hisser les bonnettes.*

455. Des hommes se rangeront sur les drisses et amures.

Commandement : *Hissez.*

456. Les hommes placés sur les drisses agiront ensemble et élèveront les bonnettes jusqu'à ce que les gabiers placés aux bouts des basses vergues puissent s'en emparer et couper les fils de caret qui les maintenaient ramassées. Ils s'empareront aussi de la ralingue de chute d'en dedans, et s'en serviront pour guider les vergues de bonnettes, en arrière de la ralingue de chute, afin d'éviter qu'elles se dépassent sur l'avant des voiles. Pendant le temps que l'on hissera, on embraquera les amures ; les écoutes resteront filées ; puis on étarquera bien, on amurera à joindre, et enfin on bordera.

Quand les bonnettes seront établies, on conservera une des deux écoutes sur l'arrière de la vergue, et l'on dépassera l'autre sur l'avant, pour que celle-ci puisse servir de hale-bas s'il y avait lieu.

OBSERVATIONS.

457. La bonnette basse s'établit en même temps que les autres ; elle se hisse au moyen de deux drisses, sous les dénominations de drisse d'en dedans et drisse d'en dehors. Un lève-nez sert à élever la vergue inférieure au-dessus des bastingages, et à faciliter l'opération de la hisser. Dans ce cas, une patte-d'oie, venant des *chaumards* placés près des échelles d'entrée, vient s'amarrer sur la vergue. On pèse donc en même temps sur les deux drisses et sur le lève-nez ; et lorsque la bonnette est bien étarquée, on largue le lève-nez, puis on embraque la patte-d'oie de manière à présenter la voile convenablement au vent.

438. Si l'on se servait de tangon pour amurer la bonnette basse, ce tangon aurait été mis en travers en même temps que l'on aurait poussé les bouts-dehors. Le moyen de l'établir ne différerait pas de ce qui vient d'être dit, puisque l'amure viendrait, du bout du tangon, au même point que la patte-d'oie, et produirait le même effet que cette dernière.

439. Quand un équipage est exercé, il convient de pousser les bouts-dehors en même temps que l'on hisse les bonnettes de hune et de perroquet, et de hisser ensuite la bonnette basse. Cette manœuvre peut s'exécuter sans confusion, et démontre que les hommes ont été habitués aux exercices d'ensemble : l'opération inverse s'exécuterait aussi en rentrant les bouts-dehors en même temps que l'on rentrerait les bonnettes.

HALER-BAS LES BONNETTES DE HUNE ET DE PERROQUET.

Commandement : *Range à haler-bas les bonnettes.*

440. Un homme se placera à chaque retour des drisses de bonnettes. Plusieurs se placeront sur chaque écoute, après les avoir passées dans des poulies de retour, afin qu'un plus grand nombre d'hommes puissent agir.

Commandement : *Hale-bas.*

441. Choquer en douceur les amures et peser avec force sur les écoutes, jusqu'à ce qu'on ait obligé la queue des bonnettes à rentrer un peu en dedans des huniers et sur l'arrière; puis mollir les drisses à retour et continuer à peser les écoutes, jusqu'à ce que l'on puisse s'emparer de la toile; étouffer les bonnettes et les ramasser sur le pont; puis défrapper les drisses et les amures ou les conserver, et ployer les bonnettes prêtes à être hissées de nouveau selon l'ordre qui sera donné.

RENTRER LES BOUTS-DEHORS.

Commandement : *Rentrez.*

442. On les rentrera par un moyen inverse de celui qui a été donné pour les pousser; puis on lovera les amures aux bouts des vergues, et l'on fera un nœud au bout de chaque drisse, que l'on embraquera ensuite, jusqu'à ce que les nœuds arrivent aux poulies qui sont fouettées aux chouques.

ORIENTER AU PLUS PRÈS PARTOUT.

Commandement : *Aux bras et boulines partout.*

445. Les hommes destinés pour les bras de dessous, excepté ceux affectés au grand bras, se rangeront à leurs postes ; des hommes se rangeront sur le grand faux-bras au vent ; ceux destinés pour les boulines s'y rendront aussi, et tous tenant bras et boulines à la main, les bras élongés vers les retours, embraqueront d'abord le mou et se tiendront prêts à haler avec force, ensemble et à coups : à cet effet, le maître de quart se tiendra prêt à siffler l'intonation convenable.

Commandement : *Halez.*

444. A ce commandement, tous haleront ensemble au coup de sifflet, puis chacune des boulines et chacun des bras seront amarrés au commandement : *amarrez,* fait par l'officier de quart.

AMENER ET CARGUER LES PERROQUETS.

Commandement : *Range à amener et carguer les perroquets.*

445. Des hommes se rangeront sur les cargues-points, cargues-fonds, bras-du-vent, et en embraqueront le mou, et se tiendront prêts à les haler ; d'autres se porteront aux drisses, écoutes, boulines et bras de dessous, pour les larguer au commandement suivant :

Commandement : *Carguez.*

446. Les hommes placés aux écoutes et bras de dessous les largueront, ce qui déventera les perroquets et rendra facile l'opération de brasser ; ceux placés aux bras-du-vent profiteront de ce moment, et brasseront carré ; les hommes placés aux drisses et aux boulines les largueront et les affaleront.

Les cargues-points seront pesées des deux bords : celles de dessous se cargueront de suite à joindre, tandis que celles du vent, dont les écoutes n'auront pas encore été larguées, obligeront les vergues à descendre à leur poste. Quand il en sera ainsi, on larguera les écoutes du vent, et l'on pèsera les cargues-points à joindre ; puis on dressera les vergues sur leurs bras et balancines.

CARGUER LES BASSES-VOILES.

Commandement : *Range à carguer les basses-voiles.*

447. Les hommes destinés pour les différentes cargues se rendront à leur poste et les tiendront en mains, les bras dirigés vers les retours ; ils embraqueront aussitôt le mou de chacune d'elles, et se tiendront prêts à agir au commandement qui suivra.

Les hommes destinés pour larguer les boulines, les amures et écoutes, se rangeront près de leurs taquets de tournage, et veilleront si chacune de ces manœuvres est bien lovée, et si rien n'engage leurs poulies de retour.

Des hommes se placeront aussi aux amures et écoutes de revers, et d'autres dans les porte-haubans, pour les faire parer et pour les alléger.

Commandement : *Carguez.*

448. Les hommes placés aux manœuvres qui devront être larguées, les largueront et les affaleront, s'il y a lieu, tandis que ceux placés aux cargues agiront ensemble, main sur main, jusqu'à ce qu'elles soient à joindre.

AMENER LES HUNIERS POUR LES CARGUER APRÈS.

Commandement : *Range à amener les huniers.*

449. Les hommes se placeront près des taquets de tournage pour larguer les bras de dessous, les boulines et les drisses des huniers.

Ceux destinés pour les bras-du-vent et les cargues-points, les tiendront en mains, prêts à agir au commandement suivant.

Commandement : *Largue les boulines des huniers ; brassez.*

450. Les boulines seront larguées et affalées, et les bras seront pesés jusqu'à ce que les vergues soient carrées.

Les hommes placés sur les autres manœuvres n'agiront qu'au commandement suivant.

Commandement : *Amenez.*

451. Les drisses seront larguées et affalées ; les cargues-points seront pesées et obligeront ainsi les vergues à descendre. On continuera à embraquer les bras des huniers pendant que les vergues amèneront. Lorsque les vergues de hune reposeront sur leurs balancines, on amarrera leurs bras ainsi que ceux des basses-vergues, de telle sorte qu'elles soient droites ; on embraquera le mou des drisses des huniers, et on amarrera les drosses et les balancines des basses-vergues raides.

CARGUER LES HUNIERS.

Commandement : *Range à carguer les huniers.*

452. Des hommes se rangeront sur toutes les cargues et se tiendront prêts à les haler.

Des hommes se placeront près des taquets de tournage des écoutes, et seront prêts à les larguer et à les affaler ; dans ce même but, des gabiers se porteront à chacun des bouts des basses-vergues.

Commandement : *Carguez.*

453. Les écoutes seront larguées et affalées ; les hommes placés sur les cargues agiront ensemble et mains sur mains, jusqu'à ce qu'elles soient toutes à joindre.

SERRER LES VOILES.

Commandement : *Chacun à son poste pour serrer les voiles.*

454. A ce commandement, les hommes destinés pour les huniers et les basses-voiles se placeront comme il a été dit (**416**); les gabiers disposeront les bouts-dehors prêts à lever, et enverront les cartahus sur le pont; les gabiers destinés pour serrer les perroquets se tiendront prêts à partir de la hune pour monter sur les barres, et ne devront sauter dans les haubans de hune qu'au commandement qui suivra. Les gabiers qui resteront disponibles s'occuperont immédiatement à ramasser ce qu'ils pourront des ralingues, en attendant l'arrivée des autres hommes.

Commandement : *En haut les huniers.*

455. Comme il a été dit (**418**).

Commandement : *En haut les basses voiles.*

456. Comme il a été dit (**419**); de plus, les hommes se rangeront sur les vergues et faciliteront les gabiers à finir de ramasser les ralingues (**243**); ensuite ils dégorgeront la toile de dessous les points; ramasseront un peu de toile au fond, puis, tous, les bras élongés sur l'avant de la vergue, ils saisiront la toile avec les deux mains et attendront le commandement suivant.

Commandement : *Serrez.*

457. Tous pilleront la toile, l'enlèveront plis par plis, et la poseront sous leur ventre, en la portant cependant un peu vers le fond; puis ils saisiront la chemise avec les deux mains; des hommes seront placés sur les cartahus des chapeaux sur le pont, et, au signal du maître qui sifflera à coups, les hommes répandus sur toutes les vergues et sur les cartahus des chapeaux agiront ensemble et retrousseront la toile jusqu'au coup de sifflet *amarre,* auquel les hommes placés près des jarretières les amarreront; puis, tous, rentreront en dedans et descendront sur le pont, au plus tôt paré. Dès qu'on s'apercevra qu'il ne reste plus personne sur les vergues, on commandera :

AMÈNE LES BOUTS-DEHORS.

458. Les cartahus des bouts-dehors seront largués, et les gabiers s'empareront à la main des caisses des bouts-dehors, les feront reposer sur les blins, les pousseront à leur marque et fermeront les blins à charnières; puis, sur le pont, on embraquera et on lovera les manœuvres partout, et le maître dressera les vergues sur leurs bras et balancines.

MAUVAIS TEMPS.

BORDER ET HISSER UN PERROQUET.

459. Il serait difficile de bien exécuter ces deux commandements ensemble : il conviendra donc de border d'abord, et de hisser ensuite; puis, comme l'effort du vent portera toujours la toile sous le vent, on commencera par le border au vent, bien à joindre; ensuite on bordera sous le vent. Si l'on est au plus près, on facilitera l'opération en brassant un peu sous le vent, afin de rapprocher la direction de cette vergue de celle de la vergue de hune; car, sans cela, le vent serait sur le perroquet, ce qui nécessiterait l'emploi d'une plus grande force sur l'écoute.

Le perroquet étant bordé des deux bords, on le hissera en contre-tenant les bras, de manière à ce qu'un frottement considérable sur les haubans de dessous le vent ne vienne pas ajouter à la difficulté de le hisser. Dès que le perroquet sera hissé, on l'orientera; puis on embraquera bien raide le bras-du-vent, en larguant en bande celui de dessous, s'il y a de la mer.

CARGUER UN PERROQUET.

460. On larguera la bouline, et l'on brassera au vent; puis, quand le perroquet sera déventé, on larguera sa drisse, et on l'obligera à descendre en pesant sur les cargues-points. On ne débordera que lorsque la vergue reposera sur les balancines ; les cargues seront pesées à joindre, la vergue sera bien maintenue sur ses bras, et les gabiers qu'on aura eu soin de faire monter sur les barres sauteront sur la vergue et serreront la voile, tandis que l'un d'eux s'occupera de disposer les cargues-points en palans de roulis, qu'il préviendra d'embraquer sur le pont.

AMENER UN HUNIER.

461. Larguer la bouline et brasser au vent, jusqu'à ce que le hunier soit déventé, ou au moins que la vergue ne frotte plus contre les haubans de hune, sous le vent ; larguer alors la drisse, peser les cargues-points, le calebas, et en même temps continuer à brasser au vent, jusqu'à ce que la vergue repose sur le chouque ; puis, si l'on a pour but de prendre des ris, on la brassera de manière à ce que la voile soit légèrement en ralingue ; les bras et palans de roulis seront amarrés raides des deux bords.

Si l'on avait l'intention de mettre le vent dedans, quoique amenée sur le ton, on brasserait la vergue de hune comme la basse vergue, et l'on embraquerait la bouline.

CARGUER UN HUNIER OU UNE BASSE VOILE.

462. A cet égard, tous les marins sont d'accord sur une partie de l'opération ; tous veulent que les deux bords soient cargués successivement, et non simultanément. Et en effet, si les deux points d'écoute, lorsqu'il s'agit d'un hunier, ou si le point d'amure et le point d'écoute, lorsqu'il s'agit d'une basse voile, abandonnaient ensemble les points fixes qui les maintenaient établis, la voile s'étendrait en bannière dans un plan horizontal, et fouetterait nécessairement avec une très grande force, d'où il résulterait :

1°. Que la vergue et le mât auquel elle est appliquée recevraient de violentes secousses, qui pourraient provoquer la rupture de l'un ou de l'autre :

2°. Que, s'il s'agissait d'une vergue de hune, la vergue présenterait des difficultés extrêmes pour la brasser et l'amener.

465. On voit donc que les avaries auxquelles on s'exposerait, en agissant ainsi, seraient graves, et conséquemment on ne devra carguer les deux bords que successivement; mais dans ce cas, devra-t-on commencer par carguer au vent, ou bien conviendra-t-il de carguer par le bord de dessous? Ici les opinions diffèrent, et, par cela même, cette question sera l'objet d'une discussion que nous aurions voulu éviter, mais qu'il nous est impossible de passer sous silence. Nous n'avons pas la prétention de trancher la question d'une manière absolue, et de faire adopter nos conclusions; mais il faut bien que nous expliquions les motifs qui nous font agir de telle ou telle manière. Cela posé, voyons ce qu'il arrive lorsque l'on commence par carguer au vent :

1°. Le point de dessous ne reste pas moins tendu par le vent, d'où point de secousses fâcheuses pour la voile et pour le mât.

2°. Le bâtiment reste chargé par l'effort du vent, agissant sur le point de dessous, qui tend à loffer, ce qui peut devenir contraire au résultat que l'on veut obtenir.

3°. Ayant cargué au vent, et carguant ensuite le point de dessous, l'opération se fait sans que la voile fouette, et conséquemment point de danger, ni pour elle, ni pour sa vergue, ni pour le mât.

Voyons maintenant ce qui se passe lorsqu'on commence par carguer sous le vent :

1°. Le bâtiment se trouve instantanément dégagé de l'effort du vent sur la voile, conséquemment moins de chances pour une forte inclinaison, que l'on peut être dans le cas de redouter.

2'. La partie de dessous que l'on cargue fouette très fort; les secousses qu'elle occasione sont violentes : conséquemment danger pour la voile, le mât et la vergue.

3°. Par l'effet d'un battement considérable, la voile peut se capeler à l'extrémité de la vergue sous le vent, quand bien même on prendrait la précaution de chercher à appeler la ralingue de chute en dedans, au moyen de la cargue-bouline.

De tout ce qui précède nous conclurons que, toutes les fois que les circonstances ne feront pas craindre pour la stabilité du bâtiment, on devra se défaire d'un hunier ou d'une basse voile, en les carguant au vent d'abord : en agissant ainsi, on ne s'exposera nullement à des avaries dans la voile, la vergue et le mât; mais on devra carguer sous le vent d'abord si, surpris par la force du vent, on peut craindre pour la stabilité.

Dans tout ce qui vient d'être dit, nous avons supposé que l'on était au plus près, comme on peut l'être lorsqu'il vente grand vent; car c'est dans ce cas seulement qu'il est important de commencer à carguer d'un bord plutôt que de l'autre, attendu que si l'on courait largue, le vent qui frapperait dans la voile la tiendrait toujours tendue, et s'opposerait naturellement aux battements que l'on redoute à si juste titre dans le premier cas. Du reste, toutes les fois que l'on cargue une voile, le point important pour sa conservation est d'empêcher qu'elle fouette; et l'on obtiendra ce résultat en laissant porter pendant l'exécution, si cependant on n'a pas un grand intérêt à tenir le vent. Quel que soit le choix que l'on fasse de ces deux moyens de se défaire d'un hunier ou d'une basse voile, il conviendra que des dispositions pour l'exécution soient prises pour carguer le plus promptement possible. A cet effet, on rangera beaucoup de monde sur toutes les cargues que l'on s'est décidé à peser, et les écoutes ne seront filées qu'à la demande des cargues-points. Pendant que l'on carguera sous le vent, on n'oubliera pas qu'il est très important de mettre beaucoup de monde sur la cargue-bouline, pour s'opposer autant que possible à ce que la voile ne se capelle au bout de la vergue de hune.

Pendant qu'on carguera au vent, on prendra le soin de ne larguer la bouline que lorsqu'elle s'opposera à l'action de la cargue-point, et cela afin de déventer la voile le plus tard possible.

Les huniers et les basses voiles ont été, d'après ce qui précède, soumis aux mêmes règles de précaution, quant à s'en défaire ; et, en effet, le raisonnement s'applique indifféremment à chacune de ces voiles. Cependant, en pratique, la grande voile fait en quelque sorte exception ; elle se cargue généralement sous le vent d'abord : cela tient à son énorme puissance à faire loffer, que tout manœuvrier redoute dans les moments où le bâtiment est chargé par la force du vent. Sans cette prudence, parfois utile, on soumettrait sans doute une basse voile aux mêmes règles qu'un hunier.

ÉTABLIR UN HUNIER OU UNE BASSE VOILE.

464. Hors quelques exceptions fort rares, l'exécution de cette manœuvre se pratique de la même manière par tous les marins. Une basse voile se développe d'abord par son amure, puis par son écoute ; tandis qu'un hunier se développe d'abord par son écoute du vent, puis par celle de dessous (*).

Des dispositions sont prises pour que cette opération se fasse le plus promptement possible, parce que c'est toujours pendant qu'on établit ou pendant que l'on cargue une voile que l'on peut craindre pour elle. Beaucoup d'hommes seront rangés sur l'écoute du vent pour un hunier, et sur l'amure pour une basse voile. Les cargues-fonds et cargues-boulines seront larguées en bande, tandis que la cargue-point ne sera filée qu'à la demande de l'écoute pour un hunier, et de l'amure pour une basse voile. Si la voile battait trop fort, on laisserait porter pendant le temps de l'exécution, puis on opérerait, pour le côté de dessous le vent, en prenant les mêmes précautions.

(*) Pour être conséquent avec ce qui a été dit à l'égard de carguer une voile, il faudrait, pour établir un hunier comme pour établir une basse voile, commencer par border sous le vent. Il est en effet évident qu'en agissant ainsi on évitera les battements de ces voiles.

ÉTABLIR UNE VOILE LATINE DE CAPE.

465. Conformément à ce principe, que tout battement d'une voile est dangereux pour sa conservation, on commencera par border une voile latine de cape avant de la développer au vent, au moyen de sa drisse.

SERVICE DES EMBARCATIONS.

TENUE DES EMBARCATIONS; DISCIPLINE DES HOMMES QUI EN COMPOSENT L'ÉQUIPAGE.

466. Le nombre d'hommes qui composent l'armement d'une embarcation est proportionné à sa dimension; il est toujours égal au nombre d'avirons qu'elle peut armer. Un patron est affecté à chacune d'elles; cet homme est, en général, pris parmi les quartiers-maîtres de manœuvre; il doit être capable de diriger un canot dans toutes les circonstances. A défaut de quartier-maître qui puisse mériter cette confiance, on emploie un bon matelot. Les qualités désirables dans un patron sont : capacité, bonne conduite, fermeté avec justice.

467. Un patron commande son canot à l'égard de toutes les personnes qui s'y embarquent, s'il ne s'y trouve ni officier de vaisseau, ni élève de la marine; à moins qu'en recevant ses instructions de l'officier de quart, il ait été mis par lui aux ordres d'une autre personne. Cependant il doit se rendre aux injonctions d'un supérieur toutes les fois qu'elles lui sont faites, et en avertir l'officier de quart, à son retour à bord; mais alors la responsabilité de ce qui peut survenir appartient à celui qui s'est emparé du commandement.

468. L'officier chargé du détail des embarcations est chargé en chef de la tenue, de la discipline et de l'instruction des canotiers, en ce qui concerne ce service. Pendant l'armement, il s'occupe, conjointement avec les élèves qui lui sont affectés, des détails de l'armement de chacune des embarcations; il veille à ce que leur voilure soit bien faite, et prend les ordres de l'officier en second, relativement à la peinture à leur donner; quand

11..

elles sont sèches, il les fait nettoyer et donne ses ordres pour le maintien de cette propreté.

469. Les patrons sont chargés de la propreté journalière de leurs embarcations. Ils surveillent les hommes préposés à ce service, qui s'exécute toujours aux heures prescrites.

Les voiles sont lavées toutes les fois que cela est nécessaire.

470. Toute embarcation doit avoir des défenses qui la préservent du frottement extérieur. Ces défenses ne devront être jetées en dehors que lorsqu'elles seront nécessaires, ou à l'instant où elles le deviendront. Il serait même à désirer que chaque homme eût à sa disposition un morceau de bois léger, de la longueur d'un mètre environ, dont il se servirait pour écarter le canot du bord ou d'une cale.

471. Un canot est bien tenu au matériel, lorsque ses mâts sont bien grattés; lorsque ses voiles et ses tentes sont propres, et qu'elles établissent bien; lorsque son gréement est entretenu noir; lorsque la peinture appliquée est bien entretenue, et lorsque enfin ce qui a été conservé sans peinture est bien briqué ou bien ciré, et que le fer et le cuivre sont bien fourbis.

472. Quant au personnel, tous les hommes doivent être uniformément vêtus, coiffés, et dans la tenue du jour prescrite. Que l'on soit sous voile ou à l'aviron, les hommes resteront assis à leurs bancs respectifs. S'il y a des passagers, ils s'assiéront en dedans du canot, et jamais sur les fargues. Le silence sera toujours observé, et surtout il est défendu d'une manière absolue d'échanger des paroles quelles qu'elles soient, avec des hommes d'une embarcation voisine, faisant même route, ou avec ceux d'un embarcation que l'on croiserait.

473. Si une embarcation remplit sa mission à l'aviron, la nage devra être régulière et soutenue; si elle est à la voile, elle devra se conformer aux règles de prudence que commande l'emploi des voiles dans un canot.

474. On tiendra la main à ce que les hommes manœuvrent assis, et l'on veillera à ce que dans les changements d'amures aucun mouvement de crainte ou d'élan, même dans une bonne intention, ne vienne ajouter aux chances d'une inclinaison dangereuse.

475. Les patrons se renfermeront toujours dans les réglements, relativement aux honneurs à rendre aux embarcations portant des marques distinctives de grade.

DE L'ÉLÈVE DE QUART EN RADE.

476. L'élève de quart se tient constamment sur le pont ; il se fait remplacer par un autre pour prendre ses repas. Pendant la durée de son quart, il seconde activement l'officier de quart, c'est-à-dire qu'il veille personnellement à l'exécution des ordres donnés ; ainsi, s'il s'agit de l'armement d'un canot, il l'active de tous ses moyens, et prévient l'officier de quart que le canot est prêt à partir, après avoir cependant fait monter l'élève de corvée qui doit s'y embarquer, et surtout l'avoir fait prévenir assez tôt pour que le départ du canot ne soit point retardé.

477. Il veille et se fait rendre compte si les embarcations amarrées sur les tangons ou derrière se heurtent entre elles ou contre le bord ; si elles fatiguaient par la grosse mer, il en préviendrait l'officier de quart, qui les ferait hisser ou les maintiendrait à la mer, selon qu'il en jugerait.

478. S'il s'agit de hisser une embarcation, l'élève de quart dirige cette opération ; à cet effet, il s'occupe d'y faire embarquer le nombre d'hommes nécessaires pour la haler sous les portemanteaux et pour crocher les palans. L'élève de quart dirige aussi en personne l'opération contraire.

479. L'élève de quart doit être prévenu de l'arrivée de toute espèce d'embarcation : si l'une d'elles porte des signes distinctifs de grade, il prendra des mesures pour que les honneurs réglementaires soient rendus ; mais il préviendra ou fera prévenir l'officier de quart.

480. L'élève de quart se tient à l'échelle pour recevoir toutes les embarcations qui abordent ; il adresse les personnes étrangères qu'elles contiennent à l'officier de quart, et lui rend compte des rapports qui pourraient lui être faits.

481. Si la mer est grosse, que le vent ou le courant soit fort et que l'on reconnaisse des difficultés pour l'abordage, l'élève de quart prendra les ordres de l'officier pour les mesures de précaution à prendre, lesquelles consistent à tenir des amarres prêtes à être jetées au canot qui aborde, ou à laisser tomber la bouée (519).

DE L'ÉLÈVE DE CORVÉE.

482. L'élève qui quitte le quart est dit de première corvée ; il devient de seconde corvée quand celui qu'il a remplacé est de première corvée, et ainsi de suite.

483. L'élève de seconde corvée n'est appelé que lorsque celui de première est déjà parti.

484. Toutes les fois qu'un élève est requis pour une corvée, il se rend immédiatement auprès de l'officier de quart, qui lui fait connaître le but de sa mission.

485. Les élèves sont employés, comme chefs de corvée, pour tout détachement d'un nombre d'hommes quelconque appelés à exécuter des travaux en dehors du bâtiment, et à l'intérieur, dans les batteries, dans l'entre-pont, la cale, etc.

486. Ces travaux peuvent avoir, en général, pour but de faire embarquer une batterie de dessus le quai dans un ponton ; d'embarquer des vivres, du vin, des agrès dans une allége quelconque ; de remorquer des alléges ou des drômes, etc. ; de commander des embarcations de corvée, ou armées en guerre, etc.

487. Toute embarcation qui déborde doit être commandée par un élève, quelle que soit sa mission ; si elle a seulement pour but d'établir des communications entre le bord et la terre, l'élève reçoit l'ordre de pousser à une heure fixe. Il donne des ordres en conséquence aux hommes qui arment le canot, lesquels ne doivent descendre à terre que si cela est nécessaire pour l'exécution de ces ordres. L'élève donnera lui-même l'exemple de cette mesure de police.

488. L'élève chargé de faire de l'eau, du sable, de haler un canot sur une cale, etc., se conduira comme il sera dit plus tard, relativement aux moyens à employer pour exécuter ces opérations, et maintiendra la police et la discipline, en se rapportant à ce qui a été dit (466 et suivants).

489. En rade et à la mer, un élève de corvée est présent à toutes les distributions de vivres ; il y établit l'ordre et fait droit aux réclamations fondées. Les élèves activent le branle-bas, matin et soir, ainsi que le nettoyage, le lavage, etc.

490. A la mer, les élèves activent et dirigent les opérations de prendre des ris et de serrer des huniers ou des basses-voiles, etc.

491. Lorsqu'on est en vue de terre, ou d'un bâtiment dont on observe la route, ou lorsqu'une surveillance autour de soi devient importante, pour quelque cause que ce soit, on place des élèves en vigie dans la mâture.

492. D'après cet exposé succinct du service des élèves à bord des bâtiments, on voit qu'il peut arriver qu'une responsabilité assez considérable pèse sur eux. Il est donc d'une nécessité absolue pour tout élève de savoir se faire obéir, de commander avec connaissance et à propos, d'être juste et ferme, et de traiter ses subordonnés avec les égards dus aux hommes qu'il a l'honneur de commander. Il se rappellera aussi que les matelots reconnaissent très bien s'ils sont bien ou mal commandés, et que le seul moyen d'être réellement leur chef, c'est de leur être supérieur en capacité pratique.

MANŒUVRE DES EMBARCATIONS.

493. Pour simplifier la description des manœuvres principales dont il sera question, nous admettrons que chacune de ces manœuvres s'exécute dans une embarcation courant sous le taille-vent et la misaine. Il sera facile d'en conclure, par analogie, celles qu'il faudrait mettre en usage si l'on commandait les mêmes manœuvres sous le foc, la misaine, le taille-vent et le tape-cul. Il suffira, en effet, en pareil cas, de se rappeler que ce qui sera dit pour la misaine est en tout à exécuter pour le foc, et que ce qui sera dit pour le taille-vent sera applicable au tape-cul. Nous dirons du reste qu'en général un canot navigue seulement sous ses deux voiles principales ; lorsqu'il est sous toutes voiles, il vente si peu, qu'il y a peu d'importance à bien manœuvrer.

494. Disons aussi que, toutes les fois qu'un canot sera sous voiles, il conviendra que les écoutes ne soient jamais amarrées irrévocablement ; mais bien au contraire qu'elles soient tenues à la main et à retour, de telle sorte qu'il suffise d'ouvrir les mains pour détruire l'effet des voiles, si besoin était.

495. Tout canot qui appareille pour louvoyer devra avoir l'une de ses vergues à tribord du mât et l'autre à babord. Il résulte de cette disposition que le désavantage de les avoir toutes les deux sous le vent n'a lieu pour aucun des bords ; si cependant les voiles amuraient sur le bord, on placerait toutes les vergues sous le vent, mais avec la condition de les gambayer à chaque virement de bord.

APPAREILLER ÉTANT LE LONG DU BORD D'UN BATIMENT
ÉVITÉ DE BOUT AU VENT.

496. Le canot est mâté ; les voiles sont prêtes à hisser ; les écoutes sont passées dans les chaumards ; l'écoute de misaine est embraquée du bord opposé à celui où l'on veut abattre ; celle du taille-vent est embraquée de l'autre bord ; un homme tient la bosse en main ; le brigadier tenant sa gaffe, est prêt à pousser ; le patron tient à la main une tire-veille ou un point fixe quelconque ; tous les hommes sont assis à leurs bancs respectifs ; ceux placés près des drisses, les tiennent en mains ; d'autres sont prêts à rentrer les défenses ; et enfin ceux placés près des chaumards des écoutes, les tiennent en mains, les uns pour changer l'écoute de misaine et la border, les autres pour border complétement l'écoute du taille-vent.

497. Toutes ces dispositions étant prises, on commande : *Hisse la misaine;* puis, *Pousse et file, ou largue, la bosse.* Le patron tient l'arrière du canot près du bord, en halant sur la tire-veille ; et le canot ne tarde pas à abattre, de manière à recevoir le vent sur la misaine, ce qui favorise l'abattée : dès qu'elle est bien prononcée ou certaine, on hisse et l'on borde le taille-vent ; puis on change la misaine, que l'on borde de l'autre bord. On tient alors le plus près, ou l'on court largue, selon la route à suivre. Dans le cas où l'on devra courir largue, on ne hissera le taille-vent que lorsque, par l'effet de la misaine et de la barre, le canot aura été présenté suivant la direction voulue.

498. Si le bâtiment d'où l'on appareille n'est pas évité de bout au vent, les avirons seront employés, soit pour faire dépasser le lit du vent, soit pour s'éloigner et se mettre en position d'établir les voiles.

499. Si le canot est mouillé sur un grappin, la manœuvre sera celle décrite n° **497**. L'action de déraper le grappin remplacera celle de larguer la bosse ; mais comme la misaine seule pourra faire abattre, il conviendra de ne déraper le grappin que lorsque la misaine recevra le vent dessus.

VIRER DE BORD VENT DEVANT.

500. L'exécution de cette manœuvre n'est possible que lorsque l'on gouverne sous l'allure du plus près; si donc on n'y est pas, on commencera par s'y ranger; puis le patron fera le commandement préparatoire de *pare-à-virer;* alors les hommes placés sous le vent, près de la ralingue de misaine, se tiendront prêts à la pousser en dehors. L'homme qui tiendra l'écoute de misaine se disposera à la filer; deux hommes placés dans la chambre du canot s'apprêteront à haler la ralingue de bordure du taille-vent au vent; et enfin le patron sera prêt à pousser la barre sous le vent. Deux hommes placés près des écoutes de revers se tiendront prêts à les embraquer à l'ordre qu'ils en recevront.

501. Si la mer est grosse, et que la profondeur des lames puisse faire douter de la puissance de la barre pour présenter le canot vent devant, on se tiendra prêt à armer un, deux ou trois avirons devant, sous le vent, desquels on fera usage en temps opportun.

502. Lorsque ces dispositions seront prises, le patron cherchera le moment favorable pour pousser la barre sous le vent; ce sera celui où le canot aura le plus de vitesse, et où la mer sera la moins creuse possible; alors il commandera : *File l'écoute de misaine.* L'homme qui tiendra l'écoute la filera en douceur, et les hommes placés sous le vent pousseront la ralingue, tandis que ceux placés dans la chambre haleront la ralingue du taille-vent au vent sans cependant le faire porter à culer.

503. L'exécution de ce qui précède, dans les cas ordinaires, obligera le canot à se présenter de bout au vent; si cet effet ne pouvait être obtenu ainsi, on ferait nager quelques avirons de devant sous le vent qui, si l'on s'y prenait à temps, c'est-à-dire avant que le canot n'ait retombé sur le même bord, remplirait le but que l'on se proposait.

504. Dès que le canot sera de bout au vent, la misaine recevra le vent dessus, et aura pour effet de faire abattre du bord convenable; alors le patron commandera : *Change l'écoute du taille-vent;* et attendra, pour faire le commandement de *Change l'écoute de misaine,* que l'abattée soit prononcée d'une manière certaine; puis il bordera ses voiles, et continuera sa route sur l'autre bord.

505. Pendant le virement de bord, le patron sera attentif à veiller le moment où le canot culera, et s'empressera alors de changer sa barre.

VIRER DE BORD LOF POUR LOF.

Cette manœuvre est possible sous toutes les allures.

506. Le patron commandera : *Pare-à-virer lof pour lof;* alors les hommes placés près de la drisse du taille-vent se tiendront prêts à la larguer, et à s'emparer de la toile pour obliger la vergue à amener.

507. Ces dispositions étant prises, le patron mettra sa barre au vent, et commandera : *Amène le taille-vent;* puis, à mesure que le canot arrivera, il fera choquer l'écoute de misaine.

508. Quand le canot sera plat vent arrière, ou plutôt commencera à recevoir le vent de l'autre bord, la misaine se changera d'elle-même. S'il vente bonne brise, il conviendra de veiller ce moment, qui pourrait devenir dangereux si l'on ne filait pas en bande les deux écoutes, et particulièrement celle du vent. La voile une fois changée, on embraquera l'écoute de dessous le vent, mais seulement de manière à éviter que la misaine ralingue.

509. Dès que la misaine se sera changée d'elle-même et que conséquemment le taille-vent pourra recevoir le vent de l'autre bord, le patron commandera : *Hisse et borde le taille-vent;* cette voile et la barre auront pour effet de faire ranger le canot dans le vent, et la misaine ne s'opposera que peu ou point à cette action, parce que l'on prendra le soin de n'embraquer son écoute qu'à mesure que le canot approchera de la ligne du plus près.

510. Si le taille-vent était installé à cargues, ce qui est rare aujourd'hui, on le carguerait au lieu de l'amener.

RECEVOIR UN GRAIN ÉTANT AU PLUS PRÈS.

511. Tout temps à grains devient dangereux pour les embarcations; c'est surtout alors qu'il faut maintenir l'avertissement donné (494) de tenir les écoutes à la main. Le patron devra alors être attentif aux augmentations de la force du vent et loffer pendant son action, afin de se ranger rigoureusement au plus près et même jusqu'à ralinguer les voiles sensiblement. Cependant il faut bien se garder de ralentir la vitesse à un tel degré que le patron ne soit pas certain de lancer son canot dans le vent, au moyen de la barre poussée sous le vent et de l'écoute de misaine filée en bande; c'est dans cette condition seulement que le canot se trouve dégagé de l'effet de ses voiles pour le faire chavirer, et cela parce que, par cette manœuvre, le canot se présentant de bout au vent, les voiles se trouveront naturellement en ralingue et conséquemment sans effet.

512. Si le grain pour lequel on manœuvre est présumé devoir être violent et de longue durée, il faudra amener les voiles et armer les avirons; car, dans ce cas ayant exécuté ce qui a été dit (511), le canot ne saurait rester long-temps vent devant, et il deviendrait obligatoire d'amener les voiles, afin qu'elles n'inquiétassent pas lorsque le vent prendrait dessus : or, ce dernier cas peut arriver par le fait d'une saute de vent, ce qui est très fréquent d'un temps à grains.

513. Toutefois, si l'on avait intérêt à rester sous voiles, il

faudrait amener le taille-vent et se maintenir ainsi sous la misaine, autant que la chose serait possible. Si le grain forçait encore, on laisserait porter en amenant la misaine de manière à ne conserver de toile que ce qui pourrait être nécessaire pour que le canot ne soit pas exposé à recevoir des lames par derrière par l'effet d'une trop petite vitesse.

RECEVOIR UN GRAIN COURANT LARGUE.

514. Pour le cas qui précède, il vient d'être prescrit de manœuvrer pour présenter le cap dans le lit du vent. Pour celui qui nous occupe, on devra manœuvrer en sens inverse, c'est-à-dire amener le taille-vent, et laisser porter, si la force du vent ne permettait pas de continuer sa route sous la misaine : en effet, si, courant largue, le vent augmentait de manière à donner des inquiétudes sous cette allure, le fait de venir dans le vent augmenterait l'impulsion du vent sur les voiles, 1° de toute la vitesse avec laquelle le canot se rapprocherait de la direction du vent ; 2° de la différence de l'influence du vent, quant à l'inclinaison qu'il sollicite, quand il frappe une voile orientée pour le largue ou lorsqu'il la frappe sous un angle plus aigu.

PRENDRE DES RIS.

515. En général, avant d'appareiller un canot, on doit prévoir qu'un ris sera nécessaire ; on le prendra donc le long du bord ou dans le port avant de sortir : si étant sous voiles on se trouvait dans l'obligation de prendre des ris, il faudrait amener les voiles et agir de la manière suivante :

516. Crocher la patte qui se trouve sur la ralingue du mât, à la hauteur de la bande de ris, dans le croc d'amure ; genoper le point d'écoute sur la patte qui se trouve sur la ralingue de chute d'en dehors, puis rapprocher au-dessous la toile qui se trouve de la bande de ris, en réunissant par un nœud plat chacune des garcettes ou hanets correspondants.

ABORDER UN BATIMENT.

Avertissement.

517. Lorsque les circonstances du temps ou de la mer n'obligent pas à aborder d'un bord plutôt que de l'autre, les réglements prescrivent le côté de babord pour toute embarcation chargée d'objets quelconques; le côté de tribord est réservé aux embarcations qui portent des officiers de tous grades.

518. Tout canot qui fait route pour aborder doit s'arrêter au large, si l'on aperçoit le long du bord une autre embarcation prête à partir, et dans laquelle devra s'embarquer un officier supérieur à la personne qui commande celle qui aborde, tandis qu'au contraire, l'embarcation qui est le long du bord doit se haler de l'avant, si elle a le temps de l'exécuter avant que les personnes qui doivent s'y embarquer s'y embarquent. L'élève ou l'officier de quart sont chargés de cette mesure de police et d'ordre.

519. S'il vente grand frais et surtout si la force du courant s'ajoute à cette circonstance, et que conséquemment on craigne qu'une embarcation qui se dirige pour aborder ne saisisse **pas** les amarres à postes fixes sur les tangons, le long du bord, ou celle que l'on pourrait lui jeter de l'avant, on disposera d'avance des amarres prêtes à être lancées au canot qui aborde, depuis l'échelle jusqu'au couronnement. Si enfin on pensait que ces moyens de favoriser l'abordage fussent insuffisants, et que l'on ait lieu de craindre que le canot, ayant manqué le bord, il lui soit sinon impossible, au moins très difficile de le regagner en se servant de ses avirons, on s'empresserait de disposer des drisses de bonnettes, que l'on ajouterait les unes aux autres pour être embarquées en temps opportun dans une embarcation, laquelle faisant vent arrière, en porterait le bout à celle qui aurait manqué le bord.

520. Quelquefois on se sert dans le même but de lignes de sonde amarrées sur la bouée de sauvetage, laquelle, abandon-née à l'action du vent et du courant, se dirige d'elle-même vers le canot qui de son côté cherche à l'atteindre ; mais ce dernier moyen n'est efficace que quand la circonstance n'est pas grave et que la difficulté à vaincre de la part du canot provient plus du courant que du vent.

521. Tout bâtiment qui est au mouillage est évité de bout au vent, de bout au courant ou suivant une direction intermédiaire à ces deux-là.

522. Il est évité de bout au vent si son influence est plus con-sidérable que celle du courant, et réciproquement.

523. Il est évité suivant une direction intermédiaire, quand ces deux influences sont à peu près égales.

524. Dans tous les cas, un bâtiment doit être abordé de ma-nière à être élongé par le canot, l'avant vers l'avant, l'arrière vers l'arrière, afin que le canot se trouvant ainsi placé sous les mêmes influences que le bâtiment, il soit évité comme lui par le seul fait d'une amarre, saisie par l'un des hommes de devant.

ABORDER UN BATIMENT ÉVITÉ DE BOUT AU VENT.

525. Si le canot est sous le vent du bâtiment qu'il veut abor-der, le patron manœuvrera pour s'élever au vent ; il le sera suf-fisamment lorsqu'il relèvera le milieu du bâtiment à peu près sur la perpendiculaire du vent, ou, en d'autres termes, lorsque le canot se trouvera exactement par le travers du bâtiment, ce que l'on reconnaîtra facilement en veillant le moment où la grande vergue ne présentera aucun développement.

Dès que le canot sera dans cette position, le patron fera route vers le bord et mettra le cap sur l'arrière des grands porte-haubans ; lorsqu'il sera rendu à quelques longueurs de canot du bord, il se rangera graduellement au plus près ; et peu après, consultant l'aire de son canot, il amènera sa misaine et halera la ralingue de bordure du taille-vent au vent, en poussant sa barre dessous, afin d'obliger le canot à élonger le bâtiment le plus possible ; alors le brigadier défiera l'avant du canot et s'emparera d'une amarre pour le maintenir. Le taille-vent sera amené dès qu'il sera en ralingue.

526. Si le vent et le courant agissaient dans le même sens, il conviendrait de s'élever plus au vent qu'il n'a été dit. Si au contraire ces deux effets étaient en sens inverse, ou s'élèverait moins au vent.

ABORDER UN BATIMENT ÉVITÉ DE BOUT AU COURANT, LORSQUE LE VENT VIENT D'UNE AUTRE DIRECTION QUE CELLE DU COURANT.

527. Dans ce cas, le bâtiment recevra le vent d'un bord ou de l'autre, ou le recevra de l'arrière.

528. Si le vent vient de l'arrière, il suffira d'aborder vent arrière, en prenant le soin de diminuer de voiles à propos, afin que, perdant graduellement son aire, le canot se trouve étale sous l'escalier ; alors, privé de l'effet de ses voiles, il se trouvera, comme le bâtiment, sous l'influence du courant, et se maintiendra facilement le long du bord.

529. Si le vent frappe le bâtiment d'un bord ou de l'autre, et si la brise est un peu forte, il conviendra d'aborder du bord de dessous le vent ; ce qui sera toujours facile, puisque les avirons pourront succéder aux voiles lorsque ces dernières seront abritées par le bâtiment.

530. En abordant sous le vent, on a l'avantage de se trouver dans une mer tranquille, tandis que, si on abordait au vent, la force des lames et du vent jetterait sans cesse le canot contre le bord et l'exposerait à des avaries qu'il eût été si facile d'éviter en choisissant l'abordage sous le vent. Cet inconvénient n'est pas le seul : on éprouverait aussi beaucoup de difficultés pour l'embarquement des hommes ou des objets qui composeraient

le chargement du canot. Il y a même des cas où l'abordage du bord du vent pourrait devenir impossible.

531. Si le vent dépendait de deux ou trois quarts seulement d'un bord ou de l'autre, et que la mer ne fût pas grosse, il conviendrait de choisir le bord du vent pour aborder; car ce serait de ce bord seulement qu'il serait possible d'atteindre le bord sans le secours des avirons. En abordant de l'autre bord, on rencontrerait les vents trop près, et il est probable que l'emploi des avirons deviendrait nécessaire.

ABORDER UN BATIMENT QUI N'EST ÉVITÉ NI DE BOUT AU VENT, NI DE BOUT AU COURANT, MAIS BIEN DANS UNE POSITION INTERMÉDIAIRE.

532. Si la mer est belle, il y a peu d'importance à aborder d'un bord plutôt que de l'autre ; mais si la mer est grosse, il conviendra de choisir le bord de dessous le vent, parce qu'en effet l'état de calme qui y règne permet de maintenir facilement le canot évité comme le bâtiment : du bord du vent, au contraire, la mer, tracassée par le vent et le courant, s'opposerait à ce que l'on parvînt, au moins sans beaucoup de peine, à obliger le canot à élonger le bâtiment, et cela, parce que le canot, sollicité par le courant contrairement au vent, le portera toujours vers l'influence la plus faible.

ABORDER UN BATIMENT QUI EST SOUS VOILES.

533. Tout canot qui a pour mission d'aborder un bâtiment sous voiles devra choisir le côté de dessous le vent (530 et 532).

534. Si le canot se trouve au vent du bâtiment qu'il veut aborder, le patron gouvernera au point de rencontre des deux routes, tant que le bâtiment ne prendra pas la panne; il gouvernera sur lui dès qu'il aura pris la panne.

535. Si le bâtiment que l'on veut aborder s'en aperçoit, ce que l'on peut en général supposer, ce bâtiment devra manœuvrer pour s'en rapprocher, mettre en panne en temps convenable, et se tenir prêt à lancer des amarres depuis l'avant jusqu'à l'arrière.

556. Si, contre toute probabilité, le bâtiment ne reconnaissait pas les intentions du canot, le patron tâcherait d'attirer son attention, soit en tirant des coups de fusil, si ce moyen était à sa disposition, soit en se servant concurremment des voiles et des avirons, quoique ces derniers puissent être inutiles.

ABORDER UNE CÔTE.

557. Toute côte doit être abordée de telle sorte que la quille du canot se présente dans une direction perpendiculaire au rivage.

558. En général, on ne devra aborder qu'après avoir mouillé le grappin au large, puis on filera le câblot jusqu'à ce que l'on se soit suffisamment approché de la côte ; on obtiendra par cette précaution la possibilité de se haler facilement au large.

559. Si la mer est belle, on vient à terre l'avant le premier et en filant le câblot à mesure qu'on s'en approche ; puis on place deux avirons de chaque bord et sur l'arrière, en arc-boutant sur le fond, pour concourir avec le câblot, maintenu raide, à obliger le canot à rester de bout à terre : dès que l'avant sera assez près du rivage pour que des hommes puissent s'élancer à terre, ils y sauteront tenant la bosse en main et s'efforceront ensuite de la tenir raide.

540. Dans le cas qui précède, on aborde l'avant premier, parce que, toute embarcation calant moins de l'avant que de l'arrière, il devient possible de s'approcher de la côte plus près qu'on ne le ferait en accostant l'arrière premier. Cependant si la mer est très grosse, il devient obligatoire d'employer le dernier moyen, parce qu'en agissant ainsi l'avant se présentera impunément à l'action des lames qui déferleront ; tandis que, si elles déferlaient contre l'arrière, elles y rencontreraient le ta-

bleau qui, leur faisant obstacle, obligerait les lames à embarquer dans le canot; d'où l'on pourrait craindre qu'il se remplît : d'ailleurs le grappin serait appelé à faire une plus grande force, ce qui pourrait compromettre le grappin, et conséquemment son câblot.

541. Si donc la lame est très forte, on approchera la côte l'arrière premier; on filera la câblot en nageant à culer, jusqu'à ce qu'on soit le plus près possible de terre; on usera aussi des avirons posés sur le fond, pour maintenir la quille de la chaloupe perpendiculairement au rivage : dès qu'en manœuvrant ainsi il deviendra possible de sauter à terre, quelques hommes s'y jetteront avec la bosse et la maintiendront raide.

542. Si la côte est accore, on pourra s'approcher assez près de terre; mais si le fond est plat, on s'en approchera moins, parce qu'il est probable qu'alors les lames déferleront à quelque distance de terre.

FAIRE DE L'EAU.

543. L'embarcation dont on se sert ordinairement pour cette opération est la chaloupe : on y embarque autant de pièces d'une ou de tierçons qu'elle peut en contenir; on les arrime le mieux possible sous les bancs et dans la chambre, en prenant l'attention de les placer les bondes en dessus. Selon la nature de la localité et l'état de la mer, on fera un chapelet de pièces bien bondées, tout autour de la chaloupe.

544. L'opération de faire de l'eau ne présente de difficultés que par la position des aiguades relativement au rivage, et par l'état de la mer sur le point de la côte que l'on veut accoster.

545. L'aiguade peut être placée dans une position telle qu'au moyen de manches à eau en toile on puisse la mettre en communication avec les pièces arrimées dans la chaloupe, ou bien cette aiguade peut être une rivière à quelque distance du rivage, ou une source tellement éloignée, qu'il devienne obliga-

toire d'opérer le débarquement des futailles, pour les rouler ensuite jusqu'au point où il sera possible de les remplir.

546. Toute embarcation destinée à aller faire de l'eau doit être pourvue, 1° d'un entonnoir, d'une manche à eau en toile et d'une jumelle de drôme ou d'un conducteur; 2° d'un bout de filin qui ordinairement est une drisse de bonnette, et dont la destination sera de faire un chapelet; 3° de l'armement complet en hommes et en matériel, et surtout du grappin et du câblot; 4° de bondes en liége et de fourrure en toile.

547. Ainsi pourvue, la chaloupe se dirige vers le point de la côte qui présente le plus de commodité pour accoster et qui est le plus près de l'aiguade, et l'on accoste le rivage en se rapportant à ce qui a été dit (557 et suivants).

548. S'il est possible de mettre l'aiguade en communication directe avec les pièces contenues dans la chaloupe, l'opération deviendra facile et prompte; dans le cas contraire, on jettera les pièces à la mer, après avoir pris le soin de les bien bonder; elles se rendront à terre d'elles-mêmes, ou on les y conduira au moyen d'un va-et-vient : elles y seront reçues par les hommes qui composent l'armement, déjà à terre, lesquels les rouleront au lieu convenable et les renverront pleines au bord du rivage. Là, elles seront élinguées et halées le long du bord de la chaloupe, au moyen d'un hale-à-bord; une fois le long de la chaloupe, on les y embarquera au moyen d'un trévire ou d'un palan venant de la tête du grand mât.

549. Pendant toute l'opération, on veillera à ne pas laisser la chaloupe s'échouer par le fait du jusant, et l'on observera si la lame paraît devoir augmenter les difficultés de l'embarquement des pièces, et aussi le halage de la chaloupe au large; on aurait alors à réfléchir s'il convient de continuer à faire de l'eau ou s'il vaut mieux se haler en appareillage.

550. Quand les futailles seront embarquées ou installées en chapelet le long du bord, la chaloupe se halera sur son grappin jusqu'à ce qu'elle puisse se diriger vers le bord, soit à l'aviron, soit à la voile, suivant le cas.

551. En pays inconnu ou ennemi, l'embarcation que l'on destine à faire de l'eau sera armée en guerre et sera commandée par qui de droit. En arrivant à terre, des dispositions seront prises pour éviter toute surprise de la part de l'ennemi. Des hommes armés éclaireront le pays à quelque distance, et seront ensuite échelonnés pour avertir de l'approche des personnes qui seraient intéressées à s'opposer à l'exécution de l'opération. L'embarcation devra toujours être maintenue à flot.

Des dispositions seront prises pour un rembarquement immédiat et prompt, si cela devenait nécessaire.

HALER UNE EMBARCATION A SEC.

552. On est souvent dans l'obligation de haler à terre ou d'échouer une embarcation, soit pour la réparer, soit pour la peindre, soit pour nettoyer sa carène. Si l'on se trouve dans un pays où l'effet des marées est assez considérable pour qu'en profitant du jusant on puisse laisser l'embarcation échouée pendant le temps nécessaire pour atteindre le but qu'on se propose, on usera de ce moyen ; on abordera donc le rivage à une heure plus ou moins avancée du commencement du jusant, selon que plus ou moins de temps sera nécessaire. On ne négligera pas de mouiller le grappin au large avant d'aborder, parce que, lorsqu'il s'agira de haler l'embarcation au large, le câblot pourra devenir d'une nécessité presque absolue.

Si cette précaution n'avait pas été prise, et que l'on se fût échoué aux environs de l'heure de la pleine mer, on profiterait de l'instant du bas de l'eau pour envoyer le grappin le plus loin possible, afin qu'il puisse servir plus tard à l'opération de haler le canot au large.

553. Ce qui précède admet qu'à l'instant de l'opération la mer est assez belle au rivage pour que l'on puisse, sans dangers pour l'embarcation, la laisser exposée à l'action des lames pendant tout le temps que la mer mettra à l'abandonner. Si des inquiétudes pouvaient naître de l'état de la mer, il faudrait se décider à haler l'embarcation à terre, afin de l'affranchir du choc des lames. Cette même opération deviendra tout-à-fait obligatoire si le pays où l'on se trouve n'est pas sous l'influence des marées ; on l'exécutera de la manière suivante :

554. Avant de partir, l'embarcation sera pourvue, 1° de rouleaux ou bouts d'espars, de mâtereaux ou d'avirons, d'un à trois mètres de long ; 2° de palans plus on moins forts, selon la dimension du canot ; 3° d'un bout de filin destiné à faire une ceinture ; 4° d'un nombre d'hommes suffisant en supplément de son équipage.

La ceinture sera généralement mise en place avant de quitter le bord. A cet effet, on appliquera le milieu du bout de filin contre l'étambot, à peu près à la hauteur de la flottaison ; chacune des deux parties du filin sera dirigée vers l'avant, et, après avoir passé autour de l'étrave, reviendra s'appliquer contre l'étambot, au même point que le premier tour, et sera de nouveau renvoyée de l'avant. A chacune des extrémités, on fera un œil qui sera destiné à recevoir la poulie supérieure du palan dont on se servira pour haler le canot à terre.

Les tours de la ceinture seront bridés entre eux, de distance en distance, et seront aussi suspendus sur le plat-bord de l'embarcation, par des bridures autour des bancs ou des tollets.

555. Ces dispositions étant prises, on se dirigera vers le point de la côte que l'on aura jugé le plus convenable ; on y abordera de bout au plein, et en se conformant à ce qui a été dit 537 et suivant ; puis on cherchera un point fixe à terre dans la direction de la quille, que l'on présentera d'ailleurs, autant que possible, vers un objet qui puisse remplir ce but. Si la côte ne présentait pas cette ressource, on obtiendrait le même résultat en pratiquant une fosse un peu profonde dans le sens du rivage, dans laquelle on introduirait un, deux ou trois grappins, et en travers des pattes desquels on placerait un espars ou un mât de canot. Le tout serait ensuite recouvert des matières retirées de la fosse, en prenant le soin de laisser à la hauteur du sol, les organeaux des grappins ou des estropes, qui y seraient frappés.

Un point fixe capable de l'effort qu'on se propose étant trouvé, on y crochera les poulies inférieures des deux palans, et les poulies supérieures seront crochées, tribord et babord, sur les œils de la ceinture.

Ces deux palans seront embraqués raides et l'on se disposera a couler des rouleaux sous la quille à mesure que, faisant force sur ces palans, le canot sera halé hors de l'eau.

Dès que l'embarcation abandonnera l'eau qui la maintenait droite, elle tendra à tomber sur un bord ou sur l'autre. On la conservera droite à force de bras, si on le juge convenable, ou bien on la laissera tomber sur le côté, pour ne la redresser que lorsqu'elle sera rendue au point où on voulait la placer.

DE L'EMBARCATION QUI REMORQUE.

556. Toute embarcation qui prend une remorque doit l'amarrer au milieu du premier banc de l'arrière.

557. Si l'objet remorqué présente une résistance considérable à l'action du canot qui remorque, le patron de celui-ci devra démonter son gouvernail comme lui étant désormais inutile, et ne gouverner qu'au moyen de la remorque dont il portera la partie comprise entre le banc et le couronnement du bord où il voudra faire venir son canot, c'est-à-dire que s'il veut venir sur tribord et que la remorque réponde au milieu du couronnement, il la portera sur tribord de manière qu'elle réponde, par exemple, à l'extrémité tribord du couronnement. Si cette position était insuffisante, ou si elle ne produisait pas un mouvement assez prompt, on capellerait la remorque sur le tollet ou dans la dame la plus en arrière. On sent que l'on peut la placer dans les positions intermédiaires à celles précitées, et que dès que l'effet voulu aura été obtenu, on devra laisser revenir la remorque graduellement ou tout d'un coup vers le milieu du couronnement.

Ce qui vient d'être dit relativement à la manière de gouverner est applicable à toute embarcation qui élonge un ancre à jet. Le patron maintient sur son grelin, et dès qu'il résiste il le porte du bord convenable.

338. Quand plusieurs embarcations se remorquent mutuellement, à l'effet de haler un bâtiment ou toute autre chose, elles doivent être placées entre elles, de manière que la plus forte soit la plus près de l'objet remorqué et que la plus faible soit la plus éloignée.

339. Si en pareil cas il s'agissait de revenir d'un bord ou de l'autre, on exécuterait ce mouvement au moyen des remorques et simultanément : l'embarcation la plus près de l'objet remorqué opérera facilement son mouvement, mais les autres, qui auront un plus grand arc à parcourir, devront, s'il est nécessaire, mollir un instant la remorque, quitte à l'embraquer plus tard, et se servir convenablement de leurs avirons pour se bien placer dans l'alignement de celles qui sont derrière elles.

360. Quand le patron d'une embarcation recevra l'ordre d'aller en prendre une autre à la remorque, ou d'aller concourir avec d'autres déjà en fonction à l'opération de haler un objet ou une chose quelconque, il manœuvrera de la manière suivante :

Il se dirigera vers le point indiqué et de manière à présenter le cap comme les embarcations qui remorquent déjà ; puis il élongera celle qui est en tête, laquelle lui jettera sa bosse, qu'il s'empressera d'amarrer sur le banc arrière. Pendant ce temps, le canot, courant sur son aire ou par l'action de ses avirons, prendra la tête de la ligne ; le patron sera alors attentif à conserver son poste et à bien se diriger sur le point indiqué, ou à changer de direction, suivant les ordres qu'il recevra.

Par précaution, le patron de l'embarcation aura dû, avant d'accoster celle à laquelle il devra donner la remorque, se disposer à lui jeter un bout d'amarre que celle-ci amarrerait sur l'avant, si la bosse avait été manquée par celle qui arrive.

TROISIÈME SECTION.

ÉVOLUTIONS ET MANŒUVRES DU BATIMENT NAVIGUANT SEUL,

 EN LE FAISANT PASSER PAR LES CIRCONSTANCES

QUI PEUVENT SE PRÉSENTER

A LA MER ET SUR LES RADES.

APPAREILLAGES.

Avertissement.

561. Quelle que soit la manière dont un bâtiment est amarré, tout appareillage peut être ramené à celui que l'on exécuterait étant sur une seule ancre : car si l'on était affourché ou sur plusieurs ancres, il faudrait commencer par les lever toutes, moins une.

562. Tout bâtiment qui est sur une rade doit toujours être prêt à appareiller au premier signal, pour exécuter un ordre donné, ou pour fuir un mauvais temps qu'il pourrait craindre. Nous admettrons donc que les dispositions suivantes sont constamment prises.

563. La tournevire est garnie; les garcettes de tournevire sont près des bittes, prêtes à frapper : la candelette de misaine est en place et affalée ; le croc de la poulie de capon est affalé jusqu'à la flottaison; un bout de filin destiné à aider le gabier de beaupré, qui ira crocher le capon, est amarré sur le croc de la poulie ; on tient un bout de filin prêt à envoyer sur la bouée, pour l'obliger à venir du bord de son ancre ; les bosse de bout et serre-bosse de l'ancre mouillée sont bien disposées ; les manœuvres sont lovées en appareillage, et chacun des hommes de l'équipage connaît le poste qu'il devra occuper au commandement : *Chacun à son poste pour l'appareillage.*

564. Les appareillages diffèrent entre eux selon la nature du temps, la direction du vent ou du courant, leur direction relative, les obstacles dont on peut être entouré, et la route que l'on doit faire après l'appareillage.

565. Dans tout appareillage où il sera possible d'abattre indifféremment sur l'un ou l'autre bord, on devra choisir le bord opposé à l'ancre mouillée :

1°. Parce qu'on sera plus certain de l'abattée;

2°. Parce que, une fois sous voiles, l'ancre se trouvera au vent, et, par cette raison, plus facile à virer et à mettre au bossoir.

566. Si l'on abattait du côté de l'ancre mouillée, elle se trouverait sous le vent, une fois sous voiles; le câble viendrait de dessous le bâtiment et éprouverait un grand frottement qu'il faudrait vaincre; le cuivre pourrait être ragué et même enlevé; et enfin on pourrait craindre que les pattes de l'ancre s'engageassent sous la quille, et que l'orin, venant du vent, si la bouée n'a pas pu être prise à bord, s'engageât dans le gouvernail.

567. Cela posé, nous décrirons les appareillages, en commençant par les plus simples et en finissant par les plus composés et les plus graves.

APPAREILLER ÉTANT ÉVITÉ DE BOUT AU VENT ET AU COURANT, SANS OBSTACLES.

Nous supposerons que l'ancre mouillée est celle de babord et conséquemment nous abattrons sur tribord.

568. Au commandement de : *Chacun à son poste pour l'appareillage*, les hommes destinés pour lever l'ancre se rendent au cabestan et aux garcettes de tournevire, déjà frappées sur l'avant de la bitte; les bosses du câble sont dédoublées, et les hommes qui garnissent le cabestan virent jusqu'à ce que la tournevire soit raide.

Les hommes destinés pour la manœuvre se tiennent sur le pont, dans la partie du bâtiment qui leur est assignée.

569. Dès qu'on s'aperçoit ou que l'on est averti que toutes les dispositions sont prises pour virer et déraper (522), on fait le commandement : *Virez*. On fera tenir bon quand le bâtiment

sera à long pic, ou plutôt lorsque l'on jugera que le nombre de brasses restant en dehors de l'écubier sera suffisant pour que l'on n'ait pas à craindre de chasser pendant l'opération d'établir les voiles.

570. On larguera toutes les voiles (416), et on les établira par ordre (422, 424 et 426).

571. On fera le commandement : *Range aux bras de babord devant, et tribord derrière;* puis, quand chacun sera à son poste, on fera celui de : *Brassez.* Les hommes agiront ensemble sur les bras et les boulines, jusqu'au commandement : *Amarre,* qui ne sera fait que lorsque le petit hunier sera contre-brassé suffisamment, et que le grand hunier et le perroquet de fougue seront orientés au plus près babord.

572. Tout étant ainsi disposé, on fera successivement les commandements : *Pare manœuvres; au cabestan; virez.*

573. L'exécution de ce dernier commandement amènera bientôt le bâtiment à pic sur son ancre, et enfin l'ancre dérapera (517). Alors on se tiendra prêt à border la brigantine et l'on mettra la barre à tribord, attendu que le bâtiment culera nécessairement, et qu'ainsi placé, le gouvernail devra faciliter l'abattée.

574. Dès que l'abattée sera suffisamment prononcée pour que l'on ne puisse pas craindre de revenir de bout au vent, ou s'il vente peu, dès que les voiles de derrière recevront le vent dedans, on fera le commandement : *Borde la brigantine.* Cette voile s'opposera d'abord à une abattée trop considérable et obligera ensuite le bâtiment à se ranger dans le vent; d'où il résultera qu'il se trouvera en panne sous le petit hunier. Pendant tout ce temps, on aura dû continuer à virer; l'ancre ne tardera donc pas à arriver près de l'écubier; on la caponnera, on la mettra au bossoir, et dès qu'il en sera ainsi, on fera le commandement : *Hors le grand foc; change devant;* le bâtiment se trouvera alors appareillé et courra babord amures.

575. On tiendra le plus près, ou on courra largue, selon le but qu'on se proposera, et l'on orientera les voiles en conséquence.

576. La circonstance dans laquelle nous nous sommes placés ne nécessite aucune précision absolue dans la manœuvre, puisque le temps est beau, et qu'aucun obstacle n'exige d'attention de la part du manœuvrier : aussi arrive-t-il souvent, dans ce cas, que l'on vire, que l'on dérape et que l'on traverse l'ancre sans aucunes dispositions préalables, et qu'une fois l'ancre à poste, on largue toutes les voiles ensemble et avec ordre; on les établit, et enfin on les oriente selon la route que l'on doit suivre.

577. C'est aussi dans ce cas que le caprice peut guider le manœuvrier dans le choix de la voilure sous laquelle il effectuera son appareillage et qu'il cherche quelquefois à briller par un grand développement instantané de voiles; il y parvient en prenant quelques dispositions préalables, et en hissant les huniers et perroquets à tête de bois avant de rien déferler. Ce mode d'appareillage est peu en usage aujourd'hui, parce qu'on lui reproche, avec juste raison, d'être peu marin; cependant il est peut-être bon d'en parler, afin de montrer qu'il n'est raisonnablement applicable que lorsque l'appareillage ne nécessite aucune précision.

578. Les dispositions générales sont les mêmes; puis, au lieu de larguer les voiles, on remplace chaque jarretière par un fil de caret. Les fonds sont maintenus par l'aiguillette du chapeau, dont on passe quelques tours autour des poulies d'itagues : chaque voile se trouve donc retenue sur la vergue par quelques fils de caret, et par l'aiguillette du chapeau, qu'un gabier se tient prêt à larguer; c'est ce qu'on appelle mettre les voiles sur les fils de caret; on les choisit d'ailleurs assez faibles pour qu'ils rompent facilement. Cela fait, on range du monde sur les drisses des huniers et des perroquets; on les hisse un peu moins qu'à bloc, en prenant le soin de placer des hommes sur les bras et les balancines, afin que toutes les vergues montent carrément. Dès que les drisses sont amarrées, les gabiers prennent beaucoup de mou dans toutes leurs cargues, et l'on brasse les vergues comme elles devront l'être, pour l'allure que l'on prendra après l'appareillage ; on borde le foc du bord opposé à celui sur lequel on veut abattre ; on se tient prêt à le hisser, à border la brigantine, et l'on range du monde sur toutes les écoutes et sur les amures des basses voiles. Tout étant bien disposé, on hisse le foc, on dérape, et quand le bâtiment aura abattu, au moyen de son foc, jusqu'à ce qu'il soit en route, le seul commandement : *Largue et borde partout*, fera larguer et établir toutes les voiles.

379. Une semblable manœuvre, bien exécutée, annonce beaucoup d'ordre à bord du bâtiment qui la pratique. Mais c'est là peut-être le seul mérite qu'on ne puisse pas lui contester : et en effet, une petite brise, et pas d'obligations à éviter un danger en appareillant, sont de nécessité absolue pour qu'on se hasarde à l'employer ; car s'il ventait un peu, toutes les voiles ainsi développées flotteraient au loin ; de là beaucoup de peine et beaucoup de temps pour les border ; le bâtiment ne serait donc susceptible d'aucune manœuvre ; d'où il résulterait que l'on pourrait se trouver dans le cas d'aborder, quoi qu'on fasse, un danger quelconque, ou qu'au moins, on n'aurait pas rempli le but que l'on s'était proposé, celui de frapper les regards des curieux par un établissement immédiat de toutes les voiles. J'ajouterai même qu'afin de se donner la chance de border les voiles avec plus de facilité, on a dû ne pas hisser les vergues en coche. On est donc obligé d'y revenir avant d'orienter, ce qui ne laisse pas que de perdre un temps précieux pendant lequel il serait peut-être nécessaire d'être bien orienté : en outre, il est évident que la vitesse acquise par le bâtiment s'opposera à la prompte exécution de l'opération de lever l'ancre et de la mettre au bossoir.

580. S'il y a nécessité d'abattre sur tribord, on établira la brigantine, le perroquet de fougue et même le grand hunier. Ce dernier sera brassé tribord, le plus possible, et le perroquet de fougue le sera babord, et cela parce que les bras vont sur l'avant.

581. La vergue du petit hunier hissée sera brassée babord, ainsi que celle de misaine : ces voiles seront prêtes à larguer, et le grand foc, bordé à babord, sera prêt à hisser.

582. Ces dispositions étant prises, les voiles de l'arrière tendront à faire venir le bâtiment dans le vent ; et comme le courant est suffisamment fort pour que le gouvernail en ressente l'effet, on mettra la barre à babord ; on veillera alors avec attention le moment où l'avant du bâtiment approchera d'être de bout au vent, et on en profitera pour hisser lestement le foc, qui, comme on sait, est bordé à babord, et l'on déferlera le petit hunier et la misaine. Si l'on a été assez heureux pour que le bâtiment se soit présenté de bout au vent, et qu'instantanément on ait pu déraper l'ancre ou abandonner le corps-mort, nul doute sur l'effet des voiles de devant, pour faire abattre sur tribord, et conséquemment le but sera rempli. Mais, en général, on doit douter de l'issue heureuse d'une telle manœuvre, qui, même bien exécutée, n'apporte pas toujours le résultat que l'on espère : il conviendra même de ne l'entreprendre qu'autant que le vent viendra de moins de deux quarts, d'un bord ou de l'autre.

583. Si, au contraire, il s'agit d'abattre sur babord, l'opération devient bien facile ; on borde le foc à babord ; on établit toutes les voiles, que l'on brasse babord ; on hisse le foc et l'on dérape ; puis, on borde la brigantine, si elle est nécessaire, pour contre-balancer l'effort des voiles de l'avant.

APPAREILLER ÉTANT ÉVITÉ DE BOUT AU VENT ET AYANT UN DANGER
PAR LA HANCHE DE TRIBORD, PAR EXEMPLE, AVEC L'OBLIGATION
DE RANGER LE DANGER SOUS LE VENT.

584. En pareil cas, si le danger est peu rapproché, et si la hauteur du fond et l'espace permettent d'abattre indifféremment d'un bord ou de l'autre, l'appareillage sera très facile ; on abattra d'un bord ou de l'autre, et on pourra ne développer les voiles qu'après avoir abattu sous le foc, et, par son effet, avoir présenté le cap sous le vent du danger ; puis, on les orientera convenablement pour la route à suivre, et on gouvernera pour passer aussi près du danger que la hauteur du fond le permettra.

585. Mais si le danger est assez rapproché pour que l'on puisse craindre de tomber sur lui, soit en culant, si l'on abat du bord opposé, soit en allant de l'avant, si l'on abat vers lui, il faudra manœuvrer avec précision et de la manière suivante.

1er CAS : ABATTRE DU BORD OPPOSÉ AU DANGER.

586. Virer à long pic ; établir toutes les voiles que le temps permettra, moins les basses voiles ; brasser complétement tribord devant, babord derrière ; border le foc à babord ; être prêt à le hisser et à border la brigantine ; ranger aussi des hommes sur les bras de devant, pour changer promptement au commandement qui en sera fait, et enfin, mettre la barre à babord ; puis, virer, déraper et changer devant, dès que l'abattée sera bien prononcée ; puis hisser en même temps le grand foc, et border la brigantine ; continuer ainsi à courir tribord amures, en entraînant l'ancre avec soi jusqu'à ce que l'on se soit suffisamment éloigné du point que l'on redoutait ; virer alors lof pour lof ; prendre les amures à l'autre bord, et gouverner pour passer à une distance convenable du danger. On prendra la panne pour mettre l'ancre au bossoir, soit avant, soit après avoir doublé le danger, selon la circonstance.

13..

2ᵉ CAS : ABATTRE DU BORD DU DANGER.

587. Virer à long pic; établir les voiles; brasser complétement babord devant, et laisser les voiles de derrière brassées carrées. Border le foc à babord, et même au bout de la civadière; le hisser, enfin mettre la barre à tribord. Déraper alors; d'où il résultera que les voiles de devant feront abattre et culer, tandis que celles de derrière, sans s'opposer à l'abattée, tendront à faire culer : le bâtiment s'éloignera donc du danger et abattra. Puis, quand les vents viendront du travers, les voiles de derrière se trouveront d'elles-mêmes en ralingues; on les y conservera au moyen des bras, tandis que l'on changera devant, ce qui portera le bâtiment de l'avant et donnera de l'action au gouvernail; alors on changera la barre. L'avant du bâtiment ne tardera pas conséquemment à s'effacer du point que l'on redoutait. Alors on gouvernera pour ranger le danger à une distance convenable; puis on mettra en panne, pour mettre l'ancre au bossoir.

APPAREILLER ÉTANT ÉVITÉ DE BOUT AU VENT, AYANT UN DANGER D'UN BORD OU DE L'AUTRE : OBLIGATION D'EN PASSER AU VENT.

Nous supposerons que le danger en question est à tribord.

588. Cet appareillage peut se présenter sous les conditions suivantes :

PREMIÈRE CONDITION.

589. Un appareillage ordinaire; mais obligation de ne mettre en panne qu'après avoir doublé le danger.

DEUXIÈME CONDITION.

590. Un appareillage qui oblige à se servir d'un croupiat, parce que la quantité dont on culerait sans lui pourrait diminuer les probabilités de passer au vent du danger.

591. Cette dernière condition oblige à manœuvrer pour deux cas : premier cas, celui où il sera possible d'élonger une ancre à jet; deuxième cas, celui où l'état de la mer s'opposera à une semblable opération. Dans le premier cas, on sacrifie une ancre à jet; dans le second, on est obligé de se résoudre à perdre une ancre de bossoir.

PREMIÈRE CONDITION.

592. Virer à long pic, établir les voiles, brasser complétement babord devant, tribord derrière; border le foc à tribord; être prêt à le hisser, à changer devant et à border la brigantine.

593. Virer et déraper, hisser le foc et changer devant; dès que l'abattée sera prononcée, border la brigantine; puis, le plus promptement possible, amurer les basses voiles; tenir le plus près et entraîner ainsi l'ancre avec soi, jusqu'à ce que le danger soit doublé, auquel cas on mettra en panne jusqu'à ce que l'ancre soit au bossoir; et enfin l'on orientera les voiles suivant la route que l'on devra faire.

DEUXIÈME CONDITION. — 1er CAS.

594. Avant de virer sur le câble, élonger une ancre à jet, à deux ou trois quarts du cap et au-delà de la bouée de l'ancre de bossoir; en prendre le grelin par l'un des sabords de l'arrière à babord.

595. Virer sur le câble et embraquer le grelin à mesure que le bâtiment se halera de l'avant, puis établir les voiles; brasser comme il a été dit (592); virer de nouveau jusqu'à ce que l'on soit à pic, et ne déraper que lorsque l'on aura pris la précaution d'embraquer le grelin bien raide; le bosser alors et se tenir prêt à couper la bosse aussitôt l'ordre donné.

596. Veiller le moment où l'abattée sera prononcée; hisser alors le foc déjà bordé à tribord, et changer lestement devant; puis border la brigantine, et couper le croupiat aussitôt que le bâtiment sera à peu près rangé sur la ligne du plus près : aussitôt le croupiat coupé, amurer les basses voiles, et conséquemment entraîner l'ancre avec soi, jusqu'à ce que le danger soit doublé,

auquel cas on prendra la panne pour mettre l'ancre au bossoir, et, si la chose est possible, on enverra une embarcation lever l'ancre à jet.

DEUXIÈME CONDITION. — 2e CAS.

597. Il vente nécessairement une forte brise; on doit par conséquent craindre de chasser en virant sur le câble : or, on a pour but, 1° de se haler au vent; 2° de perdre le moins de câble possible. On ne virera donc sur le câble que de manière à ce que le nombre des brasses restant en dehors soit certainement suffisant pour que l'on n'ait pas à craindre de chasser.

598. Cela posé : prendre le bout d'un grelin ou d'une aussière, le faire passer par l'un des sabords de l'arrière à bâbord, l'envoyer en dehors de tout s'amarrer sur le câble près de l'écubier; l'embraquer bien raide au cabestan, puis le bosser et se tenir prêt à couper cette bosse au premier ordre.

599. Établir la voilure que comporte le temps, brasser comme il a été dit (592), border le foc à tribord; être prêt à changer lestement devant, et à border la brigantine.

600. Couper le câble sur la bitte ou démaillonner la chaîne, d'où il résultera que le bâtiment, retenu seulement par son croupiat, abattra sur place; hisser le foc, changer devant, border la brigantine, amurer les basses voiles, orienter au plus près, et tenir le vent jusqu'à ce que le danger soit doublé.

APPAREILLER EN CULANT.

601. Virer à long pic, établir les voiles, les laisser brassées carrées, placer des hommes sur tous les bras; ces hommes seront attentifs aux ordres qu'ils recevront. Virer et déraper, puis manœuvrer convenablement la barre, les voiles de devant, et même celles de derrière; pour obliger le bâtiment à se présenter constamment de bout au vent. Ce résultat étant obtenu, on laissera culer jusqu'à ce que les dangers permettent d'abattre sur un

bord ou sur l'autre, puis on brassera les voiles de devant du
bord opposé à celui vers lequel on voudra abattre.

OBSERVATIONS.

On ne parvient que très difficilement à maintenir long-temps un
bâtiment de bout au vent; cette manœuvre ne pourra donc s'exécuter avec certitude qu'autant que la quantité dont on devra culer
pour n'être plus gêné pour l'appareillage sera peu considérable.

DÉRADER.

602. Un bâtiment dérade quand ses câbles cassent, ou quand
ses ancres chassent ou quittent le fond, à cause de la profondeur de l'eau relativement à la longueur des touées.

603. Il est entendu que la direction du vent, par rapport aux
contours de la côte ou des dangers qui l'environnent, permet
un appareillage; autrement nous tomberions dans le cas où, ne
pouvant mettre sous voiles, on est contraint de recevoir un coup
de vent au mouillage (**762** et suivants).

604. On s'aperçoit qu'un bâtiment dérade, 1° au moyen du
relèvement du mouillage; 2° au moyen d'un plomb de sonde
ordinairement mouillé le long du bord, par le travers des grands
porte-haubans; 3° enfin lorsque le bâtiment fait instantanément
une abattée considérable.

605. Toutes les fois que l'on est mouillé sur une rade qui
peut offrir la moindre chance d'un appareillage, on doit toujours être prêt à appareiller; et comme on n'y sera contraint que
par un coup de vent, ou au moins par une forte brise, les huniers ne seront serrés qu'après qu'on y aura pris deux ris; les
basses voiles mêmes seront serrées, le ris pris.

606. Cela posé, si l'on dérade par le fait de la rupture des
câbles, et que l'appareillage doive être fait promptement, pour
éviter des rochers ou des dangers quelconques, on appareillera
avec le plus de célérité possible sous les huniers et les basses voiles, ou seulement sous ces dernières, selon la violence du vent.

On orientera les voiles selon la route à suivre, pour éviter les dangers, pour prendre la mer, et se maintenir au large, jusqu'à ce qu'un temps favorable permette de revenir, au même mouillage, draguer les ancres et les câbles; ce qui devra se faire si des exigences plus majeures ne s'y opposent pas.

607. On connaîtra toujours à peu près la position des ancres et des câbles laissés sur le fond, au moyen du relèvement du mouillage, et mieux encore au moyen de celui que l'on aura dû prendre à l'instant où on les aura abandonnés.

608. Si l'on avait déradé en entraînant les ancres avec soi, il aurait fallu se décider promptement à couper les câbles, et se conduire ensuite comme il vient d'être dit. Mais si le vent portait le bâtiment dans une direction qui ne présentât aucun danger, on se tiendrait en travers, sous le petit foc et l'artimon, jusqu'à ce qu'on ait pu mettre les ancres à poste, et ce n'est qu'alors que l'on orienterait les voiles que la force du vent permettrait de porter.

APPAREILLER ÉTANT AMARRÉ SUR UN CORPS-MORT.

609. Toutes les circonstances dans lesquelles nous nous sommes placés pour appareiller un bâtiment mouillé sur une ancre, peuvent également se présenter pour celui qui est amarré sur un corps-mort. La manière de manœuvrer pour chacun de ces cas ne diffère de ce qui a été dit que par le moyen de s'affranchir des amarres. Or, nous avons vu que, dans le cas où il faut faire de la voile, dès qu'on est dérapé, on est dans l'obligation d'entraîner l'ancre avec soi : d'où il résulte, 1° une grande difficulté pour gouverner, surtout si la hauteur du fond est considérable ; 2° la crainte que, par suite d'une profondeur inégale de l'eau, l'ancre ne s'accroche sur le fond ; 3° enfin, une diminution notable dans la vitesse du bâtiment. Ces inconvénients sont graves ; mais il faut les subir : ils n'existeraient pas dans le seul cas où l'on serait pourvu d'amarres de poste, connues sous le nom de corps-morts (**723** et suivants) : car alors, dès qu'un bâtiment abandonne ses amarres, par le moyen qui va être donné ci-dessous, il est libre de toute entrave, et peut conséquemment gouverner et manœuvrer comme il l'entend.

610. Si le bâtiment qui doit appareiller exécute cette manœuvre avec l'intention de ne pas reprendre bientôt ce même poste, on filera la chaîne jusqu'à ce que le bout soit près des bittes. On frappera une barbarasse sur ce bout et une bosse sur l'avant de la bitte ; puis on frappera un orin sur la chaîne, en dehors, près de l'écubier ; le reste de l'orin sera lové sur le gaillard d'avant, et la bouée sera suspendue le long du bord, en dehors, par un bout de filin que l'on se tiendra prêt à couper. Ces dispositions étant prises, on établira les voiles, excepté les basses voiles ; on brassera convenablement au but que l'on se propose ; puis on larguera la bosse frappée sur l'avant de la bitte, et enfin la barbarasse : d'où il suivra que la chaîne s'échappera violemment par l'écubier, tant par la force du vent que par son propre poids ; alors le bâtiment abattra, et l'on continuera l'appareillage selon le cas où l'on se trouvera.

611. Si, en appareillant, on a l'intention de revenir bientôt prendre le même mouillage, on filera la chaîne comme dans le cas précédent, jusqu'à ce que le bout soit près de la bitte ; on mettra aussi une bosse sur l'avant de la bitte. Au dernier chaînon, on amarrera bien solidement le bout d'une aussière ; puis lui faisant faire le même chemin qu'à la chaîne, en allant en dehors, on lovera l'aussière dans la chaloupe que l'on aura halée sous les écubiers, du bord opposé à celui sur lequel on voudra abattre. On bridera ensuite l'aussière sur la partie de la chaîne comprise entre l'écubier et les bittes, près de ces dernières, et cela de manière que l'on n'ait qu'à couper la bridure, pour que le bout coure autour de la bitte et s'échappe en dehors. On frappera aussi, comme dans le cas précédent, l'orin sur la chaîne, en dehors de l'écubier, et l'on mettra l'orin et sa bouée dans la chaloupe. Enfin le double de l'aussière sera bridé dans le davier de la chaloupe, à une distance du bout de la chaîne un peu plus grande que la hauteur du fond.

612. Ces dispositions étant prises, on établira les voiles convenablement; on larguera la bosse frappée sur l'avant de la bitte, puis on coupera la bridure faite sur l'aussière et la chaîne : le tout passera par l'écubier; le bâtiment abattra, et la chaloupe restera à peu près à la place qu'il occupait.

613. Quand il s'agira de revenir prendre les amarres, il suffira d'étaler le bâtiment assez près de la chaloupe pour qu'une embarcation puisse porter à bord le bout de l'aussière frappée sur le bout de la chaîne; de haler dessus, et d'attraper une quantité suffisante de chaîne pour prendre le tour de bitte.

614. Si, au lieu de se servir de la chaloupe pour supporter les amarres, on s'était servi de gros bateaux construits dans ce but, on aurait, sans filer la chaîne, bossé solidement la partie qui est en dehors de l'écubier sur le bateau en question, puis on aurait amarré un bout d'aussière de quelques brasses, qui prendrait le nom d'embossure, sur les bittes du bateau; on l'aurait embraqué raide, et bossé de manière à ce qu'il suffise de couper une bridure pour s'en affranchir au premier ordre; et enfin on aurait poussé la chaîne en dehors, pour que des hommes placés sur le bateau puissent l'y embraquer.

615. Ces dispositions étant prises, on voit que le bâtiment ne sera plus retenu que par l'embossure, qu'on larguera en temps opportun.

616. Si en appareillant on a des raisons pour s'opposer à ce que le bâtiment cule, on se servira d'un croupiat, qui partira toujours de l'un des sabords de l'arrière et viendra s'amarrer sur la chaîne, si l'on se sert de chaloupe, et sur le bateau corps-mort, dans le cas où celui-ci recevrait les amarres.

VIREMENTS DE BORD VENT DEVANT.

VIRER DE BORD VENT DEVANT.

617. Nous supposerons qu'il s'agit de virer étant au plus près, courant sous toutes voiles, avec un beau temps, une belle mer et une jolie brise; c'est le cas le plus favorable. Nous entrerons ensuite dans les cas qui peuvent modifier l'exécution de cette manœuvre.

618. Dans la circonstance où nous nous sommes placés, la voilure de devant balance nécessairement celle de derrière; la barre doit être droite et peut être un peu au vent; enfin le bâtiment gouverne bien. Avant de commencer l'évolution, on observe si l'on est rigoureusement au plus près; s'il n'en est pas ainsi, on s'y range *près et plein*, et l'on fait le commandement préparatoire : *Pare à virer,* auquel des hommes se portent à l'écoute du gui, aux bras du vent de derrière, sur les lofs des basses voiles, sur les galhaubans volants sous le vent, sur les boulines de revers, sur les amures et écoutes de revers des basses voiles : tous se tiennent prêts à haler sur ces manœuvres, à l'ordre qu'ils en recevront; tandis que d'autres seront prêts à filer l'écoute de foc, à larguer les boulines, les amures et écoutes des basses voiles, les galhaubans volants du vent et les bras de dessous.

Les élèves, les maîtres et les quartiers-maîtres sont chargés de l'exécution de ces dispositions, et quand d'un coup d'œil on s'aperçoit que chacun est à son poste, on commande : *La barre dessous en douceur, borde le gui;* et, un peu plus tard : *File l'écoute du foc.*

Le bâtiment provoqué par l'effet de sa barre et aussi par l'effet de sa brigantine, halée au vent jusqu'à ce que le gui soit dans le sens de la quille, vient dans le vent; les voiles fasient d'abord, et bientôt celles de l'avant reçoivent le vent dessus. Dès qu'il en est ainsi, l'évolution est certaine; on fait aussitôt le commandement : *Lève les lofs*.

Les hommes placés sur les cargues-points des basses voiles les halent et élèvent les points jusqu'à ce que leur hauteur soit suffisante pour qu'il y ait moins de chances qu'elles s'engagent pendant l'opération de changer.

Les hommes placés aux amures, et aux écoutes et amures de revers, les embraquent raides.

La personne qui commande la manœuvre regarde le long du bord si le bâtiment va encore de l'avant, s'il est stationnaire ou s'il cule. Dans la première hypothèse, on laisse la barre où elle est; dans la seconde, on donne l'ordre de la mettre droite; et dans la troisième, on la fait mettre de l'autre bord. Puis, se portant au milieu du bâtiment, et regardant la girouette, on observe le moment où le bâtiment sera droit de bout au vent, et l'on commandera : *Change derrière*.

A ce commandement, on hale ou on largue toutes les manœuvres qui peuvent faire prendre aux voiles de derrière une position inverse de celle qu'elles avaient; on largue les galhaubans volants, qui précédemment étaient au vent, et l'on embraque les autres raides : pendant cette opération, le bâtiment continue à abattre. On fait changer l'écoute du foc, que l'on laisse en bande; on contre-brasse la civadière, et bientôt les voiles de derrière reçoivent le vent dedans. On saisit ce moment pour faire le commandement : *Amarre les bras de derrière; passe au bras de devant;* puis : *Change devant, contrebrasse la civadière.*

A ce dernier commandement, on contre-brasse la civadière et l'on hale ou on largue toutes les manœuvres qui peuvent faire prendre aux voiles une position inverse de celle qu'elles avaient. Le bâtiment, recevant le vent dans toutes ses voiles, ne tarde pas à se porter en avant. Alors on met la barre légèrement dessous, jusqu'à ce que l'on se soit rangé sur la ligne du plus près. On borde alors le foc, on hale toutes les boulines, et enfin on fait le commandement : *Pare manœuvre*. Le bâtiment continue sa route, les amures étant du bord opposé à celui où elles étaient avant cette évolution, qui, comme on le voit, a été dégagée de tout incident.

VIRER DE BORD VENT DEVANT, QUAND IL VENTE BONNE BRISE
ET QUE LE BATIMENT A ACQUIS UNE GRANDE VITESSE.

619. Dans ce cas, il pourra arriver qu'il soit inutile de filer l'écoute de foc. L'effet de la barre et de la brigantine suffiront probablement pour faire venir le bâtiment dans le vent : il y viendra peut-être même très vivement; et pour ce motif il conviendra de lever les lofs, avant que le vent n'ait pris dessus les voiles, et à ce même moment, on carguera la grande voile, qui, en outre de ce qu'elle rendrait l'opération de changer derrière plus difficile, tendrait en un certain moment de l'évolution à faire culer le bâtiment. Il conviendra cependant de ne carguer cette voile qu'autant qu'elle aura pour effet de faire culer le bâtiment pendant le virement de bord, ce qui, du reste, n'aura lieu que si l'équipage est faible et peu exercé. Par l'effet du vent sur les voiles de devant, le mouvement de rotation continuera à être très prompt; alors on changera derrière un peu avant d'être complétement de bout au vent, afin que les hommes qui agissent pendant cette opération aient le temps de se rendre aux bras de devant pour le moment où cela sera nécessaire, ce qui ne se fera pas long-temps attendre. Il est possible que, malgré l'activité que l'on ait déployée dans toute l'évolution, le mouvement d'abattée du bâtiment ait été considérable. Dans ce cas, on aura soin, en changeant devant, de ne pas orienter de suite au plus près, mais bien de ne brasser sous le vent qu'à mesure que le bâtiment, sollicité par les voiles de derrière et la barre, se rangera lui-même dans le vent; puis, quand il sera rangé sur la ligne du plus près, on bordera le foc, dont l'écoute aura dû être changée en temps opportun, et l'on orientera au plus près partout; ce qui se fera probablement sans le secours des bras. L'on appuiera les bras du vent bien raides, et l'on larguera les bras de dessous, si la mer est grosse. Si la mer est belle, on pourra les conserver amarrés, sans inconvénient pour les vergues : il en résultera l'avantage d'être mieux orienté.

620. Dans toutes ces manœuvres, les galhaubans volants et les bras du vent ont dû être l'objet d'une sérieuse attention. Ainsi les hommes placés aux bras de dessous, pour les filer d'abord, ont dû ensuite les prendre à retour pour ne pas se laisser gagner par l'effet du vent quand les voiles auront reçu le vent dedans.

Les hommes placés aux galhaubans volants, qui deviennent ceux du vent après le virement de bord, ont dû les embraquer bien raides au moment où l'on a changé les voiles.

621. On louvoie quelquefois avec les perroquets dehors d'une brise telle que l'on puisse craindre pour les mâts de perroquet pendant le temps que ces voiles recevront le vent dessus. Dans ce cas, on les cargue, et on les rétablit après le virement de bord exécuté.

Si, pendant un virement de bord, on était surpris par un grain, et que l'on pût craindre que les étais fatiguassent trop par l'effet des voiles masquées, on amènerait les perroquets ou les huniers, selon la force du grain, avant que les voiles ne masquassent complétement; mais, autant que possible, on attendra que le mouvement d'oloffée soit assez bien prononcé pour que l'on ait acquis la probabilité de ne pas manquer à virer. Il est entendu que, si le grain est violent, il vaudra mieux manquer à virer que de s'exposer à le recevoir sur les voiles, excepté cependant si l'on était dans l'obligation absolue de virer de bord, vent devant, pour se soustraire au cas grave d'aborder un danger.

VIRER DE BORD VENT DEVANT QUAND LA BRISE EST INÉGALE

ET VARIABLE.

622. Si la brise est inégale et variable, il en résulte que la vitesse du bâtiment et la direction qu'il suit sont aussi variables.

On devra, en pareille circonstance, ne commencer l'évolution que lorsque, étant bien au plus près, la vitesse sera suffisante pour donner de la puissance au gouvernail ; puis on ne se pressera pas de lever les lofs, pas plus que de changer derrière, dans la crainte qu'un changement dans la direction du vent ne vienne s'opposer à l'évolution.

VIRER DE BORD VENT DEVANT QUAND LE BATIMENT EST MOU.

623. Un bâtiment est mou quand, courant au plus près, la barre, au lieu d'être droite ou un peu au vent, est forcément mise un peu dessous, pour l'obliger à se ranger dans le vent. Cet effet, fâcheux pour l'exécution d'un virement de bord vent devant, peut provenir de deux causes ; savoir, de l'arrimage, c'est-à-dire de la position du centre de gravité trop rapproché de l'arrière, ou d'une mer trop grosse, relativement à la vitesse imprimée par le vent. On ne pourra donc pas douter de la difficulté que le bâtiment éprouvera à venir assez au lof, pour que le vent prenne sur les voiles de devant ; alors, pour tâcher d'arriver à ce résultat, on halera bas le foc, à peu près en même temps que l'on mettra la barre dessous, et que l'on bordera le gui. Le bâtiment viendra au vent, mais il ne tardera pas à perdre entièrement sa vitesse ; on veillera donc attentivement à ce moment, pour changer la barre ; puis on appuiera légèrement les bras de devant en choquant les petites boulines, mais très peu, et avec discernement, car cette manœuvre, faite à propos, peut décider l'évolution ; mais mal appliquée, elle peut produire un effet tout contraire à celui qu'on se proposait. Si par tous ces moyens on parvient à faire prendre le vent sur les voiles de devant, l'évolution est certaine, et le reste s'opérera comme il a été dit (**617**). Si au contraire le bâtiment retombe sur le même bord, on dresse la barre, on hisse le foc, on oriente de nouveau, et l'on revient graduellement au vent, en mettant la barre dessous, et puis on continue le même bord pour recommencer plus tard. Si l'on a des raisons de penser que l'on doit attribuer à l'arrimage la difficulté que le bâtiment éprouve à se ranger dans le vent, on fera passer du lest volant sur l'avant, en quantité convenable, et l'on augmentera par là les chances de pouvoir virer vent devant; mais si au contraire on doit l'attribuer à l'état de la mer, il faudra peut-être se décider à virer lof pour lof (631).

624. S'il vente peu, et que la mer soit belle, on donnera une touline, que l'on aura disposée d'avance sur le beaupré, à une embarcation qui, nageant avec force dans la direction convenable, et au moment opportun, pourra décider de l'évolution.

VIRER DE BORD VENT DEVANT QUAND LE TEMPS EST A GRAINS.

625. On tâchera de n'envoyer vent devant que pendant les intervalles de temps qui sépareront les grains. Si cependant on recevait un grain pendant un virement de bord, il faudrait s'empresser d'amener les huniers ou les perroquets, selon la circonstance; sans cette précaution, il serait possible que les mâts ou le bâtiment courussent quelque danger.

VIRER DE BORD VENT DEVANT QUAND, LE VENT ÉTANT TRÈS FORT ET COURANT SUR UNE TERRE, IL Y A OBLIGATION ABSOLUE DE VIRER VENT DEVANT.

626. On prendra à l'avance une bitture du câble de l'ancre de bossoir de dessous le vent un peu plus grande que la hauteur présumée du fond. On se tiendra prêt à mouiller et à couper le câble, à l'ordre qui en sera donné; puis on enverra vent devant; et dès qu'il y aura indécision pour le moment où le vent pourra prendre sur les voiles de devant, on laissera tomber l'ancre; quand le câble fera tête, le bâtiment viendra nécessairement debout au vent, d'où il résultera que les voiles de devant recevront le vent dessus, et que l'on pourra par conséquent couper le câble, et avoir la certitude d'abattre du bord que l'on désirait : le reste de l'évolution se continuera comme à l'ordinaire, et l'on n'aura à regretter que la perte d'une ancre et d'une partie du câble.

VIRER DE BORD VENT DEVANT, EN CHANGEANT PARTOUT A LA FOIS.

627. Il arrive quelquefois, mais très rarement, de virer de bord vent devant, en changeant partout à la fois. Cette manœuvre, que l'on n'exécute jamais dans un but d'utilité, présente au contraire de grands inconvénients : 1° l'évolution est moins prompte; 2° il est difficile de préciser le moment où l'on doit changer partout; d'où il résulte que, si l'on change trop tôt, on peut manquer à virer. Si au contraire on change trop tard, le bâtiment fait une énorme abattée, dont rien ne peut modérer l'effet. Nous considérerons donc cette manœuvre comme purement d'apparat; elle n'a rien de marin, et ne s'exécute que dans les circonstances où l'on n'a aucun intérêt à manœuvrer avec précision : quoi qu'il en soit nous donnerons la manière de l'exécuter.

Au lieu de changer derrière, au moment où le bâtiment est droit de bout au vent, on attend, pour changer partout en même temps, que l'avant du bâtiment soit dépassé du lit du vent de trois ou quatre quarts. Cependant le moment de changer devra être plus ou moins rapproché de celui où le bâtiment était vent devant, selon la disposition plus ou moins prononcée qu'il aura à abattre; et, s'il arrivait qu'ayant changé trop tôt, le bâtiment revînt sur le même bord, on s'empresserait de contre-brasser les voiles de devant. Si au contraire, ayant changé trop tard, le bâtiment abattait considérablement, on n'orienterait devant qu'à mesure qu'il se rangerait sur la ligne du plus près.

OBSERVATIONS.

628. Dans tout ce qui précède, on a tâché d'indiquer la manœuvre à exécuter pour chacune des circonstances de quelque importance qui peuvent se présenter pendant l'exécution d'un virement de bord; mais si chacune d'elles peut se rencontrer séparément, il peut arriver aussi qu'il y ait complication. Dans ce cas, la manœuvre à exécuter participerait de tout ce qui a été dit, et le manœuvrier appelé à la commander ne réussirait bien qu'autant que ses déterminations seraient aussi promptement conçues et mises en œuvre que les causes qu'il voudrait vaincre se succéderaient elles-mêmes avec rapidité.

MANQUER A VIRER.

629. Un bâtiment manque à virer lorsque, malgré les efforts du manœuvrier, le vent n'a pas pu prendre sur les voiles de devant, ou lorsque, cette condition ayant été remplie, on a changé trop tôt derrière. Dans l'un et l'autre cas, l'abattée se prononce en sens contraire de ce que l'on cherchait, et l'on se trouve dans l'obligation d'orienter de nouveau et de continuer le même bord, pour envoyer vent devant plus tard, ou dans celle de virer lof pour lof, si l'on a intérêt à ne plus courir le même bord.

630. Si en louvoyant on courait de bout sur une terre, et que l'on en virât très près, il faudrait se tenir prêt à masquer partout, afin de virer ainsi lof pour lof, si l'on manquait à le faire vent devant.

VIREMENTS DE BORD LOF POUR LOF.

VIRER DE BORD LOF POUR LOF, EN CONSERVANT LE VENT DANS LES VOILES DE DEVANT.

631. Au commandement de *Pare à virer lof pour lof,* tous les hommes se rendent aux postes qui leur sont assignés. On s'assure que les dispositions nécessaires pour l'évolution sont bien prises ; puis on commande successivement, et presque en même temps : *Cargue la brigantine et la grande voile; largue les boulines derrière ; brasse en ralingue ; brasse.* On annulera ainsi l'effet de toutes les voiles qui, par leur position, balançaient l'effort de celles de devant : ces dernières étant les seules qui recevront le vent dedans, tendront donc à faire arriver le bâtiment, et ce sera alors qu'il conviendra de commander : *La barre au vent toute.*

S'il vente bonne brise, il deviendra important de saisir le moment où les voiles seront en ralingue pour mettre la barre au vent ; car si cette précaution n'était pas prise, il pourrait arriver que le mouvement de rotation imprimé par la barre se fît avec une telle promptitude, qu'il devînt difficile et peut-être impossible de brasser en ralingue ; d'où il résulterait que le bâtiment, recevant le vent dans toutes ses voiles, n'opérerait son évolution qu'en parcourant un grand développement, que l'on a presque toujours intérêt à raccourcir. Cette recommandation devra toujours être prise en considération, excepté cependant le cas où le sillage serait très petit, auquel cas il conviendrait de virer en conservant le vent dans toutes les voiles (638).

Quand le bâtiment sera arrivé de deux quarts environ, on

14..

commandera : *Largue la boulinette* : puis : *Lève les lofs* (s'il vente bonne brise , la misaine sera carguée avant l'évolution).

652. A partir du moment où le bâtiment commencera son mouvement de rotation , on brassera les voiles de derrière au vent , afin d'obtenir que ces voiles soient constamment en ralingue. Il résultera de là qu'elles se trouveront orientées au plus près au moment où le bâtiment aura laissé porter d'environ six quarts ; c'est alors qu'il sera temps de commander : *Amarre les bras et boulines de derrière; file l'écoute du foc; range sur les bras de devant.*

Pendant le temps employé pour l'exécution de ces commandements , le bâtiment aura continué son mouvement de rotation , et se sera approché du vent arrière ; peut-être même sera-t-il déjà arrivé à cette position. On s'empressera donc de commander : *Brasse carré devant, change l'écoute du foc; ne le bordez pas;* et très peu de temps après on fera le commandement : *Borde la brigantine.*

Les voiles de devant recevront alors le vent perpendiculairement à leur surface ; le bâtiment acquerra une vitesse qui profitera à l'action du gouvernail , pour faire venir le bâtiment dans le vent ; il y sera d'ailleurs désormais sollicité par les voiles de derrière , que l'on sait déjà à peu près orientées.

S'il vente forte brise, le bâtiment approchera très vivement de la ligne du plus près ; il conviendra donc de veiller à brasser les bras de dessous le vent de devant assez promptement pour ne pas se laisser coiffer. En outre, si par une circonstance quelconque on a lieu de concevoir des craintes à cet égard , on modérera le mouvement d'oloffée, au moyen de la barre, et en bordant le foc. Dès que le bâtiment sera rangé sur la ligne du plus près , on amurera les basses voiles, et l'on orientera au plus près partout.

Mais s'il vente peu, le mouvement de rotation sera modéré ; le bâtiment ne viendra pas brusquement au lof , et sa vitesse en avant devra être maintenue , afin que l'action du gouvernail soit la plus puissante possible. Il conviendra donc de ne brasser devant qu'à mesure que le bâtiment se rangera dans le vent, et de ne border le foc que lorsque l'on approchera de la ligne du plus près ; puis on amurera la grande voile, et l'on orientera au plus près partout.

VIRER DE BORD LOF POUR LOF, EN CONTRE-BRASSANT LES VOILES DE DEVANT.

633. Pour exécuter cette manœuvre, on range du monde sur les bras du vent partout, et sur les cargues de brigantine, de grande voile et de misaine; puis on fait les commandements : *Cargue et brasse partout.* Les voiles de devant sont alors contre-brassées complétement, tandis que l'on brasse celles de derrière en ralingue seulement. Dans cette position, les voiles de l'avant étant contre-brassées en grand, tendent, avec le foc conservé bordé, et avec la barre placée au vent, sous le vent, ou droite, selon que le bâtiment va de l'avant, cule ou est stationnaire, à faire arriver promptement. Dès que le bâtiment recevra le vent par le travers, on ne continuera plus à conserver en ralingue les voiles de derrière, qui, comme on sait, seront alors brassées carrées. Les voiles de devant continueront à faire arriver ; et, par suite, les voiles de derrière recevront le vent de dedans ; ce qui fera acquérir de la vitesse et communiquera de la puissance au gouvernail, qui seul peut maintenant faire arriver ; car les voiles de devant reçoivent le vent trop obliquement pour produire ce résultat si important. On devra même augmenter les chances d'aller de l'avant, en brassant carré devant, au moment où le vent viendra de l'arrière. Puis on bordera la brigantine dès que l'arrière aura dépassé la direction du vent ; et l'on brassera partout sous le vent, à mesure que le gouvernail rangera le bâtiment au vent ; on ajoutera d'ailleurs à l'effet de la barre, en tenant l'écoute du foc filée en bande, et en ne brassant devant que de manière à ce que ces voiles reçoivent le vent obliquement. Dès que le bâtiment sera sur la ligne du plus près, on amurera les basses voiles, on bordera le foc et l'on orientera au plus près.

VIRER DE BORD LOF POUR LOF EN MASQUANT PARTOUT.

634. Cette manœuvre s'exécute ordinairement lorsque, courant sur une terre, et essayant à virer vent devant très près d'elle, on manque à virer, et qu'il y a obligation non-seulement de prendre les amures sur l'autre bord, mais encore de ne plus s'approcher de la côte pendant l'évolution. Si en pareil cas on pratiquait la manœuvre décrite (633), on ne remplirait pas complétement le but qu'on se propose ; on le remplirait encore moins en manœuvrant comme il a été dit (631). Il faut donc avoir recours à une exécution qui ait pour résultat de faire culer le bâtiment, de l'éloigner du danger, et de virer de bord. À cet effet, on carguera la brigantine et la grande voile, et l'on fera masquer en même temps partout. On tâchera de manœuvrer ensuite les voiles de devant, celles de derrière et la barre, de manière à maintenir le bâtiment de bout au vent, afin de culer suffisamment, pour n'avoir plus à craindre d'effectuer un virement de bord, lof pour lof, qui du reste deviendra celui dont il vient d'être question (633). Cette détermination étant prise, on mettra la barre du bord où l'on voudra abattre, on brassera les voiles de devant, et l'on achèvera l'évolution comme il a été dit (633).

VIRER DE BORD LOF POUR LOF, EN CONSERVANT LE VENT DANS
TOUTES LES VOILES.

Cette manœuvre s'exécute ordinairement lorsqu'il vente peu, et que, le sillage étant très petit, la barre a peu d'action.

635. On cargue la brigantine et la grande voile, et l'on met la barre au vent. La vitesse du bâtiment n'ayant été que peu diminuée par cette suppression de voilure, le gouvernail conservera à peu près toute l'influence qu'il avait précédemment, et par conséquent le bâtiment arrivera ; puis, à mesure qu'il évoluera, on brassera au vent sur tous les bras, de manière à conserver toujours le vent dans toutes les voiles ; ce qui augmentera la vitesse, et par suite, l'action du gouvernail. Dès que la poupe aura dépassé le vent arrière, on bordera la brigantine ; puis, on continuera toujours à brasser ; et enfin le bâtiment se rangera sur l'autre ligne du plus près.

On aurait pu commencer le virement de bord, comme il a été dit (631), avec cette différence qu'il aurait fallu conserver le vent dans les voiles de derrière, à partir du moment où étant brassées carrées elles recevraient le vent dedans.

ÉVITER DE FAIRE CHAPELLE,

ET AYANT FAIT CHAPELLE, FAIRE LE TOUR POUR REPRENDRE LES MÊMES AMURES, OU BIEN PRENDRE LES AMURES DE L'AUTRE BORD.

ÉVITER DE FAIRE CHAPELLE.

636. Un bâtiment est sur le point de faire chapelle lorsque, par la faute du timonnier inattentif aux variations du vent, ou par une saute de vent inattendue, les voiles de devant sont en ralingue, ou reçoivent le vent dessus; il fait chapelle, si l'on ne parvient pas à le faire arriver, en manœuvrant comme il va être dit.

MANŒUVRER POUR ÉVITER DE FAIRE CHAPELLE.

637. Dès que l'on s'aperçoit, ou que l'on est averti par le timonnier que le bâtiment est sur le point de faire chapelle, on cargue immédiatement la grande voile et la brigantine; puis, en même temps, on observe le long du bord si l'on va de l'avant, ou si l'on cule, et l'on met la barre en conséquence. Si cette manœuvre était insuffisante, il faudrait se décider promptement à contre-brasser complétement devant; ce qui, fait à propos, ne manquerait pas d'avoir un effet favorable. Cette manœuvre réussira toutes les fois qu'on l'aura exécutée avant que le bâtiment ait dépassé le lit du vent d'un demi-quart environ.

638. Quelques marins recommandent de traverser l'écoute du foc au vent. Cette manœuvre, vraie en théorie, ne réussit pas souvent, parce qu'elle est longue dans son exécution, et qu'il arrive presque toujours que le bâtiment a dépassé le lit du vent avant que le foc soit traversé.

639. Si en manœuvrant comme il a été décrit (637) on parvient à faire rabattre le bâtiment sur le même bord, on rétablira la voilure telle qu'elle était précédemment ; mais on devra redoubler d'attention pour ne plus retomber dans le même cas ; car si, dans certaines circonstances, cet événement peut être considéré comme de peu d'importance, il en est d'autres où il pourrait compromettre la sûreté de la mâture ou obliger à quitter le poste que l'on occuperait en division.

MANOEUVRER AYANT FAIT CHAPELLE.

640. Si, malgré les manœuvres précitées, on ne parvenait pas à éviter de faire chapelle, soit parce que l'on n'a pas pris de décision assez prompte, soit parce que la saute de vent a été considérable, il faudrait se décider à manœuvrer pour conserver les mêmes amures, en faisant le tour, ou bien à achever le virement de bord vent devant, et prendre les amures à l'autre bord.

Ier CAS. — FAIRE LE TOUR.

641. Ayant pris la détermination de faire le tour, on carguera la brigantine et la grande voile, on brassera carré derrière, on mettra la barre du bord où l'on voudra abattre, parce que le bâtiment culera probablement ; puis, comme précédemment il avait acquis un mouvement de rotation contre lequel on avait vainement résisté, il continuera à abattre ; d'où il résultera que le vent, d'abord par le travers, frappera plus tard dans les voiles de derrière, et portera le bâtiment en avant. La barre sera alors changée ; les hommes qui étaient aux bras de derrière passeront à ces mêmes bras de l'autre bord ; puis, au moment où l'on sera vent arrière, ils brasseront à mesure que le bâtiment se rangera dans le vent, bien entendu que l'on aura dû border la brigantine aussitôt que l'arrière du bâtiment aura dépassé le lit du vent, et qu'enfin on orientera au plus près.

OBSERVATIONS.

642. Il est à remarquer que les bras de devant n'ont pas été touchés ; c'est ce qui se pratique lorsque, pendant un quart, on se trouve souvent dans l'obligation d'exécuter cette manœuvre, et que l'on craint de trop fatiguer l'équipage; sans cette circonstance, il faudrait brasser carré devant, à l'instant où l'on serait vent arrière; l'évolution deviendrait alors plus prompte, puisque les voiles de devant ne s'opposeraient plus à l'action de venir au vent.

2ᵉ CAS. — PRENDRE LES AMURES A L'AUTRE BORD.

643. On prend les amures à l'autre bord lorsque l'on a fait chapelle par suite d'une saute de vent un peu considérable; parce que, dans ce cas, si l'on vire de bord pour prendre les amures à l'autre bord, la nouvelle bordée que l'on suivra alors sera plus favorable de toute la quantité dont le vent a changé. La manœuvre à exécuter alors n'est autre chose que celle d'un virement de bord vent devant : on a seulement l'attention de reborder la brigantine carguée dans l'espérance d'éviter de faire chapelle; elle servira désormais à modérer l'abattée imprimée par les voiles de devant.

MANOEUVRER POUR LES GRAINS.

644. Les marins appellent *grains* une augmentation accidentelle dans la force du vent ; il est rare qu'une quantité plus ou moins considérable de pluie n'accompagne pas un grain, qui d'ailleurs s'annonce sous des apparences diverses qu'il est inutile de décrire, parce qu'elles sont si variables, quant aux résultats qu'elles produisent, que les marins les plus expérimentés se trompent souvent dans le jugement qu'ils en portent. On doit donc se tenir constamment en garde contre un événement dont il peut arriver que l'on apprécie mal les conséquences. De la mauvaise appréciation d'un grain il peut résulter des avaries et de l'inquiétude et, par suite, des commandements non exécutés et quelquefois inexécutables, qui révéleraient à l'équipage une imprévoyance que rien ne saurait justifier. Cependant quelque prudent que l'on doive être, il faut aussi se rappeler que dans toutes les circonstances possibles, un bâtiment de guerre doit porter toute la voile que comporte le temps. On saluera donc, et de bonne heure, tout grain dont aucun précédent n'aura pu faire connaître la nature ; mais on ne cédera que pied à pied au grain dont on aura pu apprécier la force par celle de ceux qui l'auront précédé.

645. Le dernier moyen auquel on doive avoir recours pour parer un grain est celui de laisser arriver. Ce moyen est sans doute concluant, on est même forcé d'en user quelquefois ; mais on peut dire que cette obligation ne peut provenir que de la fausse appréciation du grain, ou d'un manque de surveillance. Enfin, nous pensons qu'un grain est d'autant mieux apprécié que, conservant beaucoup de voiles pendant son action, on n'est pas contraint de laisser porter pour se soustraire à sa force.

646. Quand on est chargé par un grain, on diminue de voiles derrière, parce que, la force du vent ayant augmenté, la vitesse en avant s'est accrue, et a rendu le bâtiment tellement ardent que le gouvernail pourrait devenir insuffisant, s'il devait résister seul contre l'impulsion du bâtiment à venir au vent. Or, s'il arrivait que l'on masquât pendant un grain, il en résulterait, 1° que les étais supporteraient seuls l'effort du grain, d'où dangers pour la mâture; 2° le bâtiment, insensible à sa barre, serait livré à toute la violence du vent, sans qu'il fût possible de s'opposer à une inclinaison dangereuse, puisque, les voiles étant sur le mât, ce serait en vain que l'on filerait les écoutes pour se soustraire à l'action des voiles. Toutes ces raisons sont assez fortes, et les résultats signalés assez graves, pour établir en principe que l'on doit manœuvrer pour un grain en diminuant de voiles de telle sorte, qu'en conservant l'équilibre entre celles de devant et celles de derrière, la barre seulement un peu au vent soit susceptible de faire arriver le bâtiment sans trop d'effort, le cas échéant. Si l'on était trop chargé par un grain ou, si l'on s'était laissé surprendre par lui, il faudrait laisser porter, parce qu'il est évident qu'alors les voiles tendraient d'autant moins à faire incliner, que l'on aurait laissé porter plus près de la route du vent arrière.

647. De ce qui vient d'être dit nous déduirons que, si un grain menace d'une autre partie que de celle d'où vient le vent, il faudra, avant qu'il tombe à bord, gouverner de manière à présenter le cap dans une direction qui donne la certitude de le recevoir dans les voiles; on retombera alors dans le cas ordinaire de parer un grain.

PARER UN GRAIN ÉTANT AU PLUS PRÈS SOUS TOUTES VOILES.

648. On cargue et l'on serre les catacois et le clin-foc, puis les perroquets ; on hisse le petit foc (d'un temps à grains il est bon que cette voile soit toujours dehors) ; on cargue la brigantine , dont l'effet pour lancer au vent pourrait devenir dangereux : elle est d'ailleurs alors inutile pour obliger le bâtiment à tenir le vent ; on hale bas le grand foc ; on cargue la grande voile ; on veille les drisses des huniers , et enfin on les amène plus ou moins, selon la force du grain. Quand on est réduit à cette voilure , il faudrait que le grain fût bien fort pour qu'il obligeât à en diminuer encore ; cependant si cela devenait nécessaire , on carguerait les huniers , en commençant par le perroquet de fougue ; et enfin si , restant sous la misaine , on était encore contraint de céder à la violence accidentelle du vent, on carguerait la misaine et on laisserait porter ; puis on rétablirait successivement la voilure primitive , et l'on reviendrait au vent dès que la nature du temps le permettrait.

PARER UN GRAIN COURANT LARGUE SOUS TOUTES VOILES, LES BONNETTES HAUTES ET BASSES.

649. Par cela même que l'on court largue , les résultats de l'imprévoyance ou de la fausse appréciation d'un grain sont moins à redouter. Cependant, comme lorsqu'un bâtiment est parvenu à un grand sillage il n'acquiert pas d'autant plus de vitesse qu'il est chargé de voiles , il y aurait au moins inconséquence à le laisser chargé par une voilure qui le rendrait difficile à gouverner , et l'on s'exposerait sans profit à de fâcheuses avaries. Du reste , si sous cette voilure la prudence est moins importante que sous celle du plus près , il ne faut pas en conclure qu'elle ne soit pas obligée.

650. Courant largue , on diminue généralement de voiles dans l'ordre suivant : d'abord on cargue et l'on serre les catacois et le clin-foc, et en même temps on rentre les bonnettes de perroquet ; puis on cargue la brigantine , et l'on rentre les bonnettes de hune et la bonnette basse ; on est alors bien disposé à recevoir le grain, auquel on cède désormais pied à pied. Ainsi

on amène les perroquets, puis on les cargue ; on cargue la grande
voile, puis on veille les drisses des huniers, que l'on amène plus
tard ; enfin on cargue les huniers, en commençant par le perroquet de fougue. On fuit alors sous la misaine, que l'on carguerait encore s'il y avait lieu.

PARER UN GRAIN ÉTANT AU PLUS PRÈS, SOUS LES HUNIERS, DEUX OU TROIS RIS PRIS, LES BASSES VOILES, LE PETIT FOC ET L'ARTIMON.

651. Si la voilure précitée est en rapport avec la force du
vent régnant, on doit penser que la force des grains sera très
considérable. Si déjà on en a reçu plusieurs, on sera fixé sur leur
intensité ; on manœuvrera alors avec la certitude de ne diminuer de voiles que relativement à leur force. Mais si rien n'a encore pu fixer à cet égard, il conviendra de ne pas attendre pour
manœuvrer que le grain soit à bord. On carguera d'avance la
grande voile et l'artimon ; on amènera les huniers sur le ton, et
l'on sera alors sous une voilure commode pour le recevoir impunément ; puis on attendra que le grain soit à bord pour carguer successivement les huniers, en commençant par le perroquet de fougue, et, si l'on y est forcé, on carguera la misaine.
On restera alors sous le petit foc jusqu'à ce que le grain soit
passé, et l'on rétablira la voilure que comportera le temps, après
la cessation du grain.

OBSERVATIONS.

652. L'opération de carguer un hunier ou une basse voile, pendant un grain, étant toujours dangereuse pour ces voiles, on devra
s'en défaire à l'avance, si des grains précédents ont fait pressentir
la nécessité de cette mesure. Si l'on se décide à ne rien carguer
avant le grain, il faut en même temps prendre la résolution de le
subir, sans rien déranger, quelle que soit sa force, excepté, bien
entendu, le cas où l'inclinaison acquise par le bâtiment pourrait être
l'objet d'une inquiétude fondée ; dans ce cas, on les déborderait sous
le vent. Mais si ce moyen est concluant pour décharger le bâtiment
de l'effort du vent, il peut en résulter un grand désordre, et probablement des avaries graves, soit dans les voiles, soit dans les

vergues, soit dans les mâts : il faut donc éviter de se mettre dans l'obligation d'y avoir recours, et conséquemment carguer les huniers et la grande voile un peu avant le grain. Il y aurait inconséquence à ne céder que pied à pied à un grain dont on ne connaîtrait pas l'espèce, toutes les fois que l'on n'aurait pas intérêt à faire beaucoup de route, ou à doubler une côte, ou un point quelconque au vent. Mais il y aurait aussi inconséquence à être prudent jusqu'à la crainte, si, ayant à doubler une côte on ne résistait pas jusqu'au dernier moment. Dans ce cas, on attendra le grain de pied ferme ; on se tiendra seulement prêt à carguer la grande voile, à choquer, et enfin filer les écoutes des huniers sous le vent, ce qui toutefois ne sera exécuté qu'au cas où il y aurait danger pour le bâtiment. Or, si on a trois ou quatre ris pris dans les huniers, il y a beaucoup de chances pour qu'on ne soit pas réduit à cette extrémité.

MANOEUVRER ÉTANT SURPRIS PAR UN GRAIN OU L'AYANT MAL APPRÉCIÉ.

653. La première chose à faire en pareille circonstance est de mettre promptement la barre tout-à-fait au vent, et de diminuer de voiles derrière ; puis de filer en bande l'écoute de grande voile, d'abord, puis toutes les autres, en commençant par les voiles les plus élevées.

654. Tout ce qui a été dit relativement aux précautions que l'on doit prendre contre les grains démontre combien le cas qui nous occupe est grave ; on voit aussi que les moyens que l'on emploie pour résister aux suites d'une imprévoyance presque toujours impardonnable sont dangereux pour les voiles et la mâture ; et que, quelles que soient la fermeté et la présence d'esprit de celui qui commande, un si grand nombre de commandements ne peuvent recevoir leur exécution qu'au milieu d'un désordre toujours fâcheux. Il faut donc que l'on soit incessamment attentif à prévoir les grains, et qu'on s'attache à les bien connaître.

DES PANNES.

***

655. On dit qu'un bâtiment est en panne lorsque sa voilure est présentée au vent de telle sorte, que les voiles qui reçoivent le vent dessus font équilibre à celles qui reçoivent le vent dedans ; d'où il résulte que le bâtiment reste à peu près stationnaire, quant à une impulsion dans le sens de la quille : mais, par cela même, il est livré à l'action constante du vent, dont la direction, relativement à celle de la quille et à la manière dont les voiles sont orientées, tend à le porter en travers sous le vent, c'est-à-dire à le faire dériver d'autant plus que le vent sera fort et que la mer sera grosse.

656. On met en panne dans diverses circonstances, dont les principales sont : sauver un homme qui tombe à la mer ; embarquer un canot ou le mettre à la mer ; attendre un bâtiment ou une embarcation qui se dirige vers le bord ; sonder à l'atterrissage.

657. Les pannes dont on fait généralement usage sont celle sous les voiles de devant, ou celle sous les voiles du grand mât ; on les désigne sous les dénominations de *panne sous le petit hunier,* et *panne sous le grand hunier.* Tous les autres moyens que l'on emploie pour arrêter momentanément un bâtiment ne sont véritablement point des pannes ; on a seulement pour but d'amortir un instant l'aire du bâtiment, et cela pour recevoir un canot qui est déjà très près, ou pour ne pas dépasser un point sur l'arrière duquel on a intérêt à se maintenir un instant.

658. Pour indiquer la manière dont un bâtiment est en panne, relativement à la direction du vent, on dit qu'il est en *panne tribord* ou *babord au vent,* et l'on y ajoute *sous le* *petit hunier* ou *sous le grand hunier,* s'il s'agit de faire connaître celle de ces pannes qu'il a choisies.

659. S'il s'agit de mettre en panne sans être dans l'obligation d'éviter des dangers ou des bâtiments voisins, on pourra prendre indifféremment l'une ou l'autre panne; on ne devra être fixé dans ce choix que par les qualités que l'on a pu reconnaître au bâtiment que l'on manœuvre. Les uns conservent mieux la panne sous le grand hunier, d'autres la tiennent mieux sous le petit : le manœuvrier devra donc baser son choix sur les observations qu'il aura pu faire à cet égard.

660. S'il s'agit de mettre en panne au vent ou sous le vent d'un point que l'on peut redouter par son rapprochement, le choix ne sera généralement plus douteux; on prendra la panne sous le grand hunier si l'on est au vent, et sous le petit si l'on est sous le vent. Dans le premier cas, il suffira d'orienter lestement le grand hunier et d'amurer les basses voiles pour être bien orienté au plus près, sur le même bord, et conséquemment pour doubler au vent le point que l'on redoutait. Dans le second cas, au contraire, il faudra carguer la brigantine et ralinguer derrière pour que le bâtiment soit vivement sollicité à laisser porter, et conséquemment à éviter le danger en question.

661. Un bâtiment ne pouvant être en panne que par l'effet d'une ou plusieurs voiles recevant le vent dessus, il en résulte que l'on doit éviter de recevoir un grain sous cette allure; d'un autre côté, le bâtiment étant stationnaire, la barre est sans puissance : on est donc dans l'impossibilité de laisser arriver si cela devient nécessaire. Ces deux motifs réunis sont d'une telle gravité, qu'il convient de ne jamais attendre qu'un grain de quelque importance soit à bord pour orienter les voiles masquées.

662. La panne sous le grand hunier étant celle que l'on emploie le plus ordinairement, ce sera la seule pour laquelle on indiquera la manœuvre à exécuter; il sera facile de conclure par analogie celle que l'on devrait exécuter pour prendre la panne sous le petit hunier.

PRENDRE LA PANNE SOUS LE GRAND HUNIER,
COURANT AU PLUS PRÈS.

665. On cargue d'abord les basses voiles, puis on range du monde sur les bras du vent du grand hunier. Un homme se tient prêt à larguer la bouline du grand hunier, et un autre se tient prêt à filer l'écoute du foc, puis on commande : *La bouline du grand hunier larguez; brassez : la bouline de revers du grand hunier; halez;* puis dès que le grand hunier reçoit suffisamment le vent dessus, on fait amarrer les bras. Pendant ce temps on a dû s'occuper de mettre la barre dessous, en douceur; le bâtiment ne tarde pas à perdre son aire; alors on file l'écoute du foc, et l'on met la barre complétement dessous. Si l'on exécutait cette dernière manœuvre trop tôt, on pourrait craindre que, dans certaines circonstances, le bâtiment prît vent devant.

664. Tous les bâtiments ne conservent pas cette panne également bien; il en est beaucoup qui font de grandes arrivées, desquelles, du reste, on s'occupe peu dans les circonstances ordinaires; par elles, en effet, on acquiert une vitesse en avant qui, donnant de la puissance au gouvernail, ramène bientôt le bâtiment sur la ligne du plus près, qu'il quittera de nouveau, mais toujours pour y revenir par l'action du gouvernail, dont la barre est conservée sous le vent. Si cependant on avait intérêt à diminuer le nombre et l'étendue de ces fréquentes arrivées, on y parviendrait en halant-bas le foc et en tenant du monde sur les bras du vent de devant, et l'on reviendrait plus promptement sur la ligne du plus près, en ralinguant en temps opportun les voiles de devant, que l'on orienterait au moment où l'on serait sur le point de se trouver au plus près. On pourrait aussi diminuer l'étendue des abattées en ne brassant le grand hunier que carré, et en gouvernant de manière à faire le moins de route possible : c'est ce que l'on appelle prendre la panne courante ou gouvernante ; mais puisqu'en agissant ainsi le bâtiment ne reste pas stationnaire, on voit que les circonstances dans lesquelles on se trouvera fixeront le choix entre cette manœuvre et celle précitée.

PRENDRE LA PANNE SOUS LE GRAND HUNIER, COURANT LARGUE.

665. On commence par rentrer les bonnettes, puis on cargue les basses voiles. Si la brise est fraîche, on carguera selon sa force les catacois et les perroquets, car il pourrait arriver que ces voiles fussent de trop sur l'allure du plus près ; puis on fait le commandement : *Range sur les bras de dessous de devant et sur le bras du vent du grand hunier.* Ce dernier commandement servira à faire connaître aux hommes destinés pour les bras du perroquet de fougue qu'ils devront se disposer à les brasser, pour recevoir le vent dedans, à moins d'ordres contraires.

Ces dispositions étant prises, on met la barre dessous, et l'on commande : *Brasse partout.* Cette manœuvre s'exécute à mesure que le bâtiment vient dans le vent par l'effet de sa barre, d'où il résulte que, lorsqu'il présentera le cap sur la ligne du plus près, il se trouvera en panne.

666. Si le sillage était considérable avant l'évolution, le bâtiment viendrait dans le vent avec une vitesse relative ; on devrait donc veiller à modérer à temps l'oloffée à laquelle le gouvernail aurait donné lieu, c'est-à-dire la rencontrer au moyen du gouvernail lui-même ; puis enfin on filera l'écoute du foc, quand le bâtiment sera à peu près étale.

ÉTANT AU PLUS PRÈS, PRENDRE SUBITEMENT LA PANNE SOUS LE GRAND HUNIER, DANS LE BUT DE SAUVER UN HOMME TOMBÉ A LA MER.

667. Le cri : *un homme à la mer,* prononcé par le premier homme de l'équipage qui en a connaissance, devient un commandement d'exécution pour tous les autres. Alors tous se rendent et agissent aux postes qui leur sont désignés par l'officier en second, qui a dû dresser un rôle de manœuvre, dont le but est de pouvoir instantanément carguer les basses voiles et contre-brasser le grand hunier.

668. D'un autre côté, les ordonnances de la marine et l'humanité prescrivent de tenir toujours un homme armé d'un bon couteau près de l'aiguillette de la bouée de sauvetage, ou près de l'échappement qu'il faut abandonner pour laisser tomber la bouée à la mer. On se sert à cet égard de divers moyens plus ou moins ingénieux, qui tous ont pour but de parvenir à abandonner la bouée instantanément, et en même temps de déterminer par elle, autant qu'il est possible, le point de la mer où l'on a des probabilités de rencontrer l'homme tombé. Ces bouées sont garnies d'un pavillon, pour le jour, ou d'un feu qui s'allume par le fait de leur chute, afin de guider l'embarcation que l'on met à la mer.

Des hommes sont destinés à l'avance pour armer un canot ; c'est ordinairement celui qui est suspendu aux porte-manteaux de dessous le vent. Ces hommes doivent être choisis parmi les plus résolus et les plus adroits : ce sont ordinairement des gabiers. D'autres sont chargés d'amener le canot que, pour la facilité de l'opération, on a disposé de la manière suivante :

669. Après avoir hissé le canot, au moyen de ses palans, on prend un bout de filin d'une force suffisante pour supporter le poids du canot ; on en passe le bout de dessus en dessous, dans un chaumard accolé au porte-manteau sur lequel on travaille ; on le fait passer ensuite dans la cosse où la poulie inférieure du palan est elle-même crochée, et cela de dedans en dehors, et enfin on l'envoie faire dormant au bout du porte-manteau. Cela fait, on l'embraque raide sur le courant, que l'on amarre ensuite à un taquet : cette disposition permettra de décrocher impunément la poulie inférieure du palan qui avait servi à hisser le canot ; on en fera autant à l'autre porte-manteau; d'où il résultera qu'en filant à retour sur les deux doubles tournés à des taquets, on pourra amener facilement et promptement l'embarcation, et qu'en outre, la difficulté que l'on éprouve ordinairement dans une grosse mer pour décrocher un palan n'existera plus, puisqu'il suffira d'abandonner les doubles des bosses pour que le canot en soit affranchi. Cette disposition est encore avantageuse en ce sens que les bosses qui ont servi à l'amener servent aussi comme amarres, à le maintenir une fois qu'il est à flot. Cependant on a dû prendre la précaution de laisser une bosse venant de l'avant du bâtiment sur l'avant du canot, et c'est d'elle qu'un homme doit s'emparer pour retenir le canot une fois amené. Cette précaution étant prise, les hommes qui sont dans le canot doivent abandonner complétement les bosses qui ont servi à l'amener, en observant avec le plus grand soin de larguer d'abord celle de derrière. Sans cette attention importante, on pourrait craindre que le canot ne vînt en travers, et que conséquemment il ne se remplît. Toutefois, si la mer est grosse, cette opération ne s'exécutera bien que par le concours d'hommes intelligents et d'un grand dévouement.

670. Ceci posé, par le seul fait des dispositions prises à l'avance, le bâtiment sera promptement en panne; l'embarcation sera mise à la mer et se dirigera sur la bouée de sauvetage.

671. On doit choisir, pour amener l'embarcation, le moment où le bâtiment est sur le point d'être étale, parce qu'alors le reste de vitesse du bâtiment permettra au canot, retenu seulement par sa bosse, de se lancer au large au moyen de sa barre; il évitera ainsi de s'engager sous la fesse du bâtiment.

672. Si pendant le temps que le canot est à remplir sa mission, le bâtiment s'est trouvé dans l'obligation de changer d'amures, on manœuvrera pour les prendre au même bord que celui où elles étaient au moment où l'on amenait le canot, car il est de nécessité absolue de présenter le côté de dessous le vent au canot qui doit aborder.

673. Comme dans le premier cas, toute la sollicitude de celui qui commande doit tourner en faveur de l'homme, qui se perdrait infailliblement si une manœuvre extrêmement prompte ne venait arrêter l'aire du bâtiment : il faudra donc, s'il n'y a pas danger pour la stabilité du bâtiment, mettre la barre dessous, et autant qu'il sera possible, se défaire des voiles élevées, en larguant et les drisses et les écoutes, pendant l'oloffée du bâtiment. Cette précaution ne doit être que secondaire, si la manœuvre a pour unique but de s'opposer à quelques avaries, telles que des bouts-dehors cassés, ou des catacois et des bonnettes déchirés, etc. Le point important est d'étaler le bâtiment et de mettre un canot à la mer ; puis on rétablit l'ordre dans la voilure, et l'on prend une panne régulière.

674. On fait servir lorsque, étant en panne, on fait orienter la voile ou les voiles masquées afin de continuer à faire route.

Pour faire servir, on commmande : *Range à hisser le grand foc et à orienter le grand* ou *le petit hunier,* selon la panne sous laquelle on se trouve. Puis, *hors le grand foc* et *le grand ou le petit hunier : Brassez.* La barre sera au moins dressée, et on la mettra au vent, si cela est nécessaire pour faire arriver le bâtiment ; puis on amurera les basses voiles, et l'on établira les voiles que nécessiteront la force du vent et la route que l'on devra suivre.

PRENDRE ET LARGUER DES RIS.

675. L'action de prendre des ris a pour but de diminuer la surface de la voile de la quantité comprise entre la vergue et la bande de ris. Généralement on ne prend un ris que lorsque la brise augmente et que l'on pense qu'elle se maintiendra au degré de force qui oblige à cette mesure. Cependant il est d'usage de prendre tous les soirs un ris de précaution, qui prend la dénomination de *ris de chasse ;* on a alors pour but principal d'exercer les hommes à cette manœuvre, et il en résulte en outre l'avantage d'être plus disposé à recevoir une augmentation de vent qui pourrait survenir pendant la nuit.

676. Lorsque l'on doit tenir le plus près pendant longtemps, et que les huniers, étant en coche, les ralingues de chute ne sont pas raides, on prend encore le premier ris, qui, en diminuant la hauteur de la voile, remplit le but que l'on se proposait.

677. Enfin on prend encore des ris lorsque louvoyant sous un temps à grains, on veut n'être pas obligé d'amener les huniers pendant la durée de ces grains ; ce qui, dans certaines circonstances, pourrait faire perdre un temps précieux.

PRENDRE UN RIS LORSQU'ON Y EST OBLIGÉ PAR LA FORCE DU VENT.

678. Pour prendre un ris, on commence par carguer les perroquets, que l'on serrera aussitôt, si la brise est déjà un peu forte, afin d'éviter que ces voiles élevées ne battent à la tête des mâts ; puis on fait le commandement : *Range à prendre un ris.* Les hommes se rendent aux postes qui leur sont assignés, c'est-à-dire aux bras du vent des huniers, aux cargues-points de ces mêmes voiles; ils passeront plus tard sur les palanquins. Tous se tiennent prêts à faire force, à l'ordre qu'ils en recevront, tandis que d'autres seront prêts à larguer les boulines, à filer les bras de dessous, à larguer les drisses des huniers, les cargues-boulines et cargues-fonds, et à affaler les itagues. Enfin les hommes destinés à monter pour prendre le ris se tiendront près des échelles et sauteront dans les haubans au commandement : *En haut le monde,* qui sera bientôt suivi de celui : *Les boulines des huniers, larguez, brassez;* puis de celui : *Drisses des huniers, larguez; cargues-points, pesez.* Ces derniers commandements ne seront proférés que lorsque les huniers seront déventés. Les efforts réunis des cargues-points et des bras du vent, que l'on continuera à peser, amèneront bientôt les huniers sur le ton; on les maintiendra à peu près carrés; les bras seront amarrés bien raides des deux bords, ainsi que les palans de roulis. Les gabiers se porteront aux bouts des vergues et disposeront leurs rabans d'empointure de manière à former une espèce de palan, au moyen duquel ils pourront haler la cosse d'empointure au vent, quand il en sera temps. Puis l'on commandera : *Les bouts-dehors, levez : les palanquins, pesez;* et comme ceux du vent exigeront une force plus considérable que ceux de dessous, on veillera à ce qu'il y ait plus de monde sur les premiers que sur les derniers; puis on les fera amarrer dès que par eux on aura suffisamment élevé la ralingue de chute vers la vergue, pour que les gabiers qui iront aux empointures puissent la haler à eux sans trop de peine. Dès qu'il en sera ainsi, les hommes que l'on avait fait monter, et qui seront alors arrivés dans les haubans de hune à la hauteur des vergues, se répandront sur les vergues. Tous crocheront ensemble dans la toile, jusqu'à ce qu'ils aient atteint les garcettes, desquelles ils se serviront ensuite pour haler la toile au vent, aux coups de sifflet du maître. Les gabiers qui seront au vent feront force en même temps sur leurs rabans d'empointure, et n'amarreront à demeure que lorsqu'ils en recevront l'ordre du chef de hune ou d'un élève qui, pendant l'opération, devra se tenir entre les deux itagues, et de là s'informer, près des gabiers qui sont aux bouts de la vergue, du point de la vergue en dehors du capelage auquel ils seront parvenus à haler les cosses d'empointure. L'élève se guidera sur les réponses qui lui seront faites pour faire amarrer les empointures à égale distance du capelage. Dès que les gabiers qui sont au vent recevront l'ordre d'amarrer, ils s'occuperont d'achever leur empointure et leur fausse empointure, tandis que ceux répandus sur la vergue, tenant toutes les garcettes en mains, porteront la bande de ris sous le vent, où elle sera embraquée par les gabiers qui seront à cette empointure, lesquels amarreront dès que la bande de ris sera bien raide; puis ils achèveront leur empointure et leur fausse empointure. Les hommes répandus sur la vergue abandonneront alors leur toile, et la relèveront uniformément pli par pli; ils s'empareront des garcettes et les amarreront, en souquant sur celles de l'arrière, de manière que la bande de ris soit exactement sous la vergue. Tous veilleront en amarrant leurs garcettes, à ne pas engager les écoutes de perroquet; puis ils engageront les bouts des garcettes, ou au moins ils les jetteront sur l'avant de la vergue. Pendant le temps que l'on amarrera les garcettes, les gabiers termineront leurs empointures; alors on commandera : *Les palanquins, larguez, range à hisser les huniers.* Tous les hommes rentreront en dedans, et descendront sur le pont. Les gabiers affaleront les palanquins; avant d'exécuter cet ordre, et dès qu'ils seront en dedans, on commandera : *Les bouts-dehors, amenez.* Les gabiers en amarreront les aiguillettes, puis on fera le commandement : *Les huniers, hissez* (425).

Pendant le temps que l'on prenait le ris, des gabiers ont dû faire larguer les galhaubans volants et faire tomber leur racage, un peu au-dessus du point du mât de hune, qui sera occupé par la vergue de hune, après que le ris aura été pris.

679. Dans cette manœuvre on a prescrit de serrer les perroquets ; cependant s'il ventait peu, cela deviendrait inutile ; on pourrait même se dispenser de les carguer : on rendrait parlà l'opération plus prompte, et si l'on courait sur une route largue, on en retirerait l'avantage d'être toujours porté en avant par ces voiles. Si donc il vente peu, que l'on prenne un ris par précaution, on pourra agir comme il est dit (685).

680. Un ris serait toujours promptement pris si l'on parvenait facilement à haler la toile au vent, et à rapprocher la cosse d'empointure du ris, du point où elle doit être fixée sur la vergue. Or, s'il vente assez pour prendre un ris, l'expérience démontre combien les hommes rangés sur la vergue ont de peine à porter d'abord la toile au vent, pour prendre l'empointure, puis à la reporter sous le vent, pour ne fixer cette empointure, que lorsque la bande de ris sera bien raide ; en outre, on sait que ce n'est qu'avec beaucoup de peine que les hommes qui sont aux empointures parviennent à embraquer le mou de la bande de ris. Il ne leur est pas très facile non plus de préciser les points de la vergue où ils ont pu faire arriver leurs empointures, ou au moins, si l'on parvient à les égaliser, ce n'est que par tâtonnement ou par suite de plusieurs questions, souvent sans réponse, adressées de dessus le pont, ou de dedans la hune, aux hommes qui sont aux empointures. D'ailleurs, n'est-il pas important d'obtenir qu'un ris soit pris sans qu'il soit nécessaire de guider les gabiers qui sont aux empointures, puisqu'ils ne peuvent l'être dans les circonstances les plus difficiles, c'est-à-dire lorsqu'il vente grand vent ou lorsqu'il fait nuit ?

681. Toutes ces difficultés, il faut le dire, existent à bord de plusieurs bâtiments ; mais il en est d'autres où l'on est parvenu à les diminuer. A cet effet, on établit d'abord de faux palanquins (185); puis, avant le départ, on profite d'un beau temps pour prendre les ris avec soin, les uns après les autres; on obtient, par-là, les points extrêmes où arrivent les cosses d'empointure des ris. Un peu en dehors de chacun de ces points, on entoure la vergue d'une estrope à cosse qui sera maintenue dans une position invariable, au moyen de petits taquets; puis, lorsque plus tard, il sera nécessaire de prendre un ris quelconque, les hommes rangés sur la vergue s'empareront des garcettes; les gabiers qui seront aux bouts des vergues passeront leurs rabans de la cosse d'empointure dans celle qui est sur la vergue, et crocheront le faux palanquin; puis on fera agir concurremment le faux palanquin et les hommes rangés sur la vergue, ce qui amènera sans peine la cosse d'empointure auprès de la cosse de sus-vergue. Les gabiers entoureront alors la vergue avec leurs rabans d'empointure et l'arrêteront définitivement.

682. Si, un ris étant déjà pris, on veut en prendre un second, on commencera par faire dévirer les garcettes du premier ris sur l'avant, puis on prendra le second dont on souquera les garcettes sur l'arrière; enfin si plus tard on prenait le troisième ris, on dévirerait le second sur l'avant, et l'on souquerait le troisième sur l'arrière. Il en serait de même du quatrième, à l'égard du troisième, c'est-à-dire que le dernier ris pris devra toujours être souqué sur l'arrière.

683. Si ayant déjà trois ris pris, on est dans la nécessité de prendre le quatrième, il est probable que l'on sera obligé de carguer les huniers, ou au moins de filer les écoutes du vent de quelques pieds. Cela provient de ce que les palanquins du vent ne pourraient être pesés à joindre, et que ce résultat est d'une nécessité absolue, pour que l'empointure du quatrième ris qui est près de la patte du palanquin, puisse être amarrée sur la vergue.

684. Dans toutes les circonstances qui forceront à prendre des ris, on devra avoir la plus grande attention à tenir solidement les vergues sur leurs bras, balancines et palans de roulis; on obtiendra par-là plus de sécurité pour les hommes qui agiront sur la vergue. Les bras ne seront d'ailleurs amarrés que lorsque les voiles seront en ralingue, ou au moins lorsqu'elles recevront le vent le plus obliquement possible : or on pourra toujours obtenir ce résultat; car, si l'on est au plus près, il suffira de brasser au vent convenablement; tandis que, si l'on court largue, on devra brasser autant que possible, au vent d'abord, puis loffer de la quantité suffisante pour ralinguer; sans ces précautions, les hommes chargés de prendre les empointures épuiseraient peut-être en vain leurs forces.

PRENDRE UN RIS DE PRÉCAUTION.

685. On amarrera les palanquins bien raides; des hommes se tiendront prêts à haler sur les bras du vent et sur les cargues-points, d'autres, à larguer les drisses des huniers, et à choquer les écoutes de perroquet.

Quand ces dispositions seront prises, on fera monter les hommes destinés à prendre le ris, et lorsqu'ils seront à la hauteur de la hune, on amènera les huniers. Les palanquins seront amarrés avant d'amener les huniers, et conséquemment ils se pèseront d'eux-mêmes par le seul fait de la chute de ces vergues; il suffira pour achever l'opération, de la continuer comme il a été dit (**678**).

PRENDRE LE RIS DANS LES BASSES VOILES.

686. Pour prendre un ris dans une basse voile, on passe d'abord un cartahu double semblable à celui employé pour l'enverguer (**239**), puis on la cargue et l'on croche les poulies des palanquins que l'on vient ainsi de se créer, dans les cosses d'empointure du ris. On les pèse de manière à ce que, la bande de ris étant raide, les empointures soient à égale distance des capelages. Ces dispositions étant prises, on prend en même temps les deux empointures, et l'on amarre les garcettes en les souquant sur l'arrière.

OBSERVATIONS.

A bord des grands bâtiments, le diamètre d'une basse vergue est trop considérable pour que l'on puisse espérer que les hommes atteignent facilement les bouts correspondants de deux garcettes, et pour que surtout ils puissent les souquer suffisamment; on a donc dû chercher à obvier à un inconvénient auquel on devait la lenteur de cette manœuvre et sa mauvaise exécution, et l'on y est parvenu en prenant le ris sur filière et sans prendre la peine de relever la toile comprise entre la bande de ris et la vergue : à cet effet, on emploie des garcettes simples portant un œil à l'une de leurs extrémités; ces œils sont passés dans ceux de la bande de ris de l'avant à l'arrière; une filière les traverse tous, et est fixée, bien raide, sur les ralingues de chute, près des cosses d'empointure du ris.

Ces dispositions étant prises, on prend les empointures comme à l'ordinaire, puis chaque homme s'empare de sa garcette, l'amarre sur la filière de sus-vergue, et la toile comprise entre la bande de ris et la toile reste pendante sur l'arrière.

LARGUER LES RIS.

687. Si la mer est belle, et s'il vente peu, on amarre les palanquins raides; puis on choque les drisses des huniers de manière à ce que les palanquins aient fait prendre du mou à la partie de la ralingue de chute comprise entre la vergue et la patte de palanquin. On assujétit la vergue sur ses bras et palans de roulis, puis les gabiers se répandent sur la vergue; quelques-uns se rendent aux empointures, les dédoublent et se tiennent prêts à les larguer ensemble, tandis que d'autres larguent toutes les garcettes, en commençant par celles du fond et en allant en dehors; dès qu'elles sont toutes larguées, les gabiers qui sont aux empointures, s'entendent et les larguent en même temps; puis ils affalent les palanquins, rentrent en dedans, et l'on hisse et l'on établit les huniers.

688. Si la mer est grosse, et qu'il vente encore bonne brise, l'opération s'exécute de la même manière, avec cette différence que l'on prendra la précaution d'amener la vergue jusques dessus le chouque, et de maintenir la voile en ralingue ou à peu près, pendant qu'on larguera les garcettes.

PRÉCAUTIONS SUCCESSIVES PENDANT UN GROS TEMPS.

Avertissement.

689. Une longue expérience de la mer, un temps prolongé dans une certaine région, peuvent fournir des données quelquefois assez certaines, pour juger le temps par l'aspect du ciel et par d'autres indices fournis par les localités. Il est rare que ces avertissements ne soient pas confirmés par la hauteur du baromètre. C'est donc en se rattachant à l'expérience et à l'état de l'atmosphère, que l'on peut, jusqu'à un certain point, pressentir la tempête dont on est menacé.

690. Il est des tempêtes connues sous les noms de *tornados*, *pamperos*, *tiphons*, *ouragans*, etc., qui ne laissent aucun doute sur leur approche, à ceux qui habitent les régions où elles exercent leurs ravages, et aux marins qui ont souvent fréquenté ces régions. Mais ces avertissements, assez précis quand on est dans un mouillage ou le long d'une côte, le sont beaucoup moins, quand on est en pleine mer. Ainsi, quand on se trouvera dans les parages exposés à ces catastrophes, et aux époques bien connues de leur apparition, on devra se tenir constamment en garde contre un événement dont les conséquences pourraient être de la plus grande gravité, si on se laissait surprendre.

691. Tout bâtiment qui est menacé de subir un coup de vent, s'y dispose par les diminutions de voiles successives dont il sera parlé, et par les précautions de tout genre dont il va être question. Il est bon de prévenir que tous les coups de vent ne nécessitant pas l'ensemble des précautions qui vont être prescrites, on ne met chacune d'elles à exécution que successivement et à mesure que l'on en prévoit le besoin

PRÉCAUTIONS RELATIVES AU GRÉEMENT.

692. Les bosses debout et serre-bosses sont doublées. On dispose des bouts de filins pour fausses amures et fausses écoutes de misaine, pour faux bras de basses vergues et même de grand hunier. Ces manœuvres sont mises en place quand le vent a déjà acquis de la violence. Les pataras et caliornes de bas mâts sont tenus sous la main et mis en place, dès que l'on a la certitude de la durée du mauvais temps, et plus tôt si l'on a peu de confiance dans le gréement. Dans ce cas, on emploierait même des grelins ou aussières avec lesquels on entourerait les bas mâts pour les consolider. Si le gréement était neuf, et s'il avait pris beaucoup de mou, on serait réduit à brider les haubans entre eux, puis d'un bord à l'autre, afin d'augmenter leur tension ; car l'opération de les rider serait impraticable au moyen des rides ordinaires ; si elles étaient à crémaillères, on s'en servirait pour embraquer les haubans plus raides.

On consolide les mâts de hune au moyen de galhaubans provisoires, faits avec des aussières.

On établit de fausses suspentes de basses vergues, on passe les braguets, on les embraque raides, on établit même un faux braguet à la manière des civières, afin de retenir le mât dont la clé viendrait à se rompre.

On lie les mâts de hune aux tons des bas mâts au moyen d'une forte velture.

On établit de fausses cargues aux basses voiles et aux huniers, si l'on a des raisons de douter de celles qui garnissent ces voiles.

On garnit les étais de bas mâts d'un bon paillet lardé ; un autre plus léger recouvre la toile des fonds des basses voiles ; les haubans sont aussi garnis au portage des basses vergues et des vergues de hune, pour préserver les voiles et le gréement du frottement considérable et continu des vergues sans cesse en mouvement par les grandes oscillations du bâtiment.

De nombreuses visites sont faites dans le gréement par les gabiers ; ils s'attachent surtout à observer les capelages ; ils amarrent tout ce que les hunes contiennent et rendent compte du résultat de leur visite.

On double les saisines des embarcations qui sont en drômes, et l'on relève celles qui sont suspendues sur des bossoirs à toucher les haubans, afin d'éviter qu'elles puissent être atteintes par les lames.

PRÉCAUTIONS RELATIVES A L'ARTILLERIE.

693. Les canons sont amarrés à la serre ; les sabords et mantelets de sabords sont fermés et bien amarrés en dedans, de fréquentes rondes parcourent les batteries ; elles s'assurent qu'aucun dérangement ne compromet la solidité des pièces dont les amarres auraient pris du mou ; si un boulet courait dans sa pièce, elle serait déchargée, ou on mettrait un valet plus fort, pour maintenir le boulet sur la gargousse.

Des hommes munis de balais et de fauberts parcourent les batteries et l'entre-pont, et assèchent autant que possible.

PRÉCAUTIONS RELATIVES AU CALFATAGE.

694. Les calfats ferment les hublots de bonne heure et les frappent à coups de masse en dehors, après s'être assurés qu'ils sont bien garnis de frise.

Ils disposent tout ce qui leur est nécessaire pour aveugler une voie d'eau ; ils parcourent l'entre-pont dans tous les sens, observent l'effet des grands mouvements sur les coutures du vaigrage ; ils vident les bassins des hublots et assèchent avec des fauberts toutes les parties mouillées ; ils sondent très souvent, et rendent chaque fois compte de la quantité d'eau qu'ils ont trouvée dans la cale ; ils tiennent les prélarts sous la main et bien disponibles.

PRÉCAUTIONS RELATIVES AU CHARPENTAGE.

693. Les charpentiers visitent les coins des bas-mâts et les coincent s'il y a lieu ; ils font sans cesse des rondes dans toutes les parties du bâtiment, accorent tout ce qui en a besoin, et rendent souvent compte de l'effet des mouvements sur les différents liens du bâtiment.

PRÉCAUTIONS RELATIVES A LA TIMONNERIE.

696. On porte un compas dans la sainte-barbe, que l'on cale de manière que sa ligne de foi soit dans la direction de la quille ; des palans sont crochés, l'un à tribord, l'autre à babord, sur la barre, pour gouverner par eux si la drosse venait à casser. On laisse quelques hommes sur chaque palan ; ils les embraquent ou les filent, pour suivre les mouvements de la barre.

On porte aussi la barre de rechange en lieu convenable afin d'être prêt à remplacer celle qui agit, si celle-ci venait à se briser.

Avant que la mer ne soit bien grosse, on visite les gardes du gouvernail ; on en mettrait de fausses si l'on doutait de la force de celles qui sont en place.

Si le gouvernail de rechange est engagé, on le débarrasse de tout ce qui pourrait retarder sa mise en place.

PRÉCAUTIONS RELATIVES A LA VOILERIE.

697. Toutes les voiles de cape sont mises sous la main, et l'on s'assure que les huniers et basses voiles de rechange ne sont pas engagés par d'autres voiles.

Les petites voiles d'étai et les bonnettes sont déverguées et mises à l'abri, si l'on pense qu'elles ne peuvent plus servir de long-temps.

PRÉCAUTIONS DIVERSES.

698. On raidit des bouts de filins en long et en travers, sur le pont, pour servir de garde-corps à tous les hommes de l'équipage.

Les sentinelles placées près des fours et des cuisines surveillent avec la plus grande attention l'emploi que l'on pourrait faire du feu, et s'opposent à toute mesure qui pourrait faire craindre que le feu ne se répandît sur le pont, par le fait des grands mouvements du bâtiment.

On fait descendre de bonne heure tous les hamacs dans l'entre-pont ou dans l'endroit où l'on a l'habitude de les placer.

Les hommes qui, dans les circonstances ordinaires de la navigation, sont placés en faction aux bossoirs, pour prévenir de la rencontre d'un bâtiment étranger, recevront l'ordre de se placer sur la vergue de misaine. Si ces hommes restaient aux bossoirs, ils pourraient être atteints par les lames, dont la hauteur s'opposerait d'ailleurs à ce que leur vue pût atteindre un point suffisamment éloigné.

Si le temps est pluvieux, on place des prélarts en travers, dans les bas-haubans, pour abriter les hommes de quart.

Si le temps annonce une tempête violente, si elle se prolonge, et si la mer est tellement grosse et fatigante que le bâtiment reçoive souvent des coups de mer, malgré les moyens que l'on prenne pour les éviter ; enfin si l'on peut craindre que la quantité d'eau, embarquée par l'un d'eux, compromette la sûreté du bâtiment, on se décidera de bonne heure à clouer des prélarts sur toutes les écoutilles, et à les calfater avec le plus grand soin ; s'il y a possibilité, on conservera un panneau ouvert, pour donner de l'air dans l'intérieur, mais sous la condition expresse d'être prêt à le fermer instantanément à l'aspect d'une lame qui menacerait de tomber à bord. Étant au plus près ou à la cape, on devra choisir le panneau le plus en arrière ; fuyant vent arrière, il conviendra de choisir celui qui sera le plus en

16.

avant. Si les circonstances qui obligent à de semblables précautions sont rares pour les grands bâtiments, tels que vaisseaux,
frégates et grandes corvettes, elles sont assez fréquentes pour
ceux d'un rang inférieur; c'est donc alors surtout qu'il faudra
veiller à ne pas se laisser surprendre.

Toute vergue dont la voile sera serrée devra être solidement
tenue par ses bras, balancines, drosses et palans de roulis. On
la brassera carrément si mieux on n'aime la brasser parallèlement à la direction du vent, afin de diminuer les causes déjà
fort nombreuses qui tendent à faire dériver le bâtiment. Les
rabans de ferlage devront être renforcés par des passeresses, et
l'on veillera attentivement à ramasser sur-le-champ la toile qui
quelquefois est enlevée partiellement de dessous les rabans par
la violence du vent : sans cette précaution, on s'exposerait à
voir la voile se déferler entièrement.

ORDRE DANS LEQUEL ON DIMINUE DE VOILES.

699. A mesure que le vent augmente, on diminue successivement de voiles dans l'ordre suivant, qui cependant peut
souffrir quelques modifications.

COURANT AU PLUS PRÈS.

1°. On serre les catacois et le clin-foc; on fait les genopes
sur les catacois; on les envoie sur le pont;

2°. On serre les perroquets;

3°. On prend le premier ris;

4°. On rétablit les perroquets;

5°. On serre les perroquets que l'on rétablit après avoir pris
le deuxième ris dans les huniers;

6°. On met le grand foc à mi-bâton; on le remplace plus
tard par le petit foc et en même temps on remplace la brigantine par l'artimon;

7°. On serre les perroquets pour ne plus les rétablir; on fait les genopes sur les perroquets, puis on les envoie sur le pont où on les met en drômes ;

8°. On serre la grande voile, que l'on remplace par le foc d'artimon ;

9°. On prend le troisième ris dans les huniers ;

10°. On dépasse les mâts de perroquet ;

11°. On serre le perroquet de fougue ;

12°. On prend le ris dans la misaine ;

13°. On serre le petit hunier ;

14°. On prend le quatrième ris dans le grand hunier ;

15°. On établit la pouillouse, et l'on est alors sous une voilure de cape.

700. Si le temps a mauvaise apparence, et si le baromètre descend beaucoup, les perroquets ne seront plus rétablis après qu'ils auront été serrés une première fois, et l'on disposera les cargues-points en palans de roulis, pour contretenir les vergues pendant le temps qu'on les conservera en croix ; du reste, en pareil cas, on n'attendra pas pour les dégréer que la mer soit devenue trop grosse.

Si le baromètre et l'apparence du temps n'annoncent pas de coup de vent, et si le vent augmente lentement et progressivement, on conservera les perroquets, ayant un et deux ris pris dans les huniers : cette dernière voilure est très prudente et très commode ; car il suffit de serrer les perroquets, ce qui se fait lestement et sans beaucoup de peine, pour être sous une voilure en rapport avec une très forte brise. L'avantage de cette voilure est surtout senti lorsque le temps étant à grains, il vente forte brise pendant l'intervalle qui les sépare, puisque, par la suppression des perroquets, la voilure restante est bonne, commode et appropriée à la force du vent.

La grande voile serait serrée plus tôt, si l'on avait des raisons de croire qu'elle ne pût être long-temps conservée ; mais si le vent, quoique fort, promettait de se conserver long-temps à un certain degré de force, on pourrait l'établir même lorsqu'il y aurait trois ris dans les huniers ; on y prendrait un ris ainsi que dans la misaine, si la force du vent y obligeait ou si le temps était à grains d'une nature telle, que par cette suppression, on pût les recevoir sans rien carguer.

701. Si on louvoyait avec une forte brise, le ris pris dans les basses voiles présenterait l'avantage d'opérer les changements d'amure de ces voiles avec plus de facilité.

702. Si le temps était à grains, et que l'on louvoyât sous les huniers, trois ou quatre ris pris, et sous les basses voiles, pour s'élever au vent; si ces grains étaient tellement forts qu'ils obligeassent à carguer la grande voile et à arriser les huniers ou à les carguer, il conviendrait encore de prendre le ris dans les basses voiles. On pourrait alors conserver la grande voile amurée pendant la durée du grain, et arriser ou carguer les huniers selon sa force, afin de le recevoir sous les deux basses voiles, c'est-à-dire sous une voilure excellente pour s'élever au vent.

703. Le ris dans la misaine se prend presque toujours, 1° lorsque étant depuis quelque temps à la cape, la mer est devenue très grosse; 2° lorsque la force du vent y oblige; 3° lorsque l'on se trouve dans l'obligation de changer souvent d'amures : le but qu'on se propose alors est de rendre l'opération de changer les points d'amure et d'écoute plus facile.

704. On ne devra pas attendre que la mer soit trop grosse pour dépasser les mâts de perroquet; sans cette précaution on augmenterait les difficultés de l'opération. Il faudra s'y prendre surtout d'assez bonne heure, pour n'avoir pas à l'exécuter pendant la nuit. Ainsi, selon les circonstances, on dépassera les mâts de perroquet quand on aura pris le deuxième ris dans les huniers, ou quand on aura pris le troisième ris; il est probable qu'alors on ne sera pas dans l'obligation d'amener les huniers, pour faciliter l'opération.

705. Il est rare que l'on prenne le quatrième ris dans le petit hunier : on ne le prend que lorsque l'on a la certitude de conserver long-temps cette voile ainsi diminuée.

706. Quoique un hunier, ayant trois ou quatre ris pris, soit considérablement diminué d'étendue, l'opération de le serrer présente souvent des difficultés matérielles, que l'on ne surmonte que par une persévérance long-temps prolongée. Ces difficultés s'accroissent encore par le fait de l'obscurité : il convient donc, s'il n'y a pas urgence de forcer de voiles, de serrer un hunier avant que la force du vent ne puisse s'opposer à l'exécution de cette opération ; et si le soir on préjuge que l'on sera dans l'obligation de serrer un hunier pendant la nuit, on fera bien de se décider à le serrer avant ce temps. Ces mesures de prudence sont sans cesse confirmées par l'expérience ; on ne peut les négliger que dans le cas où l'on aurait à se maintenir au vent d'une côte ou d'un cap, ou à les doubler au vent, en forçant de voiles. Alors, qu'on ne craigne pas de conserver une voilure de laquelle on attend un résultat si important. Mais en pleine mer, éloigné de tout danger, il faut éviter de tomber dans un excès qui peut devenir funeste : car s'il arrivait qu'un hunier ne pût être serré, malgré qu'on appelât à son aide les hommes les plus vaillants et les plus intelligents, le hunier resterait exposé à la violence du vent dont rien ne pourrait détruire la puissance, et cela sans que rien de raisonnable pût justifier une semblable imprévoyance.

707. Un bâtiment de guerre doit, dans toutes les circonstances, porter toute la voile possible, mais il faut que cette voilure soit combinée de telle sorte que l'on ait la certitude de s'en défaire instantanément : hors de cette condition, on est débordé par le temps ; d'où il peut résulter des avaries d'une grande gravité, que l'on aurait évitées en mettant à profit ce principe si essentiellement marin, de *la voile suivant le temps.*

COURANT LARGUE.

708. Nous supposerons le bâtiment sous toutes voiles carrées et sous les bonnettes et voiles d'étai ; on diminue de voiles dans l'ordre suivant, qui cependant peut être un peu modifié, selon les circonstances :

1°. On serre les catacois et le clin-foc, on rentre en même temps les bonnettes de perroquet, et l'on hale-bas les petites voiles d'étai.

2°. On envoie les catacois sur le pont et l'on rentre les bouts-dehors de hune.

3°. On rentre les bonnettes de hune pour prendre un ris dans les huniers : on les rétablit après y avoir pris un ris; on cargue la brigantine.

4°. On hale-bas les voiles d'étai et le grand foc; on remplace le dernier par le petit foc.

5°. On rentre la bonnette du petit hunier.

6°. On amène les perroquets sur le ton.

7°. On rentre la bonnette du grand hunier.

8°. On cargue les perroquets, que l'on rétablit après avoir pris le deuxième ris dans les huniers; puis on serre la grande voile.

9°. On rentre la bonnette basse; on l'aurait rentrée plus tôt si l'état de la mer avait été tel, qu'elle pût être atteinte par les lames.

10°. On serre les perroquets.

11°. On prend le troisième ris dans les huniers.

12°. On degrée les perroquets.

13°. On dépasse les mâts de perroquet.

14°. On serre le perroquet de fougue, puis le petit hunier.

15°. On prend le ris dans la misaine.

709. Si, après ces diminutions de voiles, on est dans l'obligation d'en diminuer encore, on devra choisir entre la misaine et le grand hunier.

710. On carguera la misaine de préférence, si l'on craint qu'elle ne soit parfois abritée par la hauteur des lames; dans le cas contraire, on la conservera et l'on carguera le grand hunier, et enfin on serrera l'un et l'autre, et, courant sous le petit foc seulement, on fuira devant le temps.

FUIR DEVANT LE TEMPS.

711. L'obligation de courir vent arrière, pour se soustraire à la violence d'un vent qui ne permettrait pas de lui présenter le travers sans dangers, est ce qu'on appelle fuir devant le temps. Quand on est réduit à cette extrémité, il faut, outre les précautions déjà prises contre le gros temps, redoubler, s'il est possible, de surveillance, en augmentant les rondes dans l'intérieur du bâtiment, ainsi que dans le gréement; réparer à l'instant même toutes les avaries qui peuvent être réparées; mettre des rabans de renfort sur toutes les voiles; s'empresser de se rendre maître du moindre morceau de toile d'une voile serrée, que le vent dégagerait; amener la corne, dépasser le mât de perroquet de fougue, et mettre la vergue de perroquet de fougue et la vergue barrée sur le pont.

712. Un bâtiment qui fuit devant le temps est livré à toute l'action de la profondeur des lames, ce qui le rend d'une difficulté extrême à gouverner. Malgré le soin et l'intelligence du timonnier, le bâtiment fait des embardées de plusieurs quarts, d'un bord à l'autre; il faut donc ne confier la barre qu'à un excellent timonnier, qui la manœuvre de manière à rencontrer à temps les embardées qu'il n'est pas en son pouvoir d'empêcher. Il doit aussi user de son expérience pour éviter que le bâtiment ne soit frappé par la lame au-devant de laquelle l'avant du bâtiment s'élance parfois, et, attentif aux lames qui le menacent, il surveille celles qui pourraient déferler sur l'arrière du bâtiment. Il est facile d'indiquer ce qu'il convient de faire dans une circonstance aussi grave; mais il n'est pas aussi facile d'exécuter : cela appartient au timonnier expérimenté; il est dirigé dans ses déterminations par une espèce d'instinct qui le trompe rarement, et qu'il n'a pu acquérir que par un long séjour à la mer.

713. On conçoit combien il est important, en pareil cas, de diminuer autant que possible toutes les causes qui tendraient à faire venir le bâtiment en travers ; aussi est-ce dans ce but que l'on a dépassé le mât de perroquet de fougue, etc. Si, malgré ces précautions, ou si pour un motif quelconque, comme celui d'éviter un danger, d'accoster une côte, ou dans le cas d'une saute de vent très violente, on venait en travers au vent, il faudrait se tenir prêt à couper le mât d'artimon, afin d'être disposé à résister à l'événement le plus grave qui puisse survenir à un bâtiment sous voiles, celui d'engager. Dans ce cas, tous les marins conseillent de couper d'abord le mât d'artimon, puis le grand mât, et de laisser les focs bordés, ou de faire monter des hommes dans les haubans de misaine. Enfin le point important alors est de faire arriver un bâtiment, qui a perdu la puissance de son gouvernail.

DE LA CAPE.

714. Un bâtiment est dit à la cape lorsque, étant au plus près, la force du vent oblige à ne porter que le petit foc ou la trinquette, la misaine, la pouillouse, le grand hunier, trois ou quatre ris pris, le foc d'artimon de cape, l'artimon, ou parties de ces voiles, combinées entre elles de manière à conserver autant que possible l'équilibre entre les voiles de devant et celles de derrière.

715. On peut donc être à la cape sous différentes voilures; celle que l'on doit préférer ne peut être indiquée que par l'expérience qu'on en a faite soi-même à bord du bâtiment où l'on se trouve. Tel bâtiment se comporte bien sous une certaine voilure de cape, qui rendrait les mouvements de tel autre durs et fatigants. Cependant il est des circonstances où l'on peut avancer que le grand hunier est la voile la plus puissante pour s'opposer à des mouvements répétés, durs et vifs : c'est lorsque la lame est courte et creuse, et que le bâtiment, après avoir incliné sous le vent par l'effet de l'approche de la lame, se redresse violemment du bord du vent et tombe dans le creux laissé par la lame.

Le grand hunier étant placé à l'extrémité d'un bras de levier considérable, a nécessairement alors pour effet de modérer la vitesse avec laquelle le bâtiment est rappelé en équilibre.

Cette circonstance se présente encore lorsque la mer a été agitée pendant un coup de vent qui est sur son déclin; alors la mer, très grosse encore, provoque le bâtiment à des mouvements qui sont d'autant plus violents que la force du vent est moindre : la mer est restée la même; car elle reste ordinairement agitée long-temps après que le vent a cessé; aussi doit-on.

en pareil cas, établir non-seulement le grand hunier, mais aussi le petit hunier.

716. On entend dire quelquefois que certains bâtiments se comportent beaucoup mieux sous la grande voile et le petit foc que sous toute autre cape ; s'il en était ainsi, on ferait bien de la choisir, mais nous pensons qu'elle ne serait prudente que si le vent régnant était sans raffales et sans grains que l'on dût veiller. En effet, s'il fallait carguer et rétablir souvent la grande voile, cette exécution serait périlleuse pour elle et l'on courrait de très grandes chances de la faire emporter ; en outre si l'on se trouvait dans l'obligation de laisser arriver, il est évident que cette voilure serait peu en rapport avec cette exigence : d'où il faut conclure que cette cape peut être considérée comme exceptionnelle et applicable seulement lorsque le vent est sans grains et sans raffales.

717. Quelle que soit la force du vent, un bâtiment qui est sous une voilure de cape a peu de vitesse. L'effet des lames sur l'avant est tel, qu'il ne porte qu'à sept ou huit quarts de la direction du vent, ce qui oblige à conserver la barre dessous presque continuellement, afin que, par elle, le bâtiment se range au vent autant que possible, quand, par l'effet de l'arrivée que lui fait faire une lame, il acquiert un peu plus de vitesse.

718. Le timonnier observe avec la plus grande attention le moment où l'avant du bâtiment s'étant relevé sur une lame, devra retomber dans le vide qu'elle laisse après elle, et alors livrer la barre jusqu'à un certain point à elle-même pour la rattrapper lorsque le bâtiment se relèvera : agir ainsi est ce qu'on appelle mollir la barre. Si l'on ne prenait pas cette précaution, c'est-à-dire si le timonnier voulait résister à l'effort que ce violent mouvement de tangage imprime à la barre, on pourrait craindre qu'elle cassât ainsi que les drosses, et, si ces avaries n'avaient pas lieu, il serait possible que le bâtiment, contrarié dans les mouvements que lui imprime la lame, en éprouvât par cela même de plus durs.

719. Mais si, dans ce cas, la barre doit être abandonnée aux mouvements qu'il plaît à la mer de lui communiquer, il en est d'autres où le timonnier doit être attentif à éviter le choc des lames qui menaceraient de déferler à bord, ou même contre le bord. La hauteur de ces vagues et les fréquentes inclinaisons du bâtiment au vent permettent de les apercevoir de la roue; l'expérience du timonnier et son adresse lui indiquent l'instant où il doit faire une arrivée instantanée, afin de présenter les flancs du bâtiment, de manière à ce que la lame contre laquelle il agit ne frappe le bâtiment qu'obliquement.

VIRER DE BORD LOF POUR LOF.

720. Nous supposerons que le bâtiment qu'il s'agit de faire virer est à la cape sous le petit foc, la misaine, la pouillouse, le grand hunier et le foc d'artimon.

721. Cela posé, à la cape comme dans les cas ordinaires, le commandement préparatoire est celui de : *Pare à virer lof pour lof;* alors des hommes se rangent sur le hale-bas du foc d'artimon, sur les cargues de l'artimon, et plus particulièrement sur celles de dessous; sur les bras du vent du grand hunier et de grande vergue, sur les galhaubans volants, sur les palans de roulis des deux bords, sur les cargues-points de misaine, sur le hale-bas de la pouillouse, et sur les amures et écoutes de revers de misaine : tous se tiennent prêts à haler à l'ordre qu'ils en recevront.

Des hommes intelligents et adroits se tiendront prêts à filer en temps opportun, 1° l'écoute de l'artimon, qui ne sera filée qu'à la demande des cargues; 2° la drisse du foc d'artimon et celle de la pouillouse; 3° les bras de dessous du grand hunier, qu'ils fileront d'abord, mais qu'ils contretiendront en temps opportun; 4° les amures et écoutes de misaine, qu'ils ne fileront qu'à la demande de celles de revers, en observant de conserver les points au-dessous de la vergue autant que possible.

L'exécution de ce virement de bord ne diffère du cas ordinaire que par les précautions que nécessitent de forts mouvements de roulis et un grand vent; ces précautions sont les suivantes.

722. Pour carguer l'artimon, on mettra beaucoup plus de monde sur les cargues de dessous le vent que sur celles du vent.

Le foc d'artimon sera halé-bas, et non cargué; si on le carguait, il fouetterait violemment, et l'on courrait les chances de le déchirer ou de le faire emporter. On dépassera la toile du foc d'artimon et le point d'écoute de l'autre bord, mais on ne le hissera que quand on sera orienté sur l'autre bord.

Le grand hunier, au lieu d'être maintenu en ralingue pendant l'évolution, sera seulement brassé constamment, de manière à recevoir le vent le plus obliquement possible, afin d'obtenir que, sans beaucoup nuire à l'évolution, il batte peu et même pas du tout.

Les palans de roulis et les drosses seront toujours tenus raides, ainsi que les galhaubans volants.

On halera-bas la pouillouse, dès que l'abattée sera prononcée; on dépassera immédiatement son point d'écoute de l'autre bord; on la bordera aussitôt, et elle ne sera hissée que quand on sera orienté sur l'autre bord.

On profitera du moment où l'on sera vent arrière pour changer l'écoute du petit foc, que l'on bordera de suite de l'autre bord.

Les hommes qui, étant d'abord aux bras de dessous, se trouveront plus tard aux bras du vent, les tiendront à retour et veilleront à ne pas se laisser gagner par l'effort du vent sur la voile.

RECEVOIR UN GRAIN ÉTANT A LA CAPE.

723. Un bâtiment qui est à la cape peut sans doute quelquefois recevoir des grains très violents, sans s'inquiéter de diminuer de voiles ; mais si cependant leur intensité est telle que l'on puisse craindre de faire emporter des voiles ou de céder sous elle à une inclinaison d'autant plus dangereuse que le bâtiment a peu de vitesse, et que conséquemment le gouvernail a peu d'action, on devra porter plein et diminuer de voiles, en commençant par carguer l'artimon, puis en halant-bas le foc d'artimon. Si l'on pensait que ces diminutions ne fussent pas suffisantes, on carguerait le grand hunier, puis on halerait-bas la pouillouse, et enfin on carguerait la misaine. Si, lorsqu'on est réduit au petit foc, le grain forçait encore, on n'aurait plus qu'à laisser porter et fuir sous le petit foc (**711**).

724. Il est entendu que l'on ne se défait de chacune de ces voiles qu'en prenant toutes les précautions recommandées en pareil cas (**465**); et l'on ne doit pas attendre, pour les carguer et les haler-bas, que le grain soit à bord (**652**).

DES DIFFÉRENTS MODES D'AMARRAGES D'UN BATIMENT HORS DU PORT.

DU BATIMENT AMARRÉ SUR UN CORPS-MORT.

725. On donne le nom de corps-mort à un système d'ancrage placé à poste fixe dans certaines localités souvent fréquentées par des bâtiments de guerre. Les corps-morts dont on fait généralement usage aujourd'hui sont disposés de la manière suivante :

726. Deux fortes ancres qui ne diffèrent des ancres ordinaires qu'en ce qu'elles n'ont qu'une seule patte, sont pourvues d'un organeau mobile qui traverse leur coude ; il sert à les faire descendre sur le fond dans une position convenable. Les ancres sont mouillées suivant une ligne perpendiculaire à la direction du vent que l'on redoute le plus : leurs chaînes, toujours plus fortes que celles qui reviendraient à l'espèce de bâtiment pour lequel on les destine, viennent se maillonner à un anneau commun, auquel se trouve aussi fixée, mais à émérillon, une autre chaîne plus forte que les deux autres. Cette partie de chaîne, à laquelle on donne le nom d'itague, doit être d'une longueur telle, que, lorsque l'ayant fait passer par l'écubier, et l'ayant amarrée autour de la bitte, l'anneau qui réunit les trois chaînes se trouve par-là soulagé assez près de la flottaison.

Avant de mouiller ces grosses ancres, on prend le soin d'empenneler une ancre moins forte à chacune d'elles, d'où il résulte une sécurité complète quant au danger de chasser. On ne doit point éprouver d'autre crainte que celle de la rupture des chaînes ; or, ces inquiétudes cessent ou du moins diminuent par la précaution que l'on prend chaque année de visiter ces amarres pendant la belle saison.

Les ancres dont on se sert pour les corps-morts n'ont qu'une seule patte, parce que, dès qu'on prend toutes les précautions possibles pour les bien mouiller, une autre patte serait non-seulement inutile, mais nuisible en ce qu'elle présenterait un obstacle sur le fond que les amarres d'un autre bâtiment pourraient rencontrer.

D'après ce que nous venons de dire du système d'amarrage appelé corps-mort, on comprend tous les avantages qu'il présente :

1°. Sécurité plus complète pour le bâtiment que sur ses propres amarres ;

2°. Dès qu'on ne fait plus usage des amarres du bâtiment, elles restent disponibles au besoin et ne se détériorent pas ;

3°. On est affourché sans que l'on puisse faire des tours dans les amarres ;

4°. L'appareillage y est plus prompt et plus facile que si l'on était mouillé sur ses ancres.

DU BATIMENT SUR SES PROPRES AMARRES.

Un bâtiment qui est livré à ses propres moyens pour s'amarrer peut être mouillé :

1°. Sur une seule ancre ;

2°. Sur une ancre de bossoir et sur une ancre à jet affourchées ;

3°. Sur deux ancres de bossoir affourchées.

727. L'amarrage sur une seule ancre doit être préféré toutes les fois que l'on doit rester peu de temps sur une rade, ou lorsque l'on a des raisons de craindre que 'le mauvais temps oblige a un appareillage qui nécessiterait une prompte exécution.

728. L'amarrage sur une ancre de bossoir et sur une ancre à jet est choisi lorsqu'une seule ancre de bossoir présente une sécurité suffisante, et que, devant séjourner quelque temps sur une rade, on veut éviter les inconvénients de surjaler et de parcourir un trop grand espace pendant les évitages; bien entendu que l'ancre à jet est alors mouillée dans une direction telle que l'on se trouve affourché.

729. On s'affourche sur deux ancres de bossoir lorsque l'on a l'intention de séjourner long-temps sur une rade, où tout appareillage forcé est peu probable et où l'on peut craindre un mauvais temps qui pourrait se prolonger.

DU MOUILLAGE SUR UNE SEULE ANCRE.

730. Ce mode d'amarrage présente deux inconvénients graves : le premier, c'est l'attention continuelle que l'on doit donner à toutes les causes qui peuvent provoquer des évitages, afin de s'opposer de tous ses moyens à ce que l'ancre soit surjalée par l'un d'eux; le second, c'est que, par le fait des évitages successifs, le bâtiment parcourt ou peut parcourir un cercle dont l'ancre occupe le centre, et qui a pour rayon à peu près la longueur de la touée : ce dernier inconvénient ne disparaît que si l'on est mouillé sur une rade où il ne se trouve ni bâtiments ni dangers compris dans le cercle parcouru par le bâtiment.

731. Une ancre est surjalée lorsque, pendant un évitage, elle a été enveloppée, soit autour du jas, soit autour de sa patte supérieure, par la partie du câble ou de la chaîne qui repose sur le fond. Dans ces deux cas, l'ancre est désormais dans l'impuissance de retenir le bâtiment qui viendrait à l'appel de son câble, par une brise qui ne serait que faible; car l'effet de la tension du câble ne peut alors avoir d'autre résultat que celui de déraper l'ancre dont il entoure la patte.

732. Comme on ne peut surjaler que par le fait d'un évitage, on devra veiller avec l'attention la plus scrupuleuse, à tout ce qui peut y donner lieu, et manœuvrer le plus convenablement possible pour empêcher la partie du câble

qui repose sur le fond de revenir sur elle-même pour se
capeler sur l'ancre. En obtenant ce résultat, on obtiendra en
même temps celui d'empêcher que le câble ne se rague sur le
fond.

733. Les circonstances qui donnent lieu à un évitage
sont généralement, 1° un changement dans la direction du
vent ; 2° un changement dans la direction du courant, venant d'un côté différent de celui du vent et ayant plus de puissance que lui; 3° le calme, un faible courant ou de légères
brises variables.

734. Si le bâtiment est évité de bout au courant, et de calme
ou de petite brise, on évitera de surjaler en virant à pic à
l'instant de la mer étale. Le renversement de la marée opérera
l'évitage, et l'on ne filera la touée que lorsque le courant sera
suffisamment établi pour que le bâtiment se tienne à la longueur
de la touée que l'on jugera nécessaire.

735. Si la brise est assez forte pour qu'en appareillant des
voiles convenablement combinées entre elles, on puisse éviter
sans passer sur l'ancre et en tenant le câble raide, on pourra
employer ce moyen.

736. De calme ou par un faible courant qui laisse le bâtiment obéir aux diverses fraîcheurs accidentelles qui peuvent
survenir, il convient de virer à pic et d'attendre ainsi qu'une
brise soit suffisamment formée, pour qu'en filant du câble le
bâtiment se maintienne de bout au vent et à la longueur de la
touée. Si le câble est une chaîne, cette précaution sera inutile,
parce que le bâtiment évitera nécessairement sur le poids de
la partie de la chaîne qui repose sur le fond; elle ne pourra
donc revenir sur elle-même pour se capeler sur l'ancre. Mais
après un calme, si la brise s'établit, il faudra manœuvrer les
voiles pour élonger la chaîne sur le fond sans qu'elle passe sur
la bouée : on consultera à cet égard la position qu'elle occupe,
et si, malgré les efforts que l'on aurait pu faire, on s'aperce-
vait que l'on n'a pu éviter de passer autour de la bouée, il con-

viendrait de mouiller une seconde ancre et de lever la première pour vérifier si elle a été surjalée.

757. Une ancre à jet, élongée dans une direction convenable, ou des embarcations auxquelles on donne des toulines, peuvent aussi être employées pour éviter de surjaler ; si le câble est une chaîne, l'emploi de ce moyen sera souvent impuissant.

758. De jolie brise, ou même de bonne brise, on maintient le perroquet de fougue sur le mât, brassé carré, pour obliger autant que possible le bâtiment à éviter à la longueur de sa touée pendant les variations du vent. Cette disposition deviendrait inutile s'il ventait une forte brise.

759. Le moyen le plus sûr d'éviter de surjaler est de virer à pic toutes les fois que cela est possible : c'est à peu près le **seul** dont on puisse répondre.

740. Tous les moyens dont il vient d'être question, employés en temps opportun, sont propres à empêcher l'ancre d'être surjalée ; cependant, s'il arrivait qu'on se fût trouvé dans le cas d'en user souvent, il faudrait lever l'ancre mouillée, en ayant soin de la remplacer préalablement par une ancre de bossoir ou une ancre à jet, selon la force du vent régnant. On acquerrait ainsi la certitude que les manœuvres exécutées ont rempli leur but, ou qu'elles ont été impuissantes. Dans le dernier cas, on dépassera les tours du câble avec la patte ou avec le jas, afin que l'ancre soit disponible pour l'avenir.

741. L'opération de relever de temps en temps l'ancre qui est au fond a pour but aussi de visiter si le câble a souffert sur le fond par un frottement répété, qui devient d'autant plus à craindre que les évitages sont fréquents et qu'ils sont provoqués par le calme.

742. Si l'on mouille sur un fond dont la nature est susceptible d'endommager le câble, on devra se servir de préférence de câble-chaîne ; et si , faute de chaîne , on est dans l'obligation de se servir de câble en chanvre , on devra le soutenir , de distance en distance , au moyen de bouées assez fortes pour le soulager de quelques pieds au-dessus du fond.

PRÉCAUTIONS ET SURVEILLANCE AYANT POUR BUT DE PRÉSERVER LES CABLES , DE SAVOIR SI L'ON CHASSE , ET D'ÊTRE PRÊT A APPAREIL-LER , SI L'ON Y ÉTAIT FORCÉ PAR UN COUP DE VENT.

743. Quand les câbles sont en chanvre , ils doivent être garnis , au portage de l'écubier , d'un paillet destiné à les pré-server d'un frottement d'autant plus dangereux que la mer est grosse.

744. Si le temps est à grains , ou s'il vente bon frais , on se tiendra toujours prêt à filer du câble ou de la chaîne ; l'autre ancre de bossoir sera disposée à mouiller ; et si son câble est en chanvre, on en halera une bitture suffisante dans la batterie.

745. On devra être constamment prêt à appareiller , et comme on ne sera généralement dans cette obligation que lorsqu'il ventera une forte brise , les huniers seront toujours serrés , ayant deux ris pris , et les basses voiles ayant un ris pris.

746. On laissera tomber un plomb de sonde sur le fond , à l'aplomb des grands porte-haubans ; un timonnier y sera mis en faction , et , tenant la ligne à la main , il observera si elle annonce que le plomb répond toujours au-dessus du point où il a été mouillé. Si la ligne indique que le plomb est sur l'avant du point où il avait été mouillé , il en avertira immédia-tement l'officier de quart.

747. Tout bâtiment qui laisse tomber une ancre prend au compas les relèvements de deux points fixes. Ces points serviront , au besoin , à connaître la position de l'ancre dont le câble et l'orin viendraient à se casser. Lorsque le bâtiment est à la longueur de sa touée, on prend deux relèvements pour reconnaître si le navire chasse. Ces relèvements, pour être les plus efficaces possibles, doivent être pris de telle sorte, que l'angle qu'ils forment entre eux approche de l'angle droit, et que l'un d'eux soit celui d'un point pris par le travers.

748. Le moyen le plus sûr de s'apercevoir que l'on chasse, c'est de remarquer deux objets sur la côte, à inégale distance du bâtiment, et qui se présentent à la vue sous un très petit angle, qui restera nécessairement constant, si le bâtiment ne change pas de disposition, mais qui augmentera ou diminuera si le bâtiment chasse.

749. Les guinderesses des mâts de perroquet seront passées, afin qu'on soit prêt à les dépasser et à les mettre sur le pont à l'annonce d'un coup de vent.

Les guinderesses des mâts de hune et les caliornes de basmâts seront tenues disponibles, s'il s'agit de résister à un coup de vent battant en côte. Pendant la nuit, les approches des bittes seront toujours éclairées.

750. Si le bâtiment venait à chasser, et qu'il n'y eût pas nécessité de mouiller une seconde ancre pour éviter d'approcher une côte ou un danger de trop près, on filerait du câble ou de la chaîne, jusqu'à ce que la touée se trouvât augmentée d'une quantité telle, qu'il deviendrait certain que sa trop petite longueur n'était pas le motif pour lequel le bâtiment chassait. Si, malgré ce qui vient d'être prescrit, on continuait à chasser, on se déciderait à mouiller une seconde ancre, en observant autant que possible de ne la laisser tomber qu'au moment où, dans l'une de ses abattées, l'avant du bâtiment se serait un peu effacé du côté opposé à l'ancre mouillée. On agit ainsi pour n'avoir pas à craindre que la première ancre puisse rencontrer la seconde; car, dans ce cas, il est probable que celle-ci serait dérapée; ou si cela n'arrivait pas, il est certain que de grandes difficultés accompagneraient l'opération de relever les deux ancres.

751. Si le vent n'est pas d'une extrême violence, il est très probable que la seconde ancre mouillée aura son plein effet, c'est-à-dire que le bâtiment cessera de chasser. Si cependant on chassait encore et que la direction du vent et les obstacles permissent d'appareiller, on s'y déciderait, afin de tenir la mer, ou d'aller mouiller dans un endroit où la qualité du fond présenterait plus de sécurité. Si, au contraire, l'appareillage était impossible, on serait dans l'obligation de résister contre un coup de vent au mouillage (**765** et suivants).

ÉVITER D'ÊTRE ABORDÉ PAR UN CORPS FLOTTANT QUI DÉRIVE VERS UN BATIMENT MOUILLÉ SUR UNE SEULE ANCRE.

752. Si l'on est évité de bout au courant, on mettra la barre à lancer du bord qui présentera le plus de chances; et si, pour s'écarter de la direction que suit le corps flottant, le vent régnant permet d'ajouter à l'action de la barre, on manœuvrera les voiles de devant et de derrière en conséquence.

753. Si l'on est évité de bout au vent, on appareillera les focs et même le petit hunier, que l'on brassera de manière à obliger l'avant du bâtiment à se répandre du bord le plus convenable.

754. Dans chacune de ces deux circonstances, il conviendra de bien choisir le moment opportun pour lancer sur un bord ou sur l'autre; car le bâtiment ne saurait rester long-temps évité qu'à l'appel de son câble.

RECEVOIR UN COUP DE VENT ÉTANT AU MOUILLAGE SUR UNE SEULE ANCRE.

755. Si la localité où l'on est mouillé et la direction du vent permettent d'appareiller, on devra le faire.

756. Si, au contraire, le vent bat en côte, et que tout appareillage soit impossible, on tombe dans le cas de résister à un coup de vent au moyen de ses câbles et ancres.

1er CAS : APPAREILLAGE POSSIBLE.

757. Dès que la force du vent, l'apparence du temps et la hauteur du baromètre annonceront un coup de vent, il conviendra de se tenir sur ses gardes et de ne pas attendre, pour mettre sous voiles, que le vent ait acquis une trop grande violence, ou que la mer ait eu le temps de s'élever : cette dernière circonstance surtout pourrait être de nature à ce que les mouvements de tangage missent des entraves à l'opération de déraper l'ancre. Il pourrait même arriver que l'on fût obligé d'y renoncer ; d'où il résulterait que, sans aucun profit, on aurait perdu une ancre et une partie de son câble ou de sa chaîne.

758. Il est encore une autre considération qui vient à l'appui de ce qui précède : c'est qu'en admettant qu'on ait pu déraper l'ancre et l'élever jusqu'à l'écubier, il resterait encore de très grandes difficultés à vaincre ; ce serait, 1° d'aller crocher le capon, ce qui ne serait pas sans danger pour les hommes qui auraient cette mission, puisqu'il serait à peu près impossible qu'ils ne fussent pas submergés pendant le temps que l'avant du bâtiment resterait plongé dans la lame ; 2° si l'on parvenait à élever l'ancre au bossoir, elle ne manquerait pas de heurter violemment le bord pendant le temps qu'on serait à crocher la traversière et à la traverser.

759. Cela posé, et les dispositions d'appareillage étant prises comme il a été dit, c'est-à-dire ayant deux ris pris dans les huniers et un dans les basses voiles, on appareillera en manœuvrant suivant le cas ; puis on fera route sous la voilure précitée, qui sera probablement en rapport avec la force du vent régnant, ou du moins supportable, jusqu'à ce que l'on soit suffisamment écarté de la côte pour diminuer de voiles en toute sécurité.

760. Si cependant on jugeait que deux ris pris ne fussent pas suffisants pour la force du vent, et que l'on pensât pouvoir prendre le troisième ris sans craindre que cette opération ne fît chasser le bâtiment, on le prendrait avant de commencer à virer sur le câble ou sur la chaîne ; et enfin, si l'on jugeait prudent de s'abstenir de développer ces voiles, on appareillerait sous les deux basses voiles et le petit foc, pour faire ensuite toute la toile que nécessiterait la force du vent et la route que l'on aurait à faire pour s'écarter de la côte.

761. Si l'appareillage devenait obligatoire, par la rupture du câble, le fait seul d'être constamment prêt à appareiller, lorsque l'on est sur une seule ancre, rendrait l'opération facile et prompte.

2e CAS : OBLIGATION DE RÉSISTER A UN COUP DE VENT AU MOUILLAGE.

762. A mesure que la force du vent augmente, on file du câble ou de la chaîne : il arrive souvent que les touées sont portées à deux cents brasses ; mais si le câble est en chanvre, on doit se ménager un nombre de brasses suffisant pour le rafraîchir de temps en temps, au portage de l'écubier.

Aux dispositions générales de prudence dont il a été question (**745** et suivants), on ajoutera les suivantes :

763. Passer les guinderesses des mâts de hune et les braguets ; mettre en place les caliornes des bas mâts, qui doivent servir à amener les basses vergues au besoin ; mettre les ancres de veille en mouillage, et même celle qui est dans le grand panneau ; disposer aussi toutes les ancres à jet ; placer des hommes d'élite, armés de haches, près des bosses de bout et serre-bosses ; s'assurer fréquemment que les bittures des câbles en chanvre sont bien parées, et que les hommes placés aux palans des étrangloirs sont à leur poste et veillent bien ; enfin, employer sans relâche tous les moyens qui peuvent amener à connaître que le bâtiment chasse ou qu'il a cassé son câble.

764. Diminuer graduellement la surface que le gréement et la mâture présentent au vent, dans l'ordre suivant :

Dépasser les mâts de perroquet ; brasser toutes les vergues en pointe ; amener les basses vergues ; caler les mâts de hune et ne chercher ensuite de moyens de salut que dans la solidité des amarres qui restent disponibles.

765. Des changements considérables dans la direction du vent ne sont pas rares, même pendant un coup de vent : il ne faut donc pas se priver de la ressource d'appareiller, si cela devenait possible ; aussi ne devra-t-on caler les mâts de hune et amener les basses vergues que lorsque l'on sera menacé de faire côte.

766. Les moyens de s'apercevoir si l'on chasse pendant le jour sont nombreux et certains ; mais il n'en est pas de même pendant la nuit : un dérangement de l'aplomb de la ligne de sonde peut seul indiquer que le bâtiment chasse ; et si le vent est variable , cet avertissement peut devenir incertain. Il faut donc alors avoir recours à un autre moyen, qui, du reste, n'est pas exempt d'inconvénients graves : c'est de laisser tomber une ancre de veille sur le fond par précaution (*); d'où il résultera que, si la première chasse, la bitture de la seconde filera, et le bâtiment s'arrêtera lorsqu'il fera tête à la longueur de la bitture. Si au contraire la première ancre ne chasse pas , on devra lever la seconde dès que le jour permettra d'observer les relèvements des points fixes pris sur la côte.

767. En général, il faut s'abstenir de mouiller une seconde ancre, c'est-à-dire qu'on ne doit le faire que lorsqu'il y a urgence absolue. Cette mesure devient encore plus obligatoire si l'on est assailli par un coup de vent dans une contrée où la force des

---

(*) Il vaudrait mieux laisser tout simplement tomber un grappin à l'aplomb du bossoir, et en faire tenir le câblot à la main par un homme qui avertirait dès qu'il serait dans l'obligation de le filer par le fait de ce que l'ancre aurait chassé ; je n'ai parlé de laisser tomber l'ancre de bossoir que parce qu'il arrive souvent d'employer ce moyen.

marées, quelle que soit celle du vent, oblige à éviter en partie pour elles ; car cette circonstance, ou celle d'une saute de vent, provoquent un évitage qui peut amener dans les amarres un désordre duquel il pourrait résulter que le bâtiment fût ceintré par ses câbles.

768. Un bâtiment qui est ceintré par ses amarres se trouve comme échoué sur elles ; ses mouvements sont contrariés par la résistance des câbles et deviennent durs. De là , 1° probabilité d'embarquer des coups de mer et d'être violemment choqué par eux ; 2° la possibilité de la rupture des câbles par le poids du bâtiment retombant sans cesse sur eux par l'effet des lames ; 3° enfin, nécessité probable de perdre l'un des câbles, pour se soustraire à une position aussi critique. En effet, le seul moyen de déceintrer le navire est de filer l'un des câbles, et de le couper si en le filant on ne réussit pas.

769. Mais si en général on doit être réservé sur l'action de mouiller plusieurs ancres, on peut cependant se trouver dans le cas de n'avoir à employer que ce seul moyen pour résister à la violence du vent ; c'est lorsque l'on se trouve tellement près d'une côte ou de récifs, que le péril devient probable. Dans cette circonstance , on laissera tomber toutes les ancres successivement, mais en cherchant à obtenir qu'elles reposent sur le fond , à quelque distance les unes des autres , tribord et babord, afin de ne pas courir la chance qu'elles se rencontrent, si l'une ou plusieurs d'elles venaient à chasser ; puis on filera les bittures de telle sorte , que toutes les ancres travaillent à peu près également.

DU BATIMENT SUR DEUX ANCRES AFFOURCHÉES.

770. Un bâtiment est affourché lorsque étant amarré sur deux ancres éloignées l'une de l'autre, les deux touées sont égales ou à peu près, et que l'avant du bâtiment (les deux câbles étant tendus) se trouve à peu près sur l'alignement des ancres et au milieu de leur distance.

771. Tout bâtiment qui affourche doit placer ses ancres suivant une ligne perpendiculaire à la direction du vent ou du courant pour lequel il affourche. Cette condition est de nécessité absolue si l'opération se fait avec deux ancres de bossoir, parce qu'alors on est dans l'intention de résister à un fort vent régnant ou à celui contre lequel la connaissance des localités avertirait de se mettre en garde.

772. Mais si en affourchant on a seulement pour but de se préserver des inconvénients du mouillage sur une seule ancre, on devra affourcher au moyen d'une ancre de bossoir et d'une ancre à jet. Dans ce cas, on pourra mouiller les ancres de deux manières : 1° suivant une ligne perpendiculaire à la direction du vent ou du courant ; 2° suivant la direction du vent ou suivant celle du courant.

773. L'affourchage suivant la direction du vent ou du courant, est en usage sur les rades où les bâtiments qui y sont amarrés sont nombreux et rapprochés les uns des autres ; on évite par-là de placer sur le fond et en travers un grand nombre d'amarres, dans lesquelles les ancres pourraient s'engager. Si l'on n'avait pas à craindre cet inconvénient, on devrait affourcher suivant une ligne perpendiculaire au vent ou au courant.

774. Tout bâtiment qui s'affourche obtient la certitude de ne pas surjaler ses ancres et d'éviter à peu près sur lui-même, c'est-à-dire de ne parcourir qu'un très petit cercle pendant ses évitages ; mais il n'échappe que difficilement à l'inconvénient de faire des tours dans ses câbles.

775. Pour rendre l'opération de dépasser les tours des câbles plus facile et plus prompte, on prendra le soin d'avoir une longueur de touée, sur l'ancre d'affourche ou sur l'ancre à jet, assez longue pour que la partie du câble ou du grelin restant à bord soit seulement du nombre de brasses nécessaires pour prendre le tour de bitte. Si les câbles étaient des chaînes, il conviendrait d'installer les touées de telle sorte qu'un maillon d'assemblage fût peu éloigné de l'écubier, en dedans.

776. Lorsqu'on est affourché, on doit veiller attentivement à ce qu'un coup de vent ou même une forte brise ne vienne pas surprendre le bâtiment ayant des tours dans ses câbles; le frottement des câbles entre eux deviendrait alors très dangereux.

777. A chaque changement de marée ou de vent, on manœuvrera les voiles convenablement pour obliger le bâtiment à éviter du bord qui peut s'opposer à ce que les tours de câbles s'achèvent ou s'augmentent.

778. L'opération de s'affourcher peut s'exécuter soit étant déjà sur une ancre, soit étant sous voiles.

AFFOURCHER ÉTANT DÉJA MOUILLÉ SUR UNE ANCRE.

779. On élongera l'ancre à jet ou l'ancre de bossoir que l'on destine pour s'affourcher dans une direction telle, qu'elle rencontre la ligne qui, partant de l'ancre déjà mouillée, sera celle suivant laquelle on veut être affourché; puis, une fois rendu à ce point de jonction, que l'on peut encore connaître en relevant au compas la bouée de l'ancre mouillée, on égalisera les deux touées, ou bien on se tiendra plus près de celle que l'on destine à être manœuvrée, pour dépasser les tours qu'on pourrait faire. Mais dans tous les cas les touées seront tendues de manière à ce que, dans les évitages, elles ne puissent être rencontrées par la partie submergée du bâtiment; on doit observer toutefois que leur tension soit suffisante pour que le bâtiment ne coure pas sur ses amarres.

780. Le cas qui précède suppose que le câble d'affourche est en chanvre; s'il était en fer, il deviendrait impossible d'agir comme il a été prescrit : il faudrait alors mouiller l'ancre d'affourche avec le bâtiment, au point convenable; mais cela ne pourrait s'exécuter que par un temps calme, et en virant préalablement à pic de l'ancre mouillée, pour ne filer ensuite la chaîne qu'à mesure que l'on virerait sur l'ancre à jet, élongée dans la direction convenable. Si l'on tentait de haler le bâtiment avec l'ancre à jet, sans virer à pic de l'ancre de bossoir, le poids de la chaîne qui repose sur le fond présenterait un effort très difficile à vaincre, et peut-être impossible.

Mais si la direction du vent pouvait favoriser l'opération, elle deviendrait moins difficile ; on établirait les voiles nécessaires pour diriger le bâtiment vers le point convenable, et l'on mouillerait la seconde ancre.

784. S'il s'agit de s'affourcher suivant la direction du courant ou du vent qui tient le bâtiment évité, à l'appel de l'un ou de l'autre, l'opération deviendra facile ; il suffira d'élonger l'ancre avec laquelle on voudra s'affourcher dans le sens de la quille et vers l'arrière, à la distance que l'on jugera nécessaire ; puis ensuite d'embraquer le câble ou le grelin. On voit que, dans ce cas, l'ancre en question sera élongée avec facilité, puisque le vent ou le courant fera dériver l'embarcation qui portera l'ancre dans la direction où l'on voudra la mouiller.

Le moyen dont il vient d'être question n'est pas applicable au cas où le câble de l'ancre d'affourche serait en fer ; s'il en était ainsi, il faudrait attendre que le vent ou le courant fût assez fort pour qu'en filant de la chaîne qui est mouillée, la chaîne s'élongeât sur le fond ; puis mouiller l'ancre d'affourche à la distance nécessaire, et filer de sa chaîne en virant sur celle de la première ancre.

DÉSAFFOURCHER.

782. On peut désaffourcher avec le bâtiment, ou bien en se servant de la chaloupe, pour déraper l'une des ancres ; dans le dernier cas, on devra commencer par lever l'ancre dont le câble ne travaille pas.

783. Si l'on désaffourche avec le bâtiment, et que l'on soit

évité à peu près l'avant vers la direction du vent pour lequel
on avait affourché, ou en d'autres termes, si les deux câbles
ou chaînes travaillent en barbe, et à peu près également, il
deviendra indifférent de lever d'abord l'une ou l'autre ancre ;
on basera son choix sur la position de la grande touée, si elle
est en chanvre, et sur les dangers ou obstacles qu'il serait possible de rencontrer en se répandant à l'appel de l'une ou de
l'autre ancre. Toutefois, s'il ne vente pas grand frais, on ne sera
pas dans l'obligation de lever l'ancre de grande touée la dernière ; car si l'on pensait que ce câble ou cette chaîne fût d'une
longueur insuffisante pour atteindre à pic de l'autre ancre, on
pourrait y faire ajouter un grelin.

Mais si le bâtiment reçoit le vent d'une direction telle, que
l'une des ancres soit considérablement plus au vent que l'autre,
on devra commencer par lever l'ancre de dessous le vent, et
ensuite celle du vent ; et en effet, on obtiendra ainsi l'avantage
d'appareiller d'un point situé plus au vent ; or il n'est presque
jamais indifférent d'être plus ou moins au vent.

Mais si cet avantage est acquis par ce mode d'opérer, il en
est encore un autre d'une grande importance : c'est qu'en opé-
rant en sens contraire, c'est-à-dire en commençant par lever
l'ancre du vent, le bâtiment viendrait à l'appel d'une très grande
touée, en parcourant un espace égal à peu près au quadruple
de cette touée. Cette manœuvre n'est donc exécutable que
lorsque le bâtiment qui désaffourche n'est entouré d'aucun
danger ni d'aucun bâtiment ; elle présente d'ailleurs encore les
désavantages suivants : 1° il est des circonstances où l'on pourra
surjaler la seconde ancre ; 2° s'il vente grand frais, on peut
craindre que la vitesse en dérive acquise par le bâtiment soit
considérable, et que conséquemment l'effort produit sur la
seconde ancre, à l'instant où le bâtiment étalera à la longueur
de sa touée, soit de nature à faire chasser l'ancre.

ÉVITER D'ÊTRE ABORDÉ PAR UN CORPS QUI DÉRIVE VERS UN BATIMENT AFFOURCHÉ.

784. Si dans ce moment les deux câbles travaillent ensemble, il suffira de filer l'un d'eux de la quantité nécessaire pour qu'en venant à l'appel de l'autre câble, le bâtiment s'efface de manière à livrer passage au corps par lequel on craignait d'être abordé.

785. Si l'un des câbles travaillait seul, on se conduirait comme il a été dit (**752**) pour un bâtiment mouillé sur une seule ancre.

RECEVOIR UN COUP DE VENT ÉTANT AFFOURCHÉ.

786. Voir ce qui a été dit à l'égard de la conduite à tenir en pareille circonstance pour un bâtiment mouillé sur une seule ancre (**755** et suivants).

787. S'il s'agit de recevoir un coup de vent au mouillage, le bâtiment affourché sera amarré plus convenablemeut pour sa sécurité, que celui qui ne serait amarré que sur une seule ancre ; tandis qu'au contraire, ce dernier serait plus disposé à éviter le danger si les circonstances obligeaient à un appareillage pressé.

DES MOUILLAGES.

Tout bâtiment qui a l'intention de prendre un mouillage s'y dispose de la manière suivante :

788. On mettra les ancres en mouillage et on les étalinguera, si elles ne le sont pas. On décrochera les haubans de beaupré, qui, par leur position, s'opposent souvent à la chute de l'ancre. On prendra une bitture de chaque bord, proportionnée à la hauteur du fond présumé, et l'on installera des bosses cassantes, si les câbles sont en chanvre et s'il y a nécessité. Si l'on se sert des câbles-chaînes, on ne prendra point de bitture ; on mouillera de la bitte, ou plutôt, à deux brasses de l'écubier, on frappera une bosse cassante, qui aura pour objet d'obliger l'ancre à basculer par la résistance momentanée qu'elle présentera. Des hommes seront placés sur les palans des étrangloirs, et un autre homme sera prêt à laisser tomber le linguet de chaîne.

789. On placera un compas sur un pied de graphomètre ou sur tout autre point suffisamment élevé pour qu'on puisse prendre des relèvements par-dessus les bastingages.

Deux timonniers seront placés dans les grands porte-haubans de chaque bord ; ils sonderont continuellement, et accuseront le fond.

790. S'il vente grand frais et que l'on puisse craindre de chasser, par l'effort du bâtiment, à l'instant où il fera tête sur son câble, on serrera chaque voile à mesure qu'elle sera carguée, et l'on arrivera au mouillage sous un foc et l'artimon. De plus, si l'on élève des doutes sur la qualité du fond, on empennélera une ancre à jet sur l'ancre de bossoir que l'on devra mouiller.

791. S'il y a déjà des bâtiments au mouillage, on consultera la manière dont ils seront évités, pour en faire son profit, c'est-à-dire pour étaler le navire en présentant le cap à la même aire de vent qu'eux.

792. Toutes ces dispositions étant prises, on choisira le point de la rade où l'on aura l'intention de laisser tomber l'ancre; puis on gouvernera et l'on manœuvrera convenablement les voiles pour étaler le bâtiment au point voulu, en présentant le cap de bout au vent, au courant, ou enfin dans une position intermédiaire qui, comme on l'a dit (**791**), aura été indiquée par les bâtiments déjà mouillés.

Dans le cas où il aurait été impossible de recevoir cet avertissement, et si l'on était dépourvu d'instructions sur les localités, qui pussent faire connaître la force du courant, il conviendrait de manœuvrer pour étaler le bâtiment de bout au vent.

793. La voilure la plus maniable et la plus efficace pour manœuvrer avec précision, quand on vient au mouillage, est celle sous les trois huniers, le grand foc et la brigantine. La connaissance du bâtiment et l'expérience acquise peuvent seules prescrire le moment favorable pour gouverner le bâtiment et manœuvrer les voiles de manière à étaler en un point voulu. En général on arrive à ce but en gouvernant de telle sorte que, présentant le cap très peu sous le vent du point où l'on veut mouiller, le bâtiment soit à peu près au plus près; puis une fois à une demi-encâblure environ, on juge si, en venant brusquement au lof, on pourra atteindre le point voulu. A cet effet, on halera-bas le foc, on mettra la barre complétement dessous, et l'on brassera carré partout ou successivement, afin d'arrêter l'aire du bâtiment. Dès qu'il en sera ainsi, on amènera les huniers; on les carguera, et on laissera tomber l'ancre au moment où l'on s'apercevra que le bâtiment cule. S'il vente bon frais, les voiles seront serrées aussitôt qu'elles seront carguées. S'il vente peu, on les serrera avec ordre (**454** et suivants), après que le bâtiment sera à l'appel de son câble.

794. A l'instant où on a laissé tomber l'ancre, on a dû prendre les relèvements de deux points pris sur la côte, **et** faisant entre eux un angle qui approche de 90° autant que possible.

795. Étant ainsi mouillé sur une seule ancre, on se conduira comme il a été dit (**730** et suivants), ou l'on affourchera comme il a été dit (**779** et suivants), selon que l'on jugera que l'un ou l'autre mode d'amarrage sera le plus convenable à la circonstance dans laquelle on se trouvera.

AFFOURCHER A LA VOILE (*).

796. La bonne exécution de cette manœuvre dépend du coup d'œil et de l'expérience de celui qui l'exécute ; elle est très difficile, et à ce titre elle mérite toute l'attention du manœuvrier.

797. Toutes les dispositions dont il a été question (**788** et suivants) sont prises à l'avance : on observe seulement en plus de prendre des bittures inégales. Celle de l'ancre que l'on mouille la première doit être plus grande que le double de celle que l'on veut mouiller la dernière ; celle-ci est calculée d'après la hauteur du fond présumé. Dans les circonstances ordinaires elle doit être de trois à quatre fois la hauteur du fond. S'il ventait grand frais, et qu'on sentît la nécessité d'une plus grande touée, on la prendrait du nombre de brasses que l'on jugerait nécessaire : bien entendu qu'ici il n'est question que du cas où l'on se servirait de câbles en chanvre.

798. Si l'on se servait de câbles-chaînes, on ne prendrait de bitture que celle qui serait nécessaire pour éviter un choc trop violent à la bitte. Des hommes seront prêts à peser sur les

____

(*) L'emploi des chaînes a rendu moins nécessaire l'opération de s'affourcher : on préfère aujourd'hui rester sur une seule ancre, excepté cependant le cas où l'espace où l'on devrait mouiller serait très circonscrit. Il est d'ailleurs douteux que l'on puisse réussir à se bien affourcher à la voile avec deux chaînes

palans des étrangloirs, et le garant du linguet de chaîne sera
tenu à la main, prêt à le larguer au besoin.

799. En venant au mouillage dans l'intention d'affourcher,
on diminuera de voiles successivement; mais on en conservera
assez pour que la vitesse acquise soit celle qui convient pour
que le câble de la première ancre puisse être élongé sur le fond.

800. La détermination de s'affourcher suppose l'intention de
résister à la force du vent régnant, ou de se mettre en garde
contre celui qui pourrait s'élever d'une direction que l'on sait
être dangereuse.

801. Dans le premier cas, on gouvernera sur la perpendiculaire du vent, lorsqu'en faisant cette route, on pourra rencontrer le point où l'on a l'intention d'être amarré; puis un peu
avant d'arriver à ce point, on laissera tomber l'ancre du vent;
on continuera la route au même cap, et l'on étalera le bâtiment
lorsque la quantité de brasses filées sera environ égale au double
de la bitture de l'autre câble; puis on saisira ce moment pour
laisser tomber la seconde ancre et pour carguer et serrer les
voiles. Il ne restera plus alors, pour être amarré, qu'à virer sur
le câble de la première ancre, jusqu'à ce que la bitture du câble
de la deuxième soit entièrement filée dehors, et qu'elle soit suffisamment tendue.

802. Dans le second cas, on commencera par se mettre au
vent du point où l'on veut être mouillé; puis, quand on le relèvera à l'aire de vent dans laquelle devra se trouver la seconde
ancre, on gouvernera à ce cap, et l'on mouillera la première
ancre à la distance convenable; puis la seconde, en se rapportant pour le reste de l'opération, à ce qui a été dit (**801**).

TABLE DES MATIÈRES.

Ire SECTION.

MISE EN PLACE DU GRÉEMENT.

PASSER LES MANŒUVRES COURANTES.

ENVERGUER LES VOILES.

IIe SECTION.

MANOEUVRE DES ANCRES.

TRAVAUX DIVERS.

MANOEUVRE DES VOILES DE BEAU TEMPS ET DE MAUVAIS TEMPS.

Beau temps.

IIIᵉ SECTION.

APPAREILLAGES.

VIREMENTS DE BORD VENT DEVANT.

VIREMENTS DE BORD LOF POUR LOF.

CHAPELLE.

MANOEUVRER POUR LES GRAINS.

DES PANNES.

PRENDRE ET LARGUER DES RIS.

PRÉCAUTIONS SUCCESSIVES PENDANT UN GROS TEMPS.

DE LA CAPE.

DES DIFFÉRENTS MODES D'AMARRAGES D'UN BATIMENT HORS DU PORT

DES MOUILLAGES.

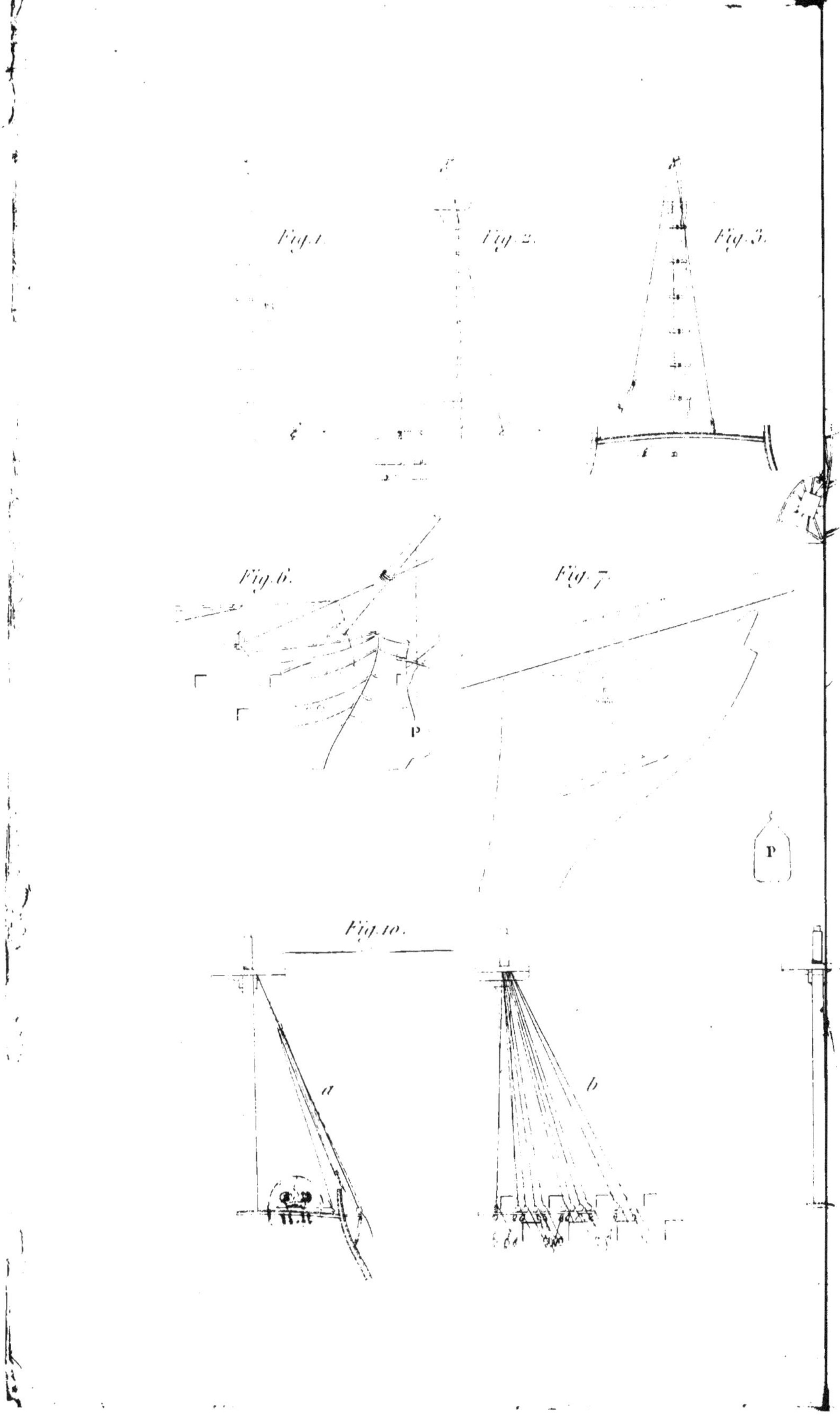

Fig.1.
Fig.2.
Fig.3.
Fig.6.
Fig.7.
P
P
Fig.10.
a
b

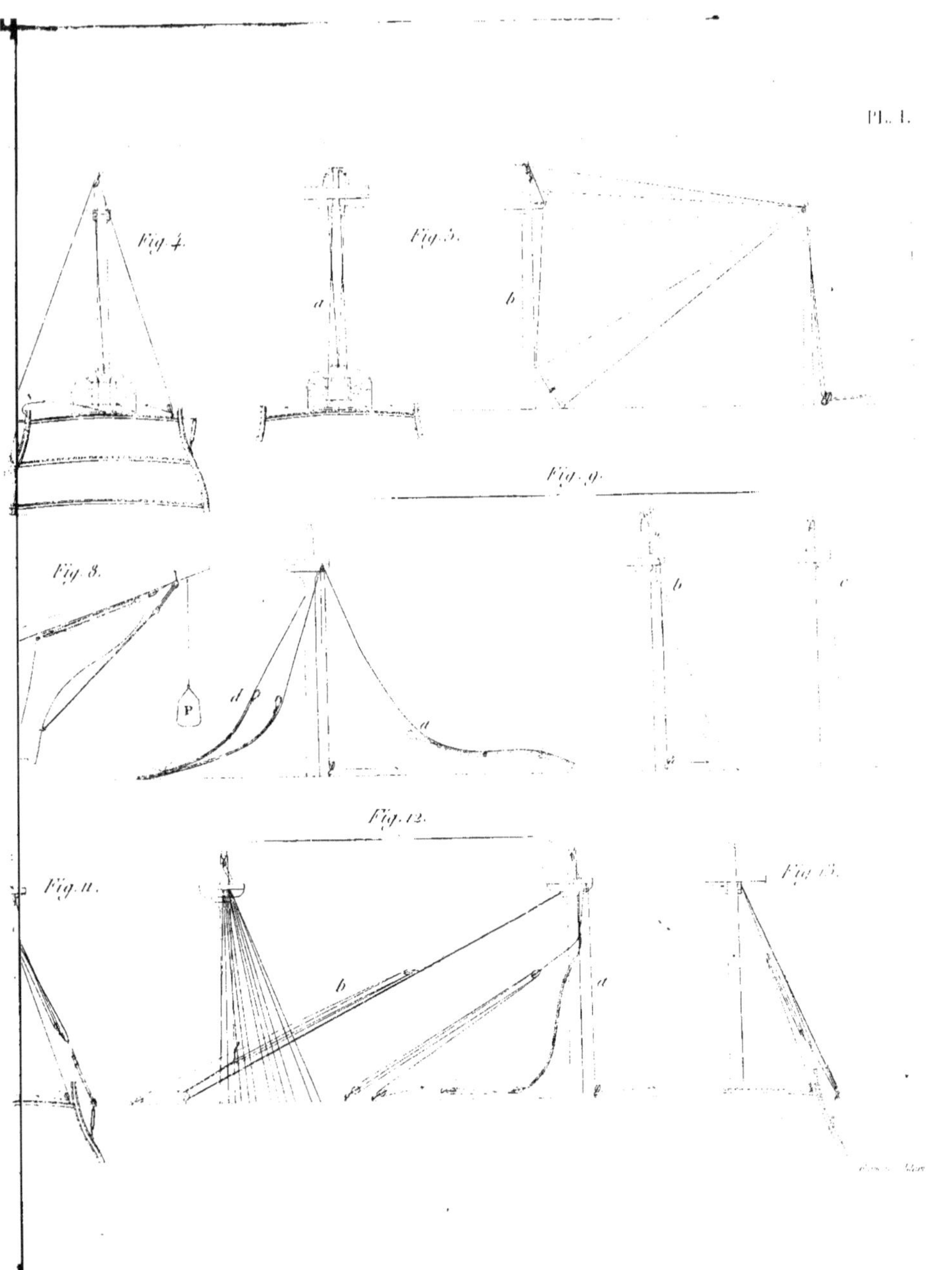
Fig. 4.
Fig. 5.
Fig. 9.
Fig. 8.
P
d
a
b
c
Fig. 12.
Fig. 11.
b
a
Fig. 13.

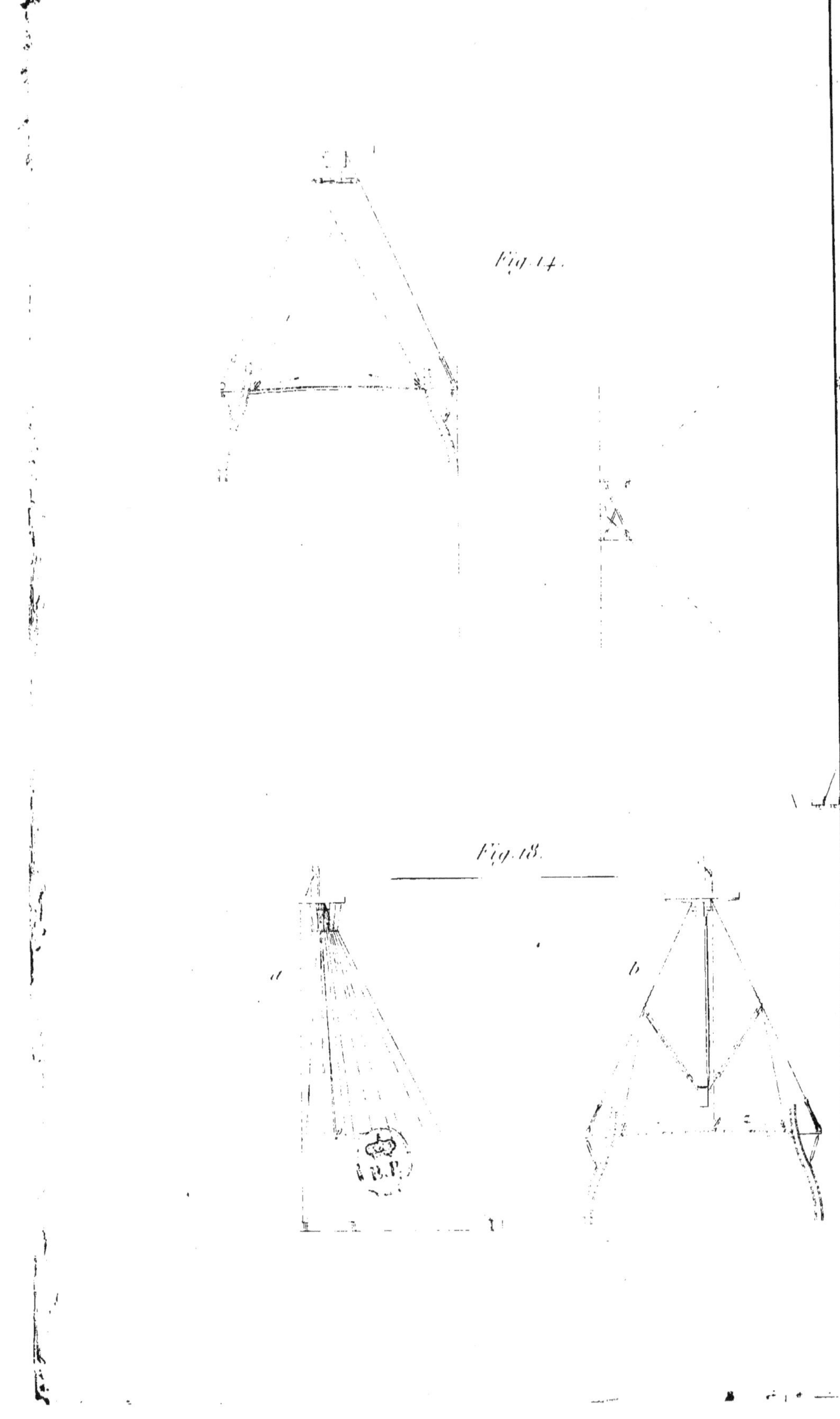

Fig. 14.

Fig. 13.

Fig. 15.

Fig. 16.

Fig. 17.

Fig. 19.

Fig. 20.

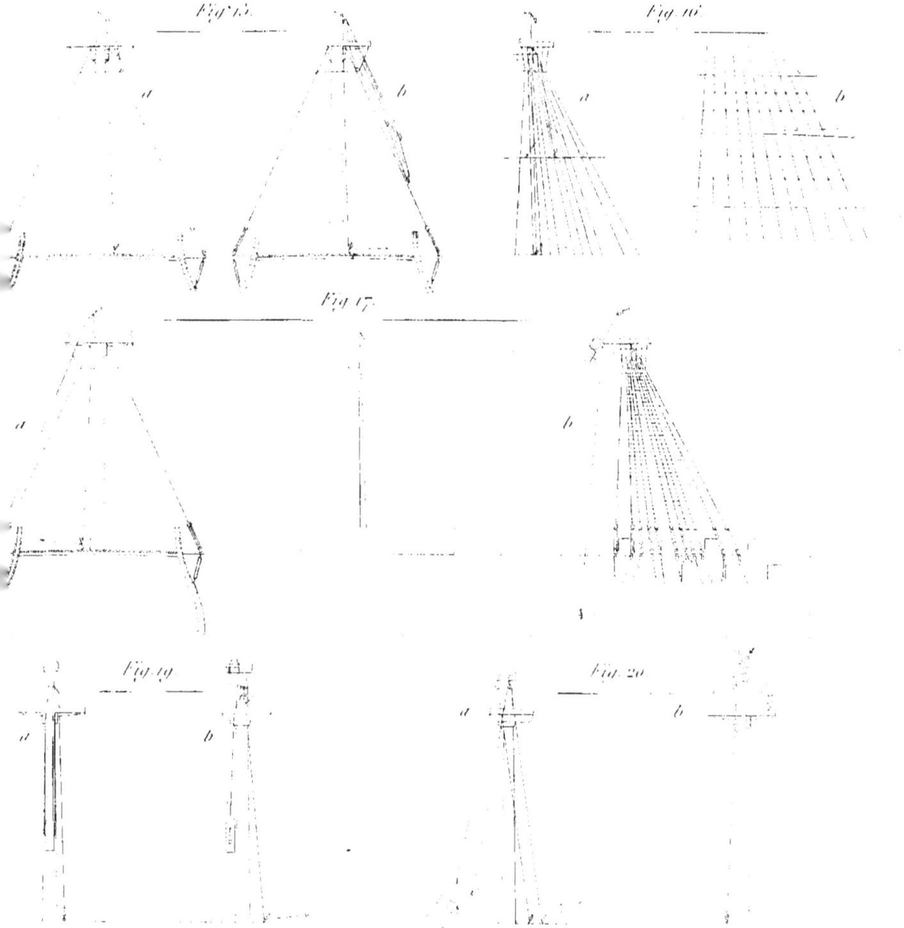

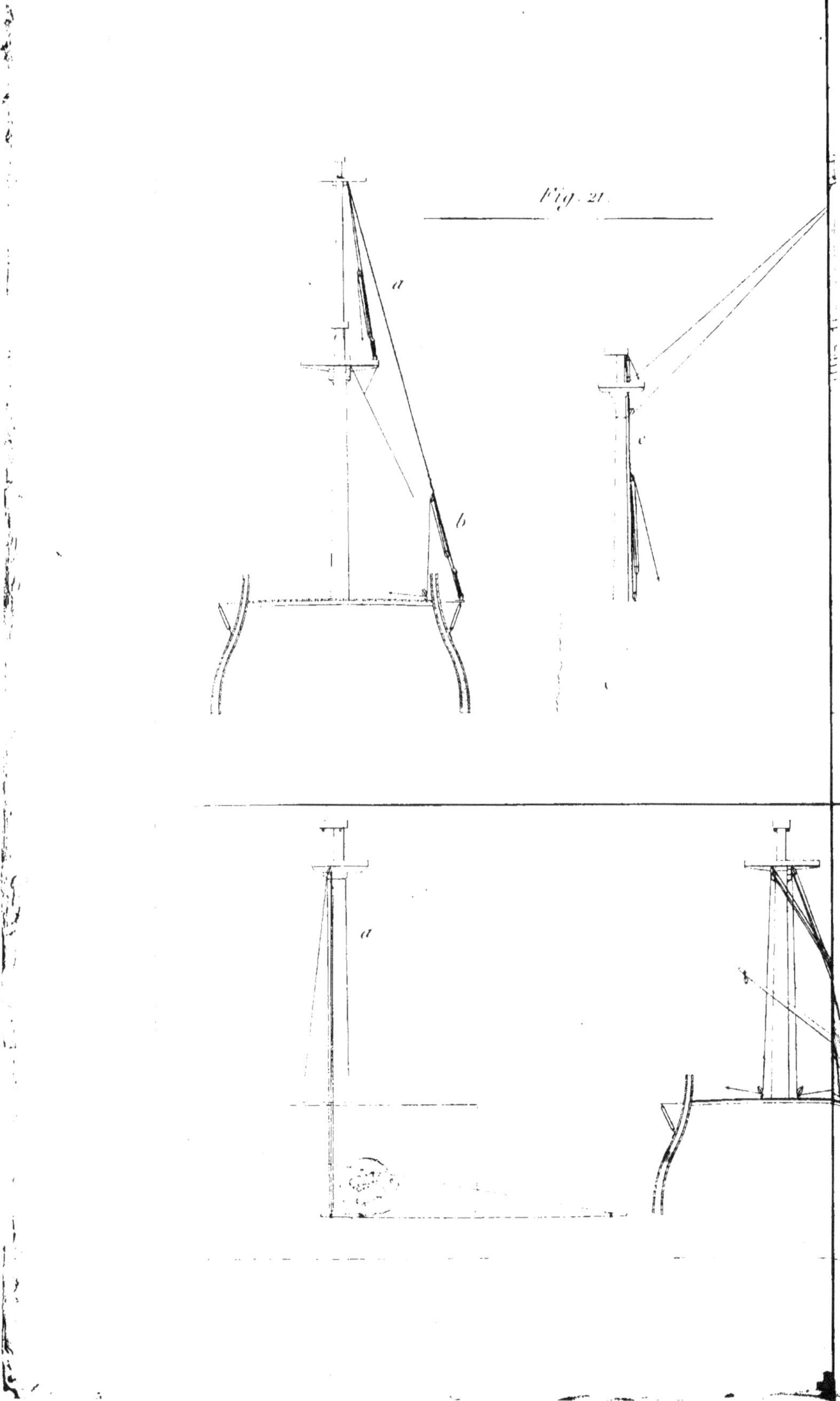

Fig. 21.
a
b
c
a

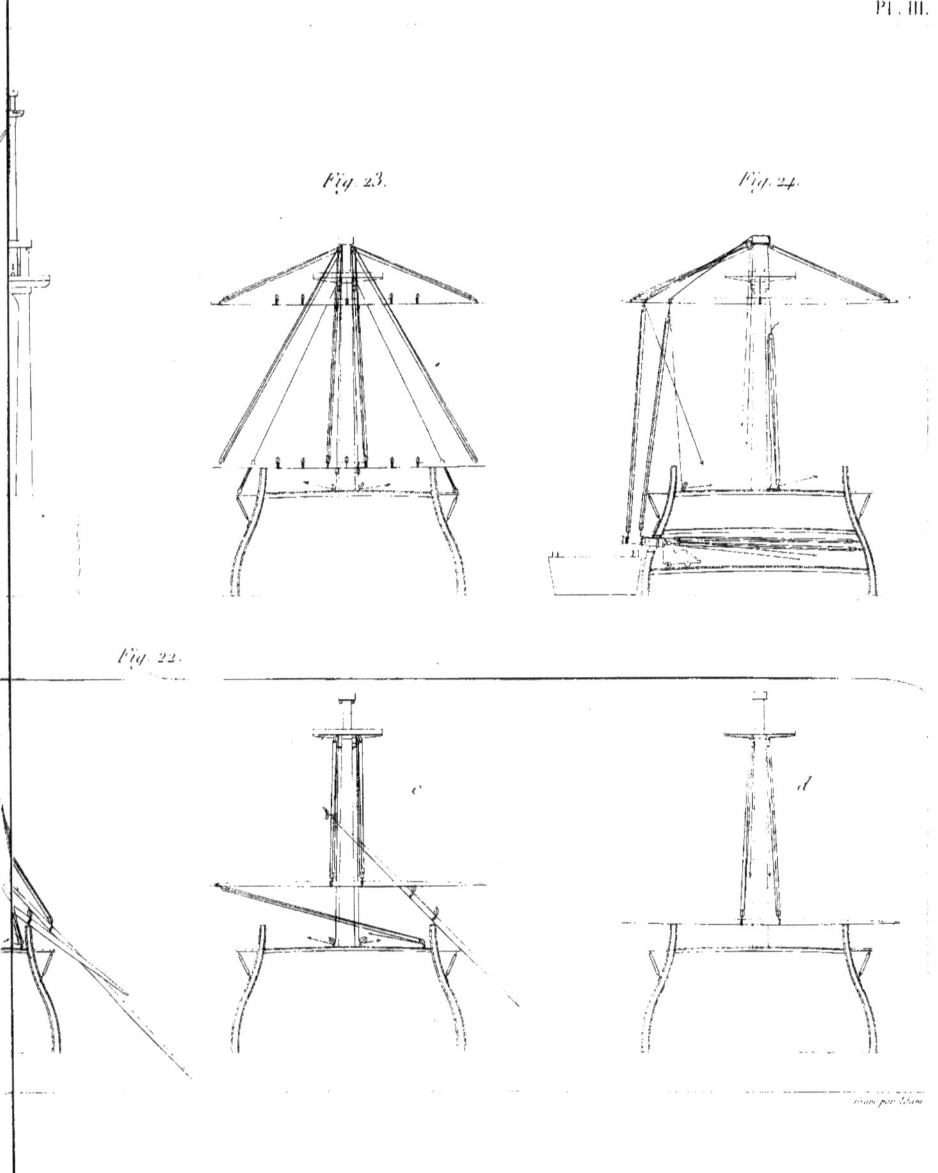

Fig. 23.
Fig. 24.
Fig. 22.

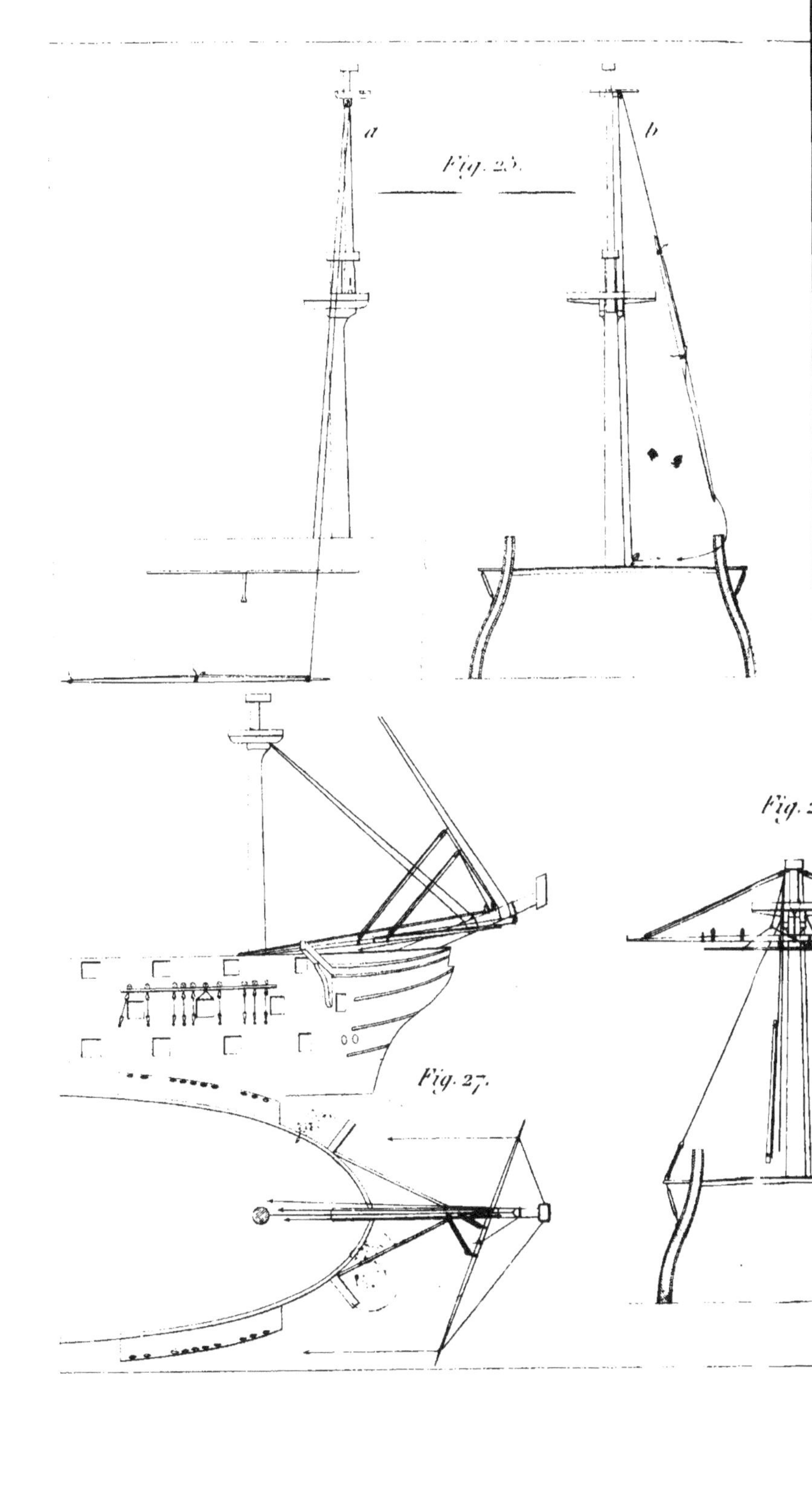

a
b
Fig. 25.
Fig. 2
Fig. 27.

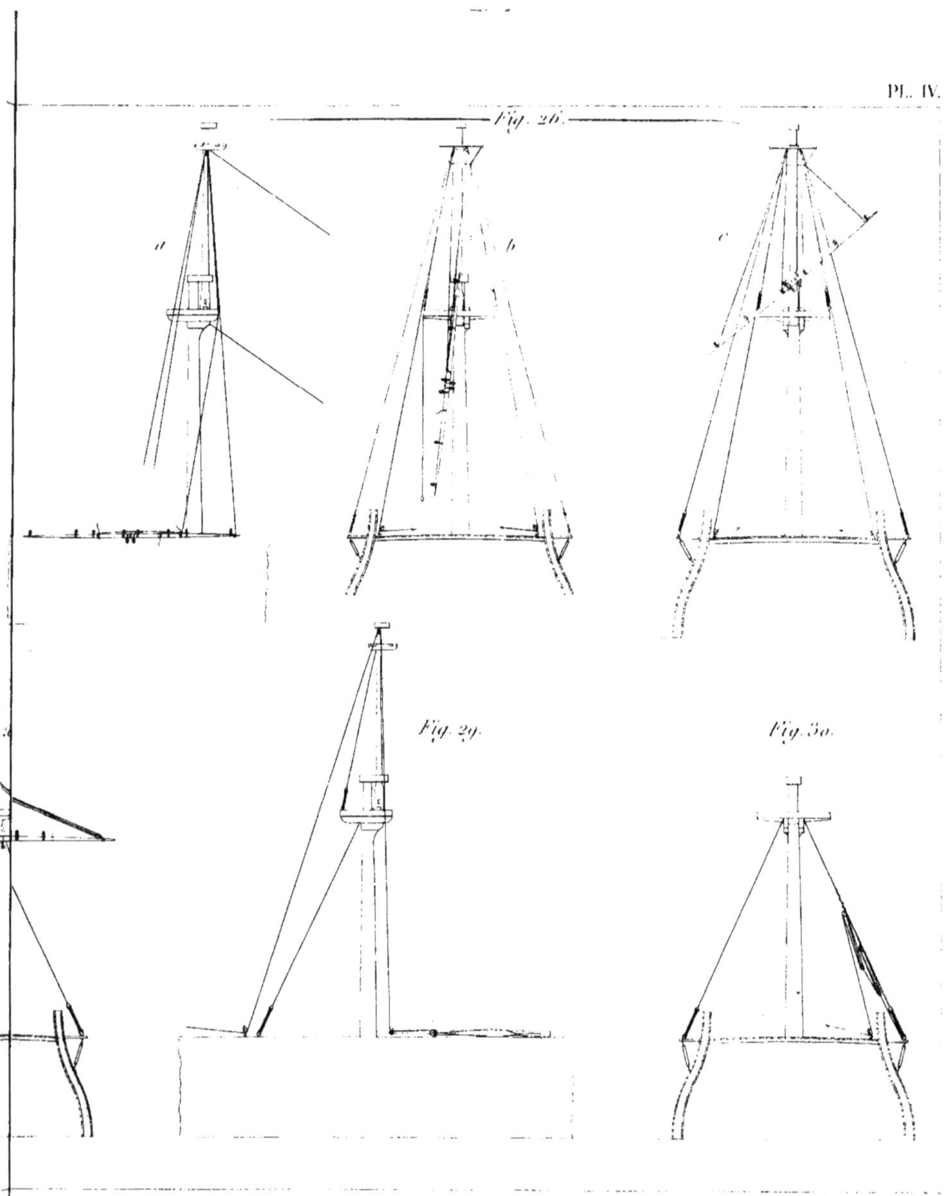

Fig. 26.
a
b
c
Fig. 29.
Fig. 30.